Rong Zhao

Design verschleißreduzierender amorpher Kohlenstoffschicht-systeme für trockene tribologische Gleitkontakte

FAU Studien aus dem Maschinenbau

Band 400

Rong Zhao

Design verschleißreduzierender amorpher Kohlenstoffschichtsysteme für trockene tribologische Gleitkontakte

Dissertation aus dem Lehrstuhl für Konstruktionstechnik (KTmfk), Prof. Dr.-Ing. Sandro Wartzack

Erlangen
FAU University Press
2022

Bibliografische Information der Deutschen Nationalbibliothek:
Die Deutsche Nationalbibliothek verzeichnet diese Publikation in der Deutschen Nationalbibliografie; detaillierte bibliografische Daten sind im Internet über http://dnb.d-nb.de abrufbar.

Bitte zitieren als
Zhao, Rong. 2022. *Design verschleißreduzierender amorpher Kohlenstoffschichtsysteme für trockene tribologische Gleitkontakte.* FAU Studien aus dem Maschinenbau Band 400. Erlangen: FAU University Press. DOI: 10.25593/978-3-96147-558-2.

Der vollständige Inhalt des Buchs ist als PDF über den OPUS-Server der Friedrich-Alexander-Universität Erlangen-Nürnberg abrufbar:
https://opus4.kobv.de/opus4-fau/home

Verlag und Auslieferung:
FAU University Press, Universitätsstraße 4, 91054 Erlangen

Druck: docupoint GmbH

ISBN: 978-3-96147-557-5 (Druckausgabe)
eISBN: 978-3-96147-558-2 (Online-Ausgabe)
ISSN: 2625-9974
DOI: 10.25593/978-3-96147-558-2

Design verschleißreduzierender amorpher Kohlenstoffschichtsysteme für trockene tribologische Gleitkontakte

Der Technischen Fakultät
der Friedrich-Alexander-Universität
Erlangen-Nürnberg

zur

Erlangung des Doktorgrades Dr.-Ing.

vorgelegt von

Rong Zhao, M.Sc.

aus Zhuzhou

Als Dissertation genehmigt
von der Technischen Fakultät
der Friedrich-Alexander-Universität Erlangen-Nürnberg

Tag der mündlichen
Prüfung: 11.03.2022

Gutachter/in: Prof. Dr.-Ing. Sandro Wartzack
Prof. Dr.-Ing. habil. Marion Merklein

Vorwort

Die vorlegende Arbeit entstand während meiner Tätigkeit als wissenschaftliche Mitarbeiterin in der Fachgruppe „Tribologisch wirksame PVD-/PACVD-Schichtsystem" am Lehrstuhl für Konstruktionstechnik der Universität Erlangen-Nürnberg. Ich bedanke mich bei allen, die mich während dieser Zeit positiv beeinflusst und unterstützt haben.

Besonders danke ich Herrn Prof. Dr.-Ing. Sandro Wartzack, meinem Doktorvater und Lehrstuhlinhaber, für das entgegengebrachte Vertrauen und die gewährte wissenschaftliche Freiheit. Ich danke Frau Prof. Dr.-Ing. habil. Marion Merklein für die Übernahme des Gutachtens dieser Dissertation. Ich möchte mich bei Herrn Prof. Dr.-Ing. habil. Nahum Travitzky als fachfremden Gutachter und Herrn Prof. Dr.-Ing. Sebastian Müller als Prüfungsvorsitzender bedanken. Außerdem möchte ich mich bei Herrn Prof. Dr.-Ing. Stephan Tremmel, inzwischen Lehrstuhlinhaber des Lehrstuhls für Konstruktionslehre und CAD der Universität Bayreuth, meinem ehemaligen Gruppenleiter und wissenschaftlichen Betreuer, für die Hilfe und stets treue Begleiter auf dem Forschungsweg bedanken. Ich möchte meinen Kollegen, Dr. -Ing. David Hochrein, der mir während meiner Tätigkeiten begleitet und motiviert hat, herzlich danken. Ich möchte noch meinen Kollegen, Ladislaus Dobrenizki, Tim Weikert und Benedict Rothammer für die produktiven und fachlichen Diskussionen danken. Ich möchte Dr. -Ing. Andreas Meinel für die sprachlichen Korrekturen und Anregungen danken. Das gilt auch für Thomas Niering, Günther Rabenstein, Jörg Corpus und Ute Wolf für ihre stets effektiven technischen Lösungen allerseits. Besonderer Dank gilt noch den externen Kollegen, Dr. Oleksandr Stroyuk von Helmholtz-Institut Erlangen-Nürnberg für Erneuerbare Energien, Dr. Volodymyr Dzhagan von der Technischen Universität Chemnitz, Dr. Neamul Hayet Khansur von Lehrstuhl für Glas und Keramik und Dr.-Ing. Andreas Gröschl von Lehrstuhl für Fertigungsmesstechnik der Universität Erlangen-Nürnberg für die Unterstützungen und Labormessungen sowie die wissenschaftlichen Diskussionen.

Darüber hinaus gilt mein besonderer Dank meiner Familie und auch Freundinnen für ihre liebevolle Unterstützung und Ermutigung zu dieser Dissertation.

Meerbusch, 16 März 2022 Rong Zhao

„Was vernünftig ist, das ist wirklich;
und was wirklich ist, das ist vernünftig.“

Hegel, *Grundlinien der Philosophie des Rechts*
Frankfurt am Main 1972, S. 24

Inhaltsverzeichnis

Formelzeichen- und Abkürzungsverzeichnis

Lateinische Buchstaben

Symbole	*Einheit*	*Bezeichnung*
A		Peakfäche
d	µm	Dicke der Schicht auf dem Siliziumwafer
D	mm/µm	Durchmesser des Siliziumwafers
$D_{außen}$	µm	Außendurchmesser der Kalotte
d_0		Durchmesser des Gasmoleküls
d_{innen}	µm	Innendurchmesser der Kalotte
d_L	m	Leitungsdurchmesser der Vakuumpumpe
$Disp$	cm^{-1}/ nm	Peakdispersionsrate
E_T	J	Sublimationsenthalpie des Targetmaterials
E_i		Einfallsenergie der Ionen
E_{IT}	GPa	Eindringmodul
E_{sp}	eV	Kinetische Energie
E_{Sub}	GPa	Elastizitätsmodul des Substrates
H	µm	Getätigte Eindringtiefe bei Vickerhärte
h	µm	Dicke des Siliziumwafers
H_{max}	µm	Maximale Eindringtiefe
HV		Vickershärte
I		Peakintensität im Ramanspektrum
K		Konformitätsfaktor
K_n		Knudsennummer
L_a	nm	Korngröße
L_1	N	Kritische Last für erste Rissbildung
L_2	N	Kritische Last für erste Abplatzung
L_3	N	Kritische Last für komplette Schichtablösung
m_i		Ionenatommasse
M_{sp}		Masse eines Sputteratoms
M_T		Masse eines Targetatoms
m_t		Targetatommasse
p	Pa	Gasdruck
Pos	cm^{-1}	Peakposition
R	mm	Radius der Stahlkugel für Kalottenschliff

Symbole	Einheit	Bezeichnung
R_{hori}	µm/s	Abscheiderate der senkrechten positionierten Substratoberfläche
R_{verti}	µm/s	Abscheiderate der vertikalen positionierten Substratoberfläche
R_a	µm	Mittenrauwert
R_b	m	Biegeradius des beschichteten Wafers
R_{pk}	µm	Reduzierte Spitzenhöhe
R_u	m	Biegeradius des unbeschichteten Wafers
R_{vk}	µm	Reduzierte Riefentiefe
R_z	µm	Gemittelte Rautiefe
t	µm	Schichtdicke auf dem Stahlsubstrat
T_{dep}	K	Depositionstemperatur
T_r	K	Raumtemperatur
T_m	K	Schmelztemperatur
T_s	K	Substrattemperatur
U		Elastische Arbeit der Schicht
u		Geschwindigkeit der Gasströmung
υ_{sp}		Anfangsgeschwindigkeit eines Sputteratoms
Y		Sputterausbeute

Griechische Buchstaben

Symbole	Einheit	Bezeichnung
α	1/K	Linearer thermischer Ausdehnungskoeffizient
β		Sputterausbeutefaktor
γ	J/m²	Oberflächenenergie
K_{IC}	$MPa \cdot \sqrt{m}$	Kritischer Spannungsintensitätsfaktor
λ	nm	Wellenlänge des Lasers
λ_{mfp}	m	Mittlere freie Weglänge
μ		Reibungszahl
ν		Querdehnzahl
ρ	Anzahl /m³	Teilchendichte
σ	GPa	Mechanische Spannung

Indizes

c	Critical
d	Delamination
dep	Deposition
ext	Extrinsisch
f	Film
i	Ion
int	Intrinsisch
r	Raumtemperatur
s, Sub	Substrat
sp	Sputteratom
T	Targetatom
t	Target
th	Thermisch

Abkürzung

a-C	Amorpher Kohlenstoff
a-C:H	Wasserstoffhaltiger amorpher Kohlenstoff
a-C:H:W	Wolframdotierter wasserstoffhaltiger amorpher Kohlenstoff
AFM	Atomkraftmikroskop
BD	ballistic deposition
BWF	Breit-Wigner-Fano
CTE	coefficient of thermal expansion
CVD	Chemical vapor deposition
DC	direct current
DFG	Deutsche Forschungsgemeinschaft
DIN	Deutsches Institut für Normung
DLC	diamond-like carbon
EDT	electro discharge texturing
FTIR	Fourier-Transformations-Infrarot-Spektroskopie
FV	Feinvakuum
FWHM	full width at half maximum
GV	Grobvakuum

HF-Klasse	Haftungsklasse
HRC	Härteprüfung nach Rockwell
HoV	Hochvakuum
MD	Molekulardynamik-Simulation
PACVD	plasma assisted chemical vapor deposition
PECVD	plasma enhanced chemical vapor deposition
PMMA	Polymethylmethacrylat
PVD	physical vapor deposition
REM	Rasterelektronenmikroskop
SIMS	Sekundär-Ionen-Massenspektrometrie
SPP	Schwerpunktprogramme
ta-C	Tetraedrischer amorpher Kohlenstoff
TEM	Transmissionselektronenmikroskopie
TMP	Turbomolekularpumpe
UHV	Ultrahochvakuum
UV	Ultraviolett
VDI	Verein Deutscher Ingenieure
XPS	X-ray photoelectron spectroscopy
XRD	X-ray diffraction

1 Einleitung

1.1 Motivation

Zunehmendes Umweltbewusstsein motiviert zur Entwicklung nachhaltiger Produktionsprozesse mit hoher Effizienz. Aufgrund der begrenzt verfügbaren Ölressourcen werden dabei Umformprozesse angestrebt, die einen reduzierten Ölverbrauch aufweisen oder sogar komplett auf Schmieröl verzichten. Schmierstoff spielt eine wichtige Rolle beim Umformen. Er fungiert als Trennschicht zwischen Werkzeug und Werkstück, wodurch sich Reibung und Verschleiß in erheblichem Maße reduzieren lassen und ein besseres tribologisches Verhältnis begünstigt wird [Bart]. Zudem übernehmen Schmierstoffe die Aufgaben des Kühlmittels und des Korrosionsschutzes. Dies schützt das Werkzeug ebenfalls vor Verschleiß und trägt damit zu einer hohen Standzeit bei. Der nach dem Umformvorgang am Werkstück verbleibende Ölrest muss mithilfe eines alkalischen Spülmittels entfernt werden, welches in der Regel umweltschädliche Substanzen beinhaltet [Mang]. Nach der Reinigung müssen die Werkstücke erst getrocknet werden, bevor sie für die nachfolgenden Arbeitsschritte, wie Lackieren oder Fügen, bereit sind.

Ein nachhaltigerer Prozess, das sogenannte „Trockenumformen“, wurde von Vollersten [Voll] im Jahr 2014 vorgestellt. Hierbei werden die Arbeitsschritte „Schmieren“, „Reinigen“ und „Trocknen“ eingespart. Dieses Konzept gewinnt zunehmend an wirtschaftlicher und ökonomischer Bedeutung, da es die gesamte Produktionskette verkürzt und folglich Kosten und maschineller Aufwand eingespart werden. Es wird nicht nur der Schmierstoffverbrauch, sondern auch die Verwendung von schadstoffhaltigen Spülmitteln reduziert. Das Schwerpunktprogramm „Trockenumformen – Nachhaltige Produktion durch Trockenbearbeitung in der Umformtechnik“ der Deutschen Forschungsgemeinschaft (DFG) dient der Erforschung geeigneter Lösungsansätze, um dieses „grüne“ Konzept zu realisieren.

Die Realisierung solcher neuartiger schmierstofffreier Umformprozesse in der Massenproduktion ist mit hohen Herausforderungen verbunden. Der reduzierte Schmieröleinsatz während des Umformprozesses führt zu intensiven tribologischen Wechselwirkungen aufgrund des unmittelbaren Kontakts zwischen Werkzeug und Werkstück. Die damit verbundenen Probleme, wie hohe Reibung und steigender Verschleiß, müssen zuerst gelöst werden. Im Vorfeld der Produktion gilt es herauszufinden, wie sich umgeformte Werkstücke aber auch Werkzeuge hinsichtlich Qualität und Lebensdauer verhalten. Des Weiteren ist zu klären, ob im Fall beschichteter Werkzeuge die Möglichkeit zum Entschichten und erneuten Beschichten besteht.

Derzeit existieren zwei prinzipielle Lösungsansätze: die Trennung von Werkzeug- und Werkstückoberflächen durch einen flüchtigen „Zwischenstoff" sowie werkzeugseitige Oberflächenmodifikationen. Um die Werkzeug- und Werkstückoberflächen während des Umformens zu trennen, ohne dabei auf den Oberflächen verbleibende Rückstände zu erhalten, wird Zwischenstoff wie Trockeneis [Um1f] eingeleitet. Die Oberflächen sind somit durch solides Trockeneis getrennt. Der je Umformzyklus erforderliche Aufwand für die Zuführung des Trockeneises liegt dabei in einem noch akzeptierbaren Rahmen.

Weniger aufwändig gestaltet sich die werkzeugseitige Oberflächenmodifikation. Das modifizierte Werkzeug kann eingesetzt werden, bis die erzeugten Merkmale auf den Oberflächen versagen oder nicht mehr in der Lage sind, günstige tribologische Bedingungen zu erzeugen. Durch die gezielte Modifikation der Werkzeugoberfläche sind die tribologischen Bedingungen genau einstellbar, sodass die Reibung reduziert und gleichzeitig der Werkstofffluss gesteuert werden kann. Eine Modifikation der Oberfläche kann dabei sowohl additiv als auch subtraktiv erfolgen, beispielsweise durch die Beschichtung mit einem anderen Werkstoff oder durch die Erzeugung von Mikrostrukturen in Form von Kavitäten.

Der Auftrag von selbstschmierenden Werkstoffen oder verschleißbeständigen Hartkeramiken als Beschichtung, das Nitrieren [Dng] sowie die Oxidation [Yilk] sind die am häufigsten eingesetzten Verfahren, um Oberflächen zu modifizieren. Außerdem können die Oberflächen mithilfe eines Lasers mit Mikrostrukturen [Me16] und Makrostrukturen [Kunz] versehen werden, ohne die Materialeigenschaften des Werkzeugs dabei merklich zu verändern. Kombinationen aus Beschichtung und Mikrostrukturen sind ebenfalls häufig verwendete Oberflächenmodifikationen [Hass, Su], meist mit dem Zweck, die Reibbedingungen anzupassen und gleichzeitig Verschleißpartikel zu sammeln.

1.2 Fragestellung und Zielsetzung

In der vorliegenden Arbeit geht es um die tribologisch günstige wasserstoffhaltige amorphe Kohlenstoffschicht (a-C:H), die als die werkzeugseitige Oberflächenmodifikation für den trockenen Gleitkontakt eingesetzt wird. Die a-C:H-Schicht zeigt stabile und niedrige Reibung von 0,1-0,15 im Streifenziehversuch ohne Schmierstoff [Hen] und ist außerdem durch ein sehr gutes Einsatzverhalten gegen metallische Adhäsion und Materialübertragungen ausgezeichnet.

Die vorliegende Arbeit hat das Ziel, ein Prozessfenster für ein verschleißbeständiges Schichtdesign mit langen Lebenserwartungen abzuleiten und hohe Schichtqualität sicherzustellen. Außerdem ist es Ziel, die Einflüsse der untersuchten Beschichtungsparameter auf das tribologische Verhalten unter dem Aspekt ihrer werkstoffrelevanten Hintergründe zu erklären und darüber zu diskutieren. Im Rahmen dieser Arbeit sind grundsätzlich keine Serienversuche vorgesehen. Trotzdem wurde in [Hen] bereits eine hohe Zyklenzahl von 3000 im Modellversuch vom Streifenziehtest mit beschichteten Werkzeugen unterworfen, was für die spätere reale Massenproduktion eine gute Voraussetzung bildet.

Um die oben genannten Ziele und Randbedingungen zu realisieren, sind folgende konkrete Anforderungen an die Beschichtung bezüglich ihres tribologischen Einsatzverhalten im Anwendungsfall des Blechumformens gestellt: Die Streifenziehversuche in [Stei] zeigen, dass die Rauheit der amorphen Kohlenstoffschicht, wobei sich lediglich auf den tetraedrischen amorphen Kohlenstoff (ta-C) bezogen wird, eine entscheidende Rolle im schmierstofffreien Kontakt gespielt hat. Die Rauheitsspitzen verhaken sich in den duktileren Blechwerkstoffen unter der Krafteinwirkung beim Umformen. Um die während des Beschichtungsprozesses erhöhte Rauheit zu reduzieren und somit die damit verbundene negative Auswirkung im tribologischen Kontakt zu vermeiden, müssen die Schichten vor dem Einsatz durch mechanisches Polieren behandelt werden. Alternativ kann die Schicht im Vorfeld bereits mit niedriger Rauheit oder allgemein feinerer Oberflächenbeschaffenheit erzeugt werden, indem das Design für das gesamte Schichtsystem anpasst wird. Dadurch kann der Aufwand der mechanischen Nachbehandlung reduziert oder darauf verzichtet werden. Einer der Lösungsansätze zur Reduzierung von Rauheit stellt der Wechsel des Beschichtungsverfahrens dar, ohne dabei die originale Architektur des Schichtsystems und ihre elementare Zusammensetzung zu verändern. Ein zweites Thema betrifft die Schichtdicke der a-C:H-Funktionsschicht, da diese unmittelbar das Schichtversagen und Schichthaftung bestimmen. Eine geeignete Schichtdicke zählt zu den wichtigsten Konditionen für ein stabiles Einsatzverhalten des Schichtsystems, da es mit verlängerter Abscheidezeit zum vermehrten Fehlerwachstum führt. Inwieweit die steigende Schichtdicke auf die Schichteigenschaften einwirkt, wurde im Rahmen der vorliegenden Arbeit untersucht. Dies erfolgt durch die Herstellung von Schichten mit steigenden Abscheidezeiten unter ansonsten gleichen Prozessbedingungen. Geprüft wurden vor allem ihr Einfluss auf die Rauheit, die Schichthaftung sowie die chemischen Bindungen, die mit den tribologischen Kenngrößen und der Lebensdauer direkt assoziiert sind. Der dritte untersuchte Parameter stellt die chemischen Bindungen der Schicht dar. Unter ansonsten gleichen Versuchsbedingungen zeigt die diamantähnliche sp3 Kohlenstoffbindung positiven Einfluss auf das Anti-Adhäsionsverhalten, während die Zunahme der graphitähnlichen sp^2 Kohlenstoffbindungsanteils durch die Wärmebehandlung infolge eines Ultrakurzpulslasers in der gleichen Schicht zur Reibungserhöhung führt [Stei]. Grundsätzlich können Schichten mit variierten sp^2- und sp^3-Anteilen durch den Einsatz von verschiedenen Kohlenstoffquellen und Verfahren produziert werden. Im Rahmen dieser Arbeit erfolgt die Untersuchung technisch bedingt lediglich durch die Variierung der Konzentration der Reaktionsgase bei gleichen Abscheideverfahren. Der Zentralpunkt dieser Arbeit stellt die Analyse der chemischen Bindungen und ihr Mitwirken am tribologischen Verhalten dar. Das methodische Vorgehen dieser Arbeit ist in Bild 1 illustriert.

Ziel	**Ein verschleißbeständiges Schichtsystem für ein Werkzeug zum schmierstofffreien Tiefziehen**		
Anforderungen	Wenige Rauheitsspitzen	Geeignete Schichtdicke	Hoher sp^3-Anteil
Tribologische Vorteile	Geringe Verhakung des duktilen Blechwerkstoffs	Lange Lebensdauer mit stabilem tribologischen Verhalten	Niedrige Reibung und hohe Verschleiß-beständigkeit
Charakterisierung	**Physikalisch** Rauheit, Schichthaftung, Mikrohärte usw. **Chemisch:** Chemische Bindung **Tribologisch:** Verschleißbeständigkeit		
Schlussfolgerung	**Prozessfenster für ein verschleißbeständiges Schichtdesign**		

Übertragung der Erkenntnisse	• **Modellversuche auf reale Umformwerkzeuge** • **Evaluation von Einsatzverhalten und -dauer**

Bild 1: Methodik zur Entwicklung eines optimalen Schichtdesigns im Kontext eines schmierstofffreien Umformprozesses

Eine Referenzprobe wird als Ausgangspunkt definiert, die prinzipiell unter moderaten Parameterwerten hergestellt wird und wie sie von gängigen Schichtherstellern in ähnlicher Form zu bekommen ist. Durch die Veränderung einzelner Parameter gemäß den oben genannten drei Modifikationsmaßnahmen werden die Schichten charakterisiert und mit der Referenzprobe verglichen. Schließlich werden sämtliche Schichten mittels eines modifizierten Ritztesters auf ihre Verschleißbeständigkeit evaluiert. Die Schadensmechanismen unter trocknen Gleitbedingungen werden mikroskopisch analysiert. Eine Prozessfenster bezüglicher Schichtmerkmale, -qualität und Verschleißverhalten wird abgeleitet und steht für zukünftige Bauteilversuche auf realen Umformwerkzeugen zur Verfügung.

2 Stand der Technik und Forschung

In diesem Kapitel werden die relevanten theoretischen Grundlagen, Hintergrundinformationen und der Stand der Technik und Wissenschaft dargestellt, was einem besseren Verständnis dient und für das Erreichen der im Abschnitt 1.2 genannten Ziele erforderlich ist. Eine systematische Schichtentwicklung kann über die in [Bz10] vorgeschlagene, in Bild 2 dargestellte Methodik erfolgen. Da eine Schichtentwicklung immer auf eine bestimmte Anwendungssituation zugeschnitten ist, erfolgt zuerst die Festlegung des Belastungskollektivs und die Auswahl des Werkstoffs. Die vorliegende Arbeit bildet lediglich einen Teil des gesamten Schichtentwicklungsprozesses ab und befasst sich daher überwiegend mit den sich anschließenden drei Schritten: Prozesstechnik, Werkstoffprüfung und Applikation. Die Funktion und das Einsatzverhalten der entwickelten Schicht sind nach dem Schichtdesign in entsprechenden Bauteilversuchen zu evaluieren. Die Auswahl der im Folgenden erläuterten Theorie basiert auf den Themenfeldern dieser Methodik und gliedert sich in drei Abschnitte: Tribologisches System, Werkzeugbeschichtung und Herstellungstechnologien.

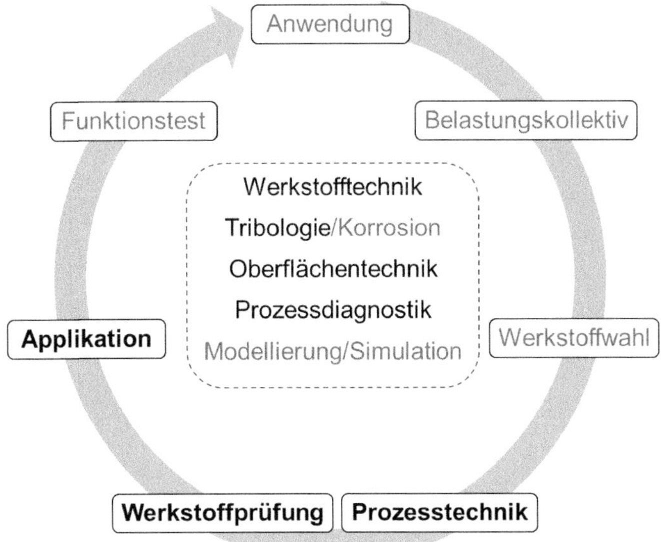

Bild 2: Übersicht über die Methodik der Schichtentwicklung für die Anwendung im schmierstofffreien Blechumformprozess nach [Bz10].

2.1 Tribologie eines trockenen Blechumformprozesses

2.1.1 Tribosystem im Blechumformprozess

Die Realisierung eines trockenen Blechumformprozesses birgt hohe Herausforderungen und erfordert Grundwissen zum Blechumformen und dem damit verbundenen tribologischen System. Dieses Grundwissen wird nun näher erläutert.

Tiefziehen ist das Zugdruckumformen von dünnen Metallblechen in einen Hohlkörper [DIN8584]. Ein bereits vorgezogenes Werkstück kann nach Bedarf weiter tiefgezogen werden. Bild 3 (a) veranschaulicht, dass zur Umformung die Verwendung eines Niederhalters, eines Ziehstempels und eines Ziehrings erforderlich ist. Die während des Umformprozesses entstehenden Beanspruchungen im Blech unterscheiden sich je nach Funktionsbereich, wie in Bild 3 (b) zu sehen ist. Beim Einziehen in den Ziehspalt entstehen Zugspannungen, im Flanschbereich treten Druckspannungen auf und an der Ziehkante wirken Biegespannungen [Diet]. Unter schmierstofffreien Bedingungen finden sich die kritischen Bereiche eines tribologischen Systems aus Blech und Werkzeug im Flanschbereich und an der Ziehkante. Diese Bereiche gilt es separat und kritisch zu untersuchen.

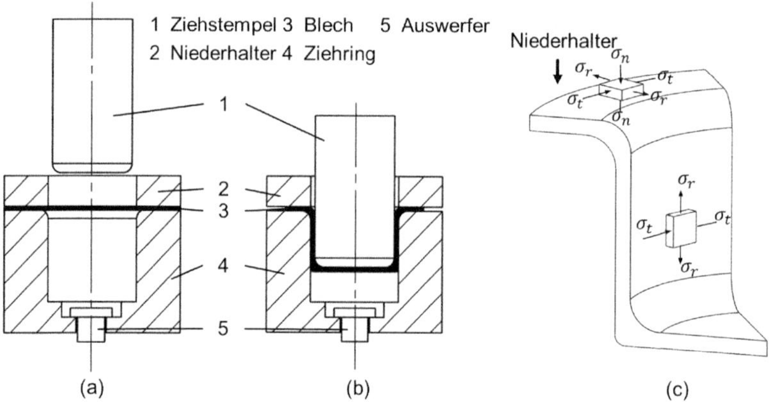

Bild 3: (a) Tiefziehwerkzeug; (b) Spannungen im Blech nach [Diet].

Zur quantitativen Analyse des Tribosystems eines Blechumformprozesses unter Druckbeanspruchung, was die Beanspruchungssituation im Niederhalterbereich nachbildet, wird der Streifenziehversuch ohne Umlenkung als einer der wichtigsten Modellversuche angewendet [Kön]. Beim Streifenziehversuch ohne Umlenkung wird die Reibung zwischen zwei Reibbacken und einem streifenförmigen Blech ermittelt, wobei der Blechstreifen zwischen den beiden Reibbacken unter einer definierten Normalkraft und Geschwindigkeit gezogen wird. Zur Evaluation des Tribosystems an der Ziehkante von Werkzeugen wird der Streifenziehversuch mit Umlenkung des Blechstreifens eingesetzt. Bei diesem Verfahren wird zwar die während des Tiefziehprozesses verursachte Flächenvergrößerung des Blechzuschnitts nicht berücksichtigt, wird es zur Evaluation der tribologischen Bedingungen an der Ziehkante von Werkzeugen unter Laborbedingungen eingesetzt. Weil die aus diesem Test erhaltene Reibungszahl sowie andere tribologische Parameter gut vergleichbar mit den aus realem Tiefziehprozess sind, weswegen der Streifziehversuch eine gute tribologische Grundlage für reale Anwendungen aufbaut [Bay].

Betrachtet man nun das Tribosystem im Detail, sind neben dem Grund- und Gegenkörper auch die Oberflächenbeschaffenheiten, wie einzelne Rauheitsspitzen, oder die während der Gleitbewegung erzeugten losen Verschleißpartikel zu berücksichtigen (siehe Bild 4). Nach der Definition von Czichos [Czh] besteht ein allgemeines tribologisches System aus mehreren Komponenten und deren Interaktionen miteinander. Zu den Komponenten zählen der Grundkörper, der Gegenkörper, das Zwischenmedium und die Umgebung. Bild 4 veranschaulicht ein tribologisches System ohne Zusatz von Schmierstoff. Dabei bestimmen weitere Eingangsgrößen wie Beanspruchung, Temperatur, Bewegungsarten und -geschwindigkeiten die tribologischen Kenngrößen. Aus den verschiedenen Komponenten und deren Wechselwirkungen ergeben sich Systemkennwerte, wie die Reibung und der Verschleiß.

Während der Relativbewegung befinden sich eventuell lose Verschleißpartikel zwischen Grund- und Gegenkörper. Diese losen Partikel können sowohl aus der spröderen Schicht als auch aus dem Oxidfilm des Metallbleches stammen. Abgesehen von diesen losen Verschleißpartikeln ist beim Trockenumformen grundsätzlich kein Transferfilm von der Werkzeugseite auf das geformte Werkstück erlaubt, da dieser die anschließenden Lackier- und Fügevorgänge des Werkstücks beeinträchtigen würde und folglich dessen Entfernung durch Reinigen notwendig wäre.

Kaltblechumformung findet normalerweise unter Raumbedingungen statt und die Umgebung ist in den meisten Fällen nicht klimatisiert. Dies stellt hohe Anforderungen an die Schicht auf dem Werkzeug. Die Schicht sollte daher nicht empfindlich gegenüber Luftfeuchte, Sauerstoff und Raumtemperaturänderung sein; andernfalls kann die Schicht in Konsequenz zu abweichendem tribologischen Verhalten unter verschiedenen Atmosphären führen. Molybdändisulfidschichten (MoS_2) liefern beispielsweise abhängig von der Luftfeuchte stark verschiedene Reibungszahlen gegenüber Stahl [Vier17].

Wie Bild 4 verdeutlicht, kommen im Tribosystem nahezu nur die Rauheitsspitzen der Oberflächen in Kontakt. Aufgrund der Belastung kommt es zwar zu einer Deformation dieser Rauheitsspitzen, die reale Kontaktfläche dieser Punkt Fläche Kontakte ist jedoch viel kleiner als die nominelle Fläche. In Konsequenz ist die dadurch resultierende tatsächliche Spannung wesentlich höher als der errechnete Wert. Die einzelnen Kontaktflächen der Rauheitsspitzen sind somit maßgeblich für die tatsächliche Reibungsbedingung und das Verschleißverhalten verantwortlich. Darum ist es wichtig, die reale Kontaktfläche möglichst genau zu kennen und entsprechend zu betrachten.

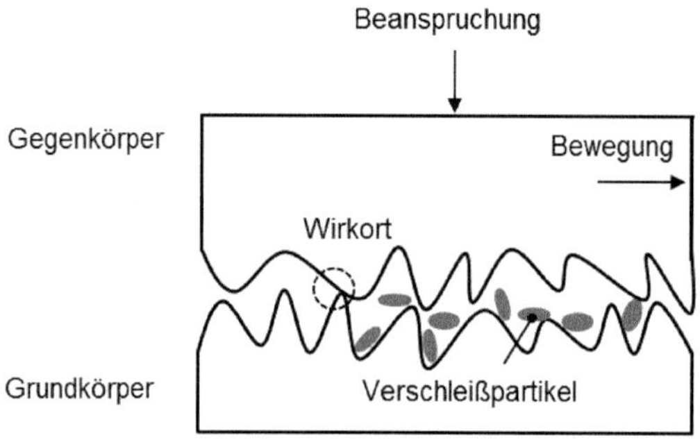

Bild 4: Schmierstofffreies tribologisches System nach [Czh].

Im realen Blechumformprozess besitzt die Werkzeugoberfläche in der Regel eine feinere Oberfläche als die zu verarbeitenden Bleche. Bleche verfügen oft über eine bestimmte Texturierung [Kloc], welche die Tribologie, den Lackglanz, die Schmierstoffmenge [Fried] und die Schweißbarkeit stark beeinflusst [Stae]. In der Praxis ist die EDT-Texturierung (electro discharge texturing) eine der gängigsten Texturierungsarten [Sieg]. Die EDT-Texturierung führt zu einer stochastischen Oberfläche mit typischen muldenförmigen Vertiefungen mit umliegenden Materialanhäufungen [Sieg]. Bild 5 zeigt beispielhaft die Profillinien eines Stahlblechs DC04 [DIN10130], zwei Aluminiumlegierungen AA 5182 [DIN485] und AA 6014 [DIN573] sowie einer mit a C:H beschichteten Werkzeugoberfläche.

Die Werkzeugbeschichtung zur Trockenschmierung wird in der Praxis mechanisch nachbehandelt, um die während der Schichtabscheidung entstandenen Rauheitsspitzen zu entfernen. Dies gewährleistet eine geringe Verhakung im duktileren Gegenkörper, was zu einer hohen Qualität des Werkstücks und gleichzeitig einer längeren Lebensdauer des Werkzeugs beiträgt. Eine dreidimensionale Oberflächendarstellung dieser drei Bleche sowie der nachbehandelten Schichtoberfläche ist in [Tenn] zu finden.

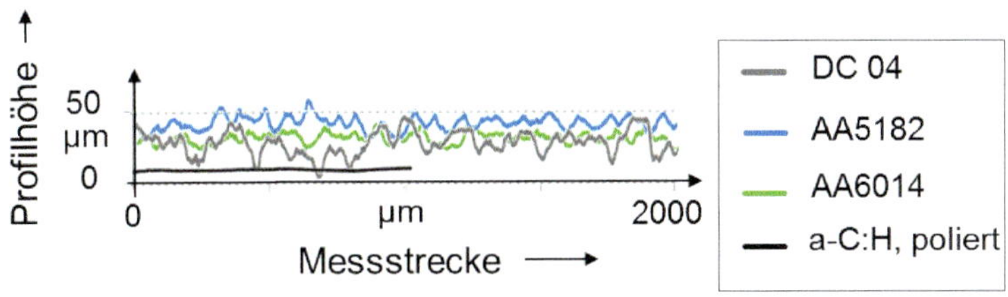

Bild 5: Vergleich der Oberflächenrauheit einer nachbehandelten a-C:H-Schicht mit verschiedenen Blechen (DC04, AA5182 und AA6014).

In traditionellen Tiefziehprozessen erfüllt der Schmierstoff wichtige Funktionen wie die Trennung der Oberflächen von Grund- und Gegenkörper oder die Abfuhr der erzeugten Wärme sowie loser Verschleißpartikel aus dem Tribosystem. Wird auf Schmierstoff im System verzichtet, führt dies zu intensiven tribologischen Interaktionen zwischen Werkzeug und Werkstück. Als Verschleißmechanismen kommen aufgrund der niedrigen Fließgrenze und der hohen Adhäsionsneigung von Metallblechen überwiegend Materialübertragung und im Weiteren vermehrte Adhäsionen auf der Werkzeugoberfläche vor. Der Verformungswiderstand erhöht sich aufgrund des direkten Kontakts zwischen den Rauheitsspitzen und die Reibung nimmt enorm zu. Dies spricht nicht für einen energieeffizienten und wirtschaftlichen Prozess. Somit ist eine schmierstofffreie Umformung nicht ohne weiteres möglich. Am Werkzeug entsteht metallischer Übertrag vom Werkstück und es kommt zu Adhäsionen [Me15], was in Folge weitere Umformprozesse unmöglich macht, da die Qualität der Werkstücke, insbesondere in Bezug auf Rissbildung, nicht mehr zufriedenstellend ist.

2.1.2 Werkzeugmaterial und -oberfläche

Werkzeuge für Umformprozesse sind in der Regel aus Kaltarbeitsstählen oder Schnellarbeitsstählen gefertigt. Im Rahmen dieser Arbeit sowie dem damit verbundenen Forschungsprojekt kommt der Kaltarbeitsstahl 1.2379 (X155CrVMo12-1) [DIN4957] zum Einsatz. Diese Stahlsorte eignet sich sowohl für die Herstellung des Stempels und der Matrizen als auch für die beiden Beschichtungsverfahren „Physikalisches Gasphasen-verdampfen" (PVD) und „Chemisches Gasphasenverdampfen" (CVD).

Dieser Stahl wird im weichgeglühten Zustand geliefert und die Werkzeuge werden gemäß einer technischen Zeichnung angefertigt. Anschließend erfolgt ein beschichtungsgerechtes Härten. Um das Gefüge so weit wie möglich zu entspannen und den restlichen Austenit zu stabilisieren, wird in diesem Fall statt eines dreimaligen Anlassens ein fünfmaliges Anlassen durchgeführt. Außerdem erfolgt das Härten des Stahls bei Temperaturen, die über den späteren Beschichtungstemperaturen liegen, um beim späteren Beschichten eine Veränderung des Gefüges und eine Absenkung der Härte zu vermeiden. Der Stahl wird aufgrund seiner Legierungselemente in einem bestimmten Temperaturbereich angelassen, was zum Ausscheiden von Sondercarbiden und einer gesteigerten Härte führt.

Nachdem der Stahl die gewünschte Festigkeit erhalten hat, schließt sich eine feinmechanische Behandlung der Oberfläche an. Dies umfasst die Bearbeitungsverfahren Schleifen, Polieren und Läppen. Die Oberflächenbehandlung des Blechumformwerkzeugs erfolgt bis zum Erreichen einer Oberflächenqualität von R_z = 0,5 - 0,8 µm und R_{pk} = 0,1 µm. Bild 6 zeigt eine exemplarische Oberfläche eines konventionellen Werkzeugs. Die Vorzugsrichtung der Bearbeitung auf der Oberfläche ist unter dem Mikroskop klar erkennbar. Wird die Oberfläche weiter vergrößert, sind Täler zu beobachten, die bei konventionellen Umformprozessen als Öltaschen oder als Speicherorte für lose Verschleißpartikel fungieren.

Eine technische Oberfläche setzt sich aus der inneren und der äußeren Grenzschicht zusammen, welche beide oberhalb des Grundwerkstoffs liegen. Da das Material der Luftatmosphäre ausgesetzt ist, bestehen die äußeren Grenzschichten aus Oxidschichten, Adsorptionsschichten und Verunreinigungen [Wein]. Verunreinigungen und Adsorptionsschichten lassen sich vor den Versuchen oder der Inbetriebnahme eines Umformwerkzeugs mit Reinigungsmitteln beziehungsweise Lösungsmitteln entfernen. Der Oxidfilm, der auch als Korrosionsschutzfilm für das Metall betrachtet wird, lässt sich jedoch nicht komplett vermeiden und ist daher Teil des Tribosystems.

Die oben erläuterten Werkzeugmaterialien und -oberflächen bilden die Grundlagen für eine Oberflächenmodifikation durch Beschichtung. Der Auftrag einer dünnen PVD-/PACVD[1] -Schicht mit einer Schichtdicke von weniger als 1 µm setzt einen extra Poliervorgang voraus. Ein poliertes Substrat gewährleistet eine gut reproduzierbare Beschichtung und damit ein

---

[1] PACVD steht für plasmaaktivierte CVD-Verfahren

stabiles Einsatzverhalten. Eine feine Substratoberfläche vermeidet außerdem lokale Überlastungen an Rauheitsspitzen des Schicht-Substrat-Verbunds [Kloc].

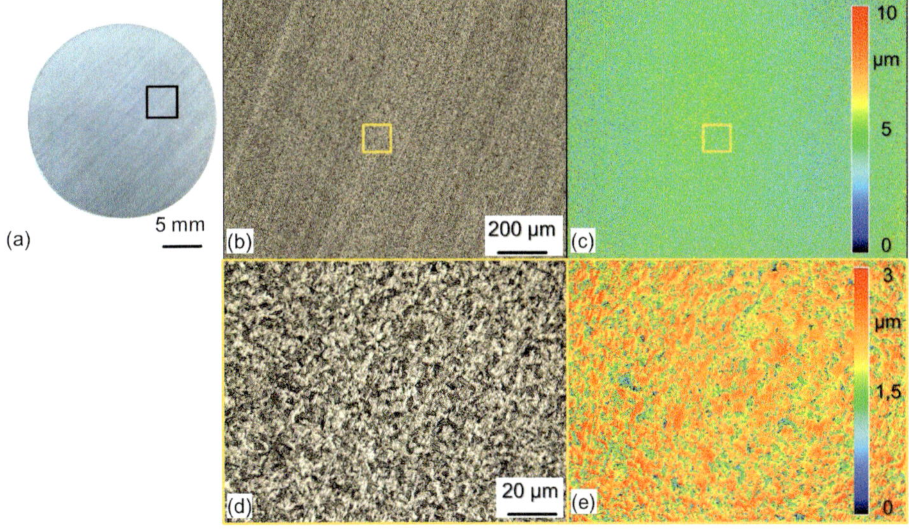

Bild 6: Exemplarische Oberfläche eines typischen Blechumformwerkzeugs: (a) Fotoaufnahme, (b) und (d) Mikroskopische Aufnahmen mittels eines 10x beziehungsweise 100x Objektivs, (c) und (e) zugehörige Höhenprofile

2.1.3 Werkzeugbeschichtungen

Werden Schichten auf einem Werkzeug aufgebracht, sind folgende Punkte zusätzlich zu beachten: Allem voran darf die Beschichtungstemperatur die Anlasstemperatur des Werkzeugstahls nicht überschreiten, da dies zu Verzug oder zur Veränderung der mechanischen Eigenschaften des Werkzeugs führt und somit die Stützwirkung des Werkzeugsubstrats verloren geht [Bz10]. Bei herkömmlichen CVD-Verfahren ist beispielsweise eine Beschichtungstemperatur über 1000°C normal, was die Anlasstemperaturen eines Werkzeugstahls deutlich übersteigt. Bei PACVD- oder PVD-Verfahren sind die erforderlichen Abscheidetemperaturen deutlich niedriger, wodurch die Anwendung dieser Verfahren auf einem Stahlsubstrat ohne Verzug möglich ist. Die genauen Arbeitsprinzipien und Anwendungen der Beschichtung sind im Kapitel 2.4 näher erläutert.

Darüber hinaus ist meistens eine Nachbehandlung der beschichteten Oberfläche erforderlich. Während des Beschichtungsvorgangs entstehen vermehrt Rauheitsspitzen, was auf die Bildung von kleinen Kristallinen und Defekten sowie auf die Oberflächenrauheit des Substrats zurückzuführen ist. Da das Material beim PACVD- und PVD-Abscheideverfahren in Atomen beziehungsweise Molekülclustern transportiert und kondensiert wird, sind Wachstumsspuren, wie Keim- und Korngrenzbildung, im Gegensatz zum einfachen Auftrag einer Lackschicht vorhanden. Nach der Abscheidung liegt demnach eine erhöhte Rauheit der beschichteten Oberfläche vor. Da sich, bis zu einem gewissen Maß [Rb04], eine feine Oberfläche im tribologischen Kontakt positiv auswirkt, werden die Rauheitsspitzen der Schichten nachträglich entfernt.

Außerdem ist beim Design der Werkzeuggeometrie zu beachten, dass sich mittels des PVD-Verfahrens prinzipiell nur die Außenflächen beschichten lassen. Innenliegende Flächen oder Bohrungen können damit nicht beschichtet werden. Spontane Atomablagerungen sind zwar teilweise möglich, jedoch ist keine ordentliche Schichtbildung von definierter Qualität möglich. Die Tiefziehwerkzeuge und viele andere Umformwerkzeuge lassen sich durch geeignetes Werkzeugdesign problemlos beschichten, zum Beispiel das Design von großen Radien und das Segmentieren des ganzen Werkzeugs. Ein gleichmäßiger Auftrag der Beschichtung auf komplexen Geometrien oder offenen Radiusbereichen lässt sich durch Rotation des Chargiergestells erzielen. Oberflächen sind mit möglichst großen Radien zu konstruieren, da sich scharfe Kanten negativ auf die Werkzeugbeschichtung auswirken. Die Gründe dafür sind erhöhte Eigenspannungen in der Schicht, was zu Wachstumsfehlern der Schicht und zu einem vorzeitigen Ausfall des Werkzeugs führt [Bz10].

Diese Arbeit beschränkt sich auf tribologische PVD-/PACVD-Schichten mit Dicken auf der Umformwerkzeugoberfläche bis 5 µm. Im Fokus der heutigen Forschung und industriellen Anwendungen stehen überwiegend festschmierende Schichten und Hartstoffschichten. Hartstoffschichten zählen zur Werkstoffgruppe Keramik. Sehr beliebt sind Metall-Nitride und -Carbide, wie zum Beispiel CrN, TiN, TiC, TiAlN. Diese Serie von Beschichtungen zeichnet sich durch ihre hohe Härte und der damit verbundenen erhöhten Verschleißbeständigkeit sowie einer gesteigerten Standzeit aus. Hartstoffschichten besitzen eine hohe Mikrohärte bis zu HV 3100 [Wß10]. Diese Schichten befinden sich bei Massiv- und Blechumformwerkzeugen für die Automobilindustrie bereits im Einsatz, um die Verschleißbeständigkeit und damit die Standzeit der Werkzeuge zu erhöhen. Hartstoffschichten kommen häufig bei Schneidewerkzeugen zur Anwendung und wurden bereits von zahlreichen Anbietern auf den Markt gebracht [Mün].

Mit einem TiN-beschichteten Werkzeug ist Blechumformen oft nach 10.000 Hüben noch möglich [Mat93]. Hartstoffschichten haben zwar den Vorteil der hohen Verschleißbeständigkeit, ihre Reibungszahlen, insbesondere unter schmierstofffreien Bedingungen, sind jedoch sehr hoch. Die Reibungszahlen einer TiN-Schicht gegenüber Stahl liegen je nach Gleitgeschwindigkeit und Beanspruchung bei circa 0,5...0,7 [Huan]. TiN zeigt beispielsweise hohe Reibung und hohen Verschleiß unter trockenen Kontaktbedingungen [John]. Als dominierende Verschleißmechanismen kommen dabei überwiegend Furchung und Materialtransfer zwischen den Gleitpartnern vor [Huan]. Um diese Mängel zu beheben, werden schmierende Substanzen in die Schichten legiert. Zum Beispiel wird in tertiären Nitridschichten (Ti, Al)N, (Ti, Cr)N und (Ti, Zr)N zur Trockenschmierung MoS2 als Festschmierstoff dotiert [Goll]. Bei TiAlN-beschichteten Werkzeugen wird ebenfalls versucht, amorphe Kohlenstoffschichten (a-C) in der TiAlN-Schicht als multilagige Zwischenschicht einzubringen [Nos].

Als die am zweithäufigsten eingesetzte Gruppe tribologischer Dünnschichten sind die amorphen Kohlenstoffschichten und ihre dotierten Varianten zu erwähnen. Diese Schichtarten bieten im Allgemeinen eine hohe Härte und schmierende Effekte auch ohne Schmierstoffe. Die Härte von amorphen Kohlenstoffschichten liegt zwischen 30 und zu 100 GPa [Don13]. Dank der gemischten sp^2- und sp^3- hybridisierten Kohlenstoffatome und der Dotierungsmöglichkeiten von Fremdatomen lassen sich diese Schichten bezüglich ihrer mechanischen, chemischen und topographischen Eigenschaften gut modifizieren.

Außerdem bietet amorpher Kohlenstoff ein stabiles Basismaterial im Bereich von wenigen Nanometern bis einigen Mikrometern. Dies macht die Einlagerung von elektrischen Bahnen [Vö13] – zum Beispiel, zur Aufbringung von sensorischen Funktionen auf der Werkzeugoberbfläche – und die Erzeugung von Mikrostrukturen mithilfe eines ultrahochgepulsten Lasers [Häfn] möglich.

Zur Erklärung dieser Schmiereffekte werden zurzeit folgende Funktionsmodelle akzeptiert. Das erste Modell besagt, dass sich beim Reiben ein Transferfilm auf dem Gegenkörper bildet und so eine Schmierwirkung zwischen den übertragenen und originalen amorphen Kohlenstoffschichten erzeugt wird. [Yam] berichtet, dass ein zweilagiger Transferfilm auf dem verschlissenen Gegenkörper vorhanden ist und betrachtet diesen unter dem Transmissionselektronenmikroskop (TEM). Der schmierende Transferfilm setzt sich aus Fe, C und O zusammen und entstammt einer chemischen Reaktion zwischen den Gleitpartnern [Par]. In [Hau] wird berichtet, dass lose Schichtpartikel auf den Gegenkörper übergehen und sich dort ein Transferfilm bildet, der graphitähnliche sp2 Bindungen enthält und somit schmiert. Dies geschieht lokal an den realen Kontaktstellen, wobei die pauschalen Eigenschaften der Schicht dadurch nicht geändert werden. Aus diesem Grund wird dieser Mechanismus Mikro-Graphitisierung genannt.

Das zweite Modell basiert auf der Tatsache, dass das tribologische Verhalten von amorphen Kohlenstoffschichten sehr von der Umgebung abhängt. Feuchtigkeit, Temperatur oder die Gas-Atmosphäre können das tribologische Verhalten stark beeinflussen [Ron]. Ein Literaturüberblick [Ron] zeigt diesen Unterschied anhand von Reibungszahlen in Bild 7. Zum Beispiel hat ta-C eine hohe Reibungszahl von 0,3 - 0,8 unter Vakuum, während die Reibungszahl in Wasser und Öl 0,03 - 0,1 beträgt. Die wasserstoffhaltige Variante a C:H zeigt vergleichsweise stabiles Reibverhalten unter verschiedenen Gasatmosphären, ist jedoch stark von der Feuchtigkeit beeinflusst. Nach Ronkainen und Kollegen [Ron] verbinden sich die freiliegenden Kohlenstoffatome (engl. dangling bond) an den Grenzflächen mit OH-Gruppen aus der Feuchte der Luft, aus dem Wasserbad oder aus den Additiven im Schmieröl. Diese mit Hydroxyl-Gruppen gesättigte Oberfläche begünstigt die Reibung insbesondere unter trockenen und inerten Bedingungen aufgrund der schwachen Van-der-Waals-Kräfte zwischen den Gleitpartnern. Unter feuchter Umgebung und bei Anwesenheit von Sauerstoff ist dieser Effekt durch verstärkte Oxidationsreaktionen gehemmt [Kim].

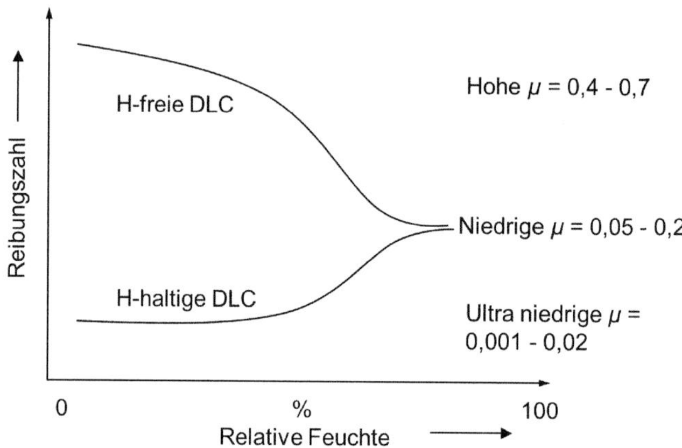

Bild 7: Reibungszahlen von wasserstofffreien und wasserstoffhaltigen amorphen Kohlenstoffschichten (DLC) unter Umgebungen mit verschiedenen relativen Luftfeuchten [Ron].

Praktisch gesehen, können amorphe Kohlenstoffschichten über eine breite Auswahl an Verfahren und Beschichtungsmaterialien verschiedener Aggregatzustände hergestellt werden. Dies macht sie besonders flexibel, wirtschaftlich attraktiv und damit auch interessant für die Forschung. Einerseits haben Unternehmen viele Auswahlmöglichkeiten je nach Budget und Anwendung, andererseits sind die Eigenschaften von amorphen Kohlenstoffschichten vielfältig einstellbar. Die wirkenden Mechanismen im Tribosystem sowie die Interaktion mit der Umgebung weisen ein hohes Forschungspotenzial auf. Das tiefere Wissen über amorphe Kohlenstoffschichten und ihre Anwendung bei Umformwerkzeugen wird im Abschnitt 2.2 erläutert.

2.2 Festschmierstoffschichten für Trockenlauf

Die Festschmierstoffe kommen im Einsatz, wenn die Nutzung von flüssigen Schmierstoffen in bestimmten Anwendungsfällen unerwünscht, wie in der Lebensmittelindustrie, oder nicht möglich ist, wie in der Luftraumfahrt. Sie können über diverse Beschichtungstechnologien auf den Bauteiloberflächen aufgebracht werden, je nach Einsatztemperatur, gewünschter Funktion und Substratwerkstoff. Die Festschmierstoffe können auch als Additiv zugegeben werden, um die Nutzung vom flüssigen Schmierstoff zu minimieren [Sar18]. Sehr häufig eingesetzte Festschmierstoffe sind die Sulfide (z.B. Molybdändisulfid; Zinnsulfide), Weichmetalle (Silber, Gold, Blei und Indium), kohlenstoffbasierte Substanzen (Graphit, DLC) sowie Polymere (PTFE) [Aim21]. Je nach Mechanismus können sie in strukturwirksame, mechanisch und chemisch wirksame Festschmierstoffen eingeteilt werden [Wag11]. Bei chemisch wirksamen Festschmierstoffen handelt es sich um chemische Reaktionen und die dadurch entstandenen Tribofilme, die den Reibwiderstand in Scherrichtung verringert. Bei Sulfiden und Graphit sind im Vergleich zu anderen Substanzen zahlreiche Gleitebenen und –systeme vorhanden. Das Vorhandensein dieser Gleitebene benötigt kleinste Schubspannung bei Verformung [Boll60]. Diese wird als strukturwirksame Festschmierstoffe genannt. Bei mechanisch wirksamen Festschmierstoffen bedeutet grundsätzlich, dass die Festschmierstoffe selbst geringere Scherkraft als der Grundwerkstoff brauchen, um in der Gleitrichtung zu bewegen. Die Beispiele sind Weichmetalle und Polymere.

In Tabelle 1 ist die Auswahl von aktuellen Forschungen und Anwendungen über das Thema Festschmierstoffe als Beschichtung in den letzten 20 Jahren zusammengefasst.

Tabelle 1: Forschung und Anwendungen über die Festschmierstoffe als Beschichtung

Quelle	Festschmierstoffe	Tribologische Anwendung
Kohlenstoffbasierte Substanzen		
[Xiang21]	a-C:Cr	Trockenschmierung
[Oku15, Ronk01]	a-C:H, ta-C	Trockenschmierung
[Liang13]	Graphene Oxide	Mikrosystem
Sulfide, Oxide und Sonstige		
[Ste04]	MoS_2:C:TiB_2	Maschinenelemente
[Vier17]	MoS_2 Schichten	Gleit- und Wälzkontakt unter Vakuum
[Kum21]	Oxide, Fluide, Nitride und Boride	Trockenschmierung bei 600-800 °C
Weichmetalle, Polymere und Sonstige		
[Wan17]	Silber dotierte PI/EP-PTFE	Niedrige Reibungszahl mit erhöhter Härte
[Krz04]	Silber dotierter harter Kohlenstoff	Tribologie unter Vakuum
[Hatt09]	Silber	Röntgenröhre
[Mar20]	$Ti_3C_2T_x$-Nano-Sheet-System (MXenes)	Maschinenelemente

Aus der Forschungsarbeiten in Tabelle 1 ist zu sehen, dass in den letzten Jahren sind immer mehr neue Werkstoffe als Festschmierstoffe eingesetzt sind, wie MAX-Phase aus Metallen und Keramiken [Mar20]. Außerdem werden je nach Anwendungen und zu beschichtenden Stellen in Bauteilen, die Schichtarchitektur und -design wie Mehrlagen, Multilagen, Nanopartikel-Dotierungen sind modifiziert und ihre Wirkungen auf die Tribologie unter trockenen Bedingungen sind erforscht.

2.3 Amorphe Kohlenstoffschichtsysteme

Als einer der am häufigsten eingesetzten Festschmierstoffe gewinnen die amorphen Kohlenstoffschichten und ihre Varianten immer mehr an Bedeutung. Amorphe Kohlenstoffschichten werden als die potenzielle Lösung für die Umformwerkzeuge anstatt Graphit und Sulfiden ausgewählt, da es keinen Schmierfilm auf dem Werkstück bildet, verschlechtert die Lackhaftung im nächsten Arbeitsschritt. Amorphe Kohlenstoffschichten setzen sich (nahezu) komplett aus amorph angeordneten Kohlenstoffatomen zusamme [VDI2840]. Sie sind bekannt für ihre hervorragenden Eigenschaften in vielfältigen Einsatzbereichen: von der Tribologie über die Chemie und die Biomedizintechnik bis hin zur Elektrotechnik und zur Lebensmittelindustrie. In einem tribologischen System sorgt eine dünne amorphe Kohlenstoffschicht für einen verbesserten Verschleißschutz der Substratoberfläche und somit für eine Erhöhung der Lebensdauer [Dobz]. Aus chemischer Sicht sind diese Schichten inert und korrosionsbeständig [Mar]. Außerdem sind die Schichten biokompatibel. Silberdotierte Varianten wirken zudem antibakteriell [Conc]. Menschliche Zellen können gut an amorphen Kohlenstoffschichten anwachsen, weshalb sich diese Schichten gut zur Anwendung auf Implantaten eignen [Pla]. Bei Computerlaufwerken liefern DLC-Schichten auf dem Leserkopf den erforderlichen Verschleißschutz gegenüber der sich drehenden Festplatte. Auf der inneren Seite einer Flasche aufgetragen, kann eine Beschichtung Getränke vor Licht schützen und deren Haltbarkeit verlängern [Pla].

Diese vielfältige Anwendbarkeit beruht auf der einzigartigen chemischen Struktur von amorphen Kohlenstoffschichten. In der Natur tritt das Element Kohlenstoff in kristalliner Form beispielsweise bei Diamanten, Kohle oder Graphit auf. Dabei zeigt es ein sehr verschiedenes Aussehen und deutlich unterschiedliche Eigenschaften. Dies ist auf diese verschiedenen Elektronen-Orbitale der Kohlenstoffatome zurückzuführen. Amorphe Kohlenstoffschichten verfügen sowohl über die Bindungsarten von Diamanten als auch von Graphit. Abschnitt 2.3.1 führt dies genauer aus. Die Tatsache, dass amorphe Kohlenstoffschichten verschiedene Bindungsarten zwischen den Atomen aufweisen, ermöglicht ein breites Parameterfenster hinsichtlich der jeweiligen Schichtmerkmale.

Außerdem lassen sich zusätzliche Fremdatome in das Kohlenstoffnetzwerk einbringen. Je nach Art und Menge dieser Legierungselemente lassen sich weitere Schichtvarianten mit gezielt einstellbaren Eigenschaften erzeugen. Eine Einteilung der durch PVD oder PACVD abgeschiedenen Kohlenstoffschichtvarianten, deren Eigenschaften sowie deren tribologisches Einsatzverhalten sind in [VDI2840] zu finden.

Eine mithilfe des PVD-Verfahrens erzeugte ta-C-Schicht zeigt eine relativ niedrige Reibung mit einer Reibungszahl von 0,13 im Streifenziehversuch gegenüber einer Aluminiumlegierung und weist kaum adhäsiven Verschleiß auf der Werkzeugoberfläche auf [Hen]. Unter gleichen Bedingungen untersuchte a-C:H Schichten zeigen eine ähnlich niedrige Reibung und vergleichbar wenig adhäsiven Verschleiß. Mittels Natronlauge gegen Aluminiumreste oder Zitronensäure gegen Zink- und Eisenreste lassen sich diese Adhäsionen wieder entfernen.

Im Vergleich zu ta-C-Schichten weisen a-C:H Schichten, welche mittels PACVD hergestellt werden, zusätzliche Vorteile auf, die insbesondere für den Einsatz auf Umformwerkzeugen von großer Bedeutung sind. Das PACVD-Verfahren ermöglicht einen einfacheren und gleichmäßigeren Schichtauftrag bei niedriger Abscheidetemperatur bis 300 °C, sowohl auf dem ebenen Niederhalter als auch auf dem mit Radien versehenen Ziehring. Durch die definierte Zuführung von Gasen lässt sich die Materialquelle besser reproduzieren und somit eine gleichbleibende Schichtqualität sicherstellen. Im PVD-Prozess hängen die Spannung und der Strom am Target stark vom tatsächlichen Widerstand des Targets ab und ändern sich mit der kontinuierlichen Abnutzung des Targets.

In der Praxis ist oftmals zu beobachten, dass die Rauheit durch den Auftrag einer Schicht zunimmt, je nach Material, Abscheideverfahren und Schichtarchitekturen [Hash]. Eine mit dem PACVD-Verfahren erzeugte Schicht ist in der Regel weniger rau als eine mittels des Lichtbogenverdampfens. Dabei wird das Material in Form von Clustern in die Gasphase transportiert und anschließend in die kondensierte Schicht eingelagert. Dies führt zu einer starken Erhöhung der Rauheit.

Aus Sicht der Industrie und Massenproduktion ist es besonders wichtig, dass das Aufbringen eines a-C:H-Schichtsystems niedrige Anforderungen an die Substratoberfläche stellt und somit kostengünstig ist. Die gut steuerbare Abscheidung eines ta-C-Systems setzt eine äußerst fein polierte Werkzeugoberfläche bis circa R_a = 0,02 µm und die Verwendung der Vakuumbogenverdampfung in Kombination mit den kostenintensiven Laser-Arc-Modulen voraus [Schz]. Zudem ist der Einsatz eines magnetischen Filters notwendig, um große Partikel aus der Gasphase zu entfernen und eine glatte Oberfläche, die frei von Droplets ist, zu erzeugen.

Des Weiteren erreichen a-C:H-Schichten relativ hohe Schichtdicken bis zu 4 µm. Zum Vergleich: die maximal erreichbare Schichtdicke liegt bei ta-C-Schichten in etwa bei 1 µm. Dies ist auf die starke Wärmeentwicklung während der Abscheidung zurückzuführen, welche die erreichbare Schichtdicke der ta-C-Schicht limitiert. Für dickere Schichten bis 3 µm muss laut [VDI2840] die Abscheidung zur Kühlung unterbrochen werden, womit eine kontinuierliche Herstellung nicht mehr möglich ist. Ein dickeres ta-C-Schichtsystem lässt sich andernfalls nur durch das Einfügen von CrN-Zwischenschichten herstellen [Jang].

Die vorliegende Arbeit befasst sich mit wasserstoffhaltigen a-C:H-Schichten für die Anwendung des schmierstofffreien Blechumformprozesses. Diese a-C:H-Schichten sowie ihre Modifikationen werden mittels des

PACVD-Verfahrens in Acetylen-Argon-Atmosphäre produziert. Das gesamte Schichtsystem, welches auf einem Grundwerkstoff aus Werkzeugstahl appliziert wird, besteht neben der a-C:H-Funktionsschicht noch aus Haft- und Zwischenschichten sowie entsprechenden gradierten Zwischenlagen [DIN4855].

2.3.1 Definition und Begrifflichkeit

In diesem Abschnitt geht es um Definitionen und Begrifflichkeiten zu amorphen Kohlenstoffschichten. Unter diamantähnlichen Kohlenstoffschichten, auch als DLC (engl. diamond-like carbon) bezeichnet, sind Schichten zu verstehen, die vorwiegend aus Kohlenstoff bestehen. Ihre amorphen Varianten sind zu bestimmten Anteilen mit sp^2- und sp^3-hybridisierten Kohlenstoffatomen versehen. Die Anteile der verschiedenen Bindungsarten bestimmen dabei die Materialeigenschaften der amorphen Kohlenstoffe.

Diamant mit ausschließlich sp^3-Hybridorbitalen des Kohlenstoffs weist ein transparentes Aussehen auf und bildet die härteste in der Natur vorkommende Substanz. Graphit mit sp^2-Hybridorbitalen zeigt hingegen eine Farbe von grau bis schwarz. Graphit verfügt über eine schmierende Wirkung und ist aufgrund der guten elektrischen Leitfähigkeit auch als Elektrode einsetzbar.

Beide Substanzen bestehen zu 100 Prozent aus Kohlenstoff und unterscheiden sich lediglich in den Hybridorbitalen. Die Eigenschaft eines chemischen Elements, in diesem Fall des Kohlenstoffs, verschiedene Kristallformen zu bilden, wird Allotropie genannt. Beide Zustände sind unter Normalbedingungen metastabil. Unter extrem hohen Drücken und Temperaturen sowie der Anwesenheit von Katalysatoren sind jedoch Umwandlungen zwischen Graphit und Diamant möglich [Vog].

Unter sp^3-Hybridisierung ist eine Reorganisation der s- und p-Orbitale der Kohlenstoffatome zu verstehen. Diese Reorganisation der Orbitale erzeugt energetisch gleichwertige Bindungen zwischen benachbarten Atomen. Nach Pauling [Paul] ist eine Orbital-Hybridisierung eine Kombination aus s- und p-Orbitalen. Kohlenstoff neigt sehr zur Hybridisierung, was der Grund für die vielfältigen C-haltigen Substanzen ist [Kalv]. Da es in der Außenschale eines Kohlenstoffatoms nur 2 Elektronen innerhalb eines p-Orbitals gibt, ist eine Bindung mit allen vier benachbarten Atomen unmöglich. Im angeregten Zustand „springt" ein Elektron aus dem s-Orbital in das höherenergetische p-Orbital, um alle leeren Stellen des p-Orbitals zu füllen. Dies ist jedoch nicht immer ausreichend für Bindungen zu allen vier C-Atomen. Im hybridisierten Zustand vermischen sich die s-Orbitale mit einem Elektron und die p-Orbitale mit drei Elektronen und es ergeben sich somit vier neue äquivalente „sp^3-Orbitale", welche mit vier Elektronen besetzt sind. Die neu erzeugte sp^3-Bindung wird auch „Sigma-Bindung" genannt. Durch diese Konfiguration ist somit die Verbindung mit vier C-Atomen erfüllt. Bild 8 illustriert diese Konfiguration und das Energieniveau in drei verschiedenen Zuständen.

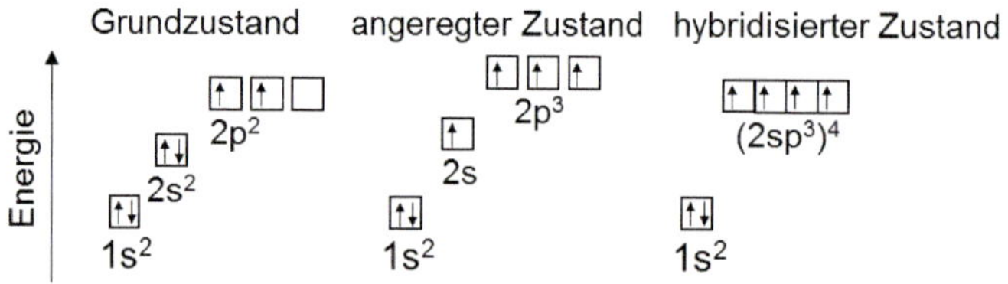

Bild 8: Energiezustände der sp^3-Hybridisierung [Zee].

Im energetisch günstigsten Zustand ordnen sich die sp^3-Orbitale gleichmäßig im Raum in vier verschiedenen Richtungen maximal weit voneinander entfernt an. Hierdurch entsteht eine tetraedrische Geometrie, wie Bild 9 (a) zeigt. Diese Gitterstruktur bedingt die Eigenschaften eines Diamanten. Die sehr hohe Bindungsenergie sorgt für die hohe Härte eines Diamanten [Heit]. Die starken Bindungen ermöglichen Gitterschwingungen und machen Diamanten somit zu guten Wärmeleitern. Aufgrund fehlenden Elektronenbewegungsraums ist Diamant kein elektrischer Leiter. Sein durchsichtiges Aussehen hängt ebenfalls mit dem Energieniveau der Bindungen zusammen, wird hier jedoch nicht weiter diskutiert.

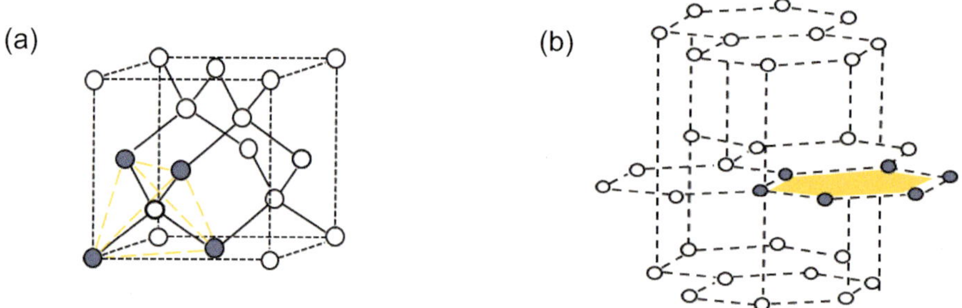

Bild 9: Gitterstrukturen von (a) Diamant und (b) Graphit [Wß18].

Analog zur Struktur des Diamanten ist bei Graphit das ursprüngliche Orbital des Kohlenstoffs ebenfalls „reorganisiert", um drei gleichwertige Elektronen-Orbitale und somit Verbindungen mit drei benachbarten Kohlenstoffatomen in der energetisch günstigsten Weise zu schaffen. Bild

10 veranschaulicht, dass die zweite äußere Elektronenschale nach der „Reorganisation“ aus drei sp^2-Orbitalen und einem zusätzlichem p-Orbital in z-Richtung aufgebaut ist. Durch die lineare Sigma-Bindung der sp^2-hybridisierten Orbitale wird ein geschlossener Ring mit 6 C-Atomen aufgebaut. Durch Wiederholung dieser kristallinen Struktur ergibt sich die in Bild 9 (b) gelb markierte ebene Einheit. Die Stapelung dieser Einheit hat zur Folge, dass es eine hohe Anzahl von Gleitsystemen in Graphit gibt, weshalb er als Schmierstoff einsetzbar ist.

Das p_z- Orbital liegt in vertikaler Richtung zur Ringebene und schafft durch parallele Annährung einen großen gemeinsamen Bereich, in dem sich Elektronen frei bewegen können. Diese Delokalisierung wird auch Pi-Elektronen-System beziehungsweise Pi-Verbindung genannt. Diese Sonderstrukturen bestimmen die elektrische Leitfähigkeit von Graphit und ermöglichen den Einsatz als Elektrode.

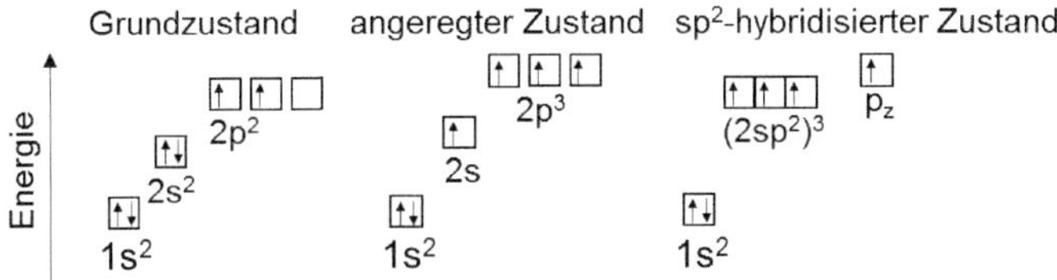

Bild 10: Energiezustände der sp^2-Hybridisierung [Zee].

Amorpher Kohlenstoff stellt einen metastabilen Zustand dar und beinhaltet eine Mischung der oben genannten Bindungsarten. Bild 11 gibt einen Überblick über Substanzen mit variierten sp^2- und sp^3-Bindungsanteilen sowie deren Bezeichnungen. Da Kohlenwasserstoffe oft das Ausgangsmaterial zur Herstellung einer amorphen Kohlenstoffschicht bilden, ist das Element Wasserstoff in der Schicht mit abzuscheiden. Je nach Gasart, -konzentration, -menge und Herstellungsverfahren kann der H-Gehalt sehr verschieden sein. Wasserstoffhaltige amorphe Kohlenstoffe a-C:H(:X) und a-C:H(:Me) verfügen, wie Bild 11 zu entnehmen ist, über einen H-Anteil von 5 bis 50 %. Die durch Plasmapolymerisation hergestellten Substanzen besitzen einen H-Anteil von 40 % bis 80 %. Diamant und Graphit befinden sich an den zwei Ecken mit 100 % sp^3- beziehungsweise sp^2-Anteil. In der Nähe dieser zwei Ecken sind jeweils ta C mit über 80 % sp^3-Anteil beziehungsweise a-C mit etwa 80 % sp^2-Anteil zu finden, welche ähnlichen Eigenschaften wie Diamant beziehungsweise Graphit besitzen und ein vergleichbares Einsatzverhalten zeigen.

2.3.2 Analyse der chemischen Bindungen

Wie im Abschnitt 2.3.1 erwähnt, definieren die sp^2 und sp^3 hybridisierten Bindungen in amorphen Kohlenstoffschichten in großem Maße die Schichteigenschaften sowie das spätere tribologische Einsatzverhalten. Anstatt einer reinen Elementanalyse werden zur Untersuchung der chemischen Bindungen in Schichten andere Methoden eingesetzt, da die elementare Zusammensetzung einer amorphen Kohlenstoffschicht weniger interessant ist.

Zu den gängigsten Methoden zur Analyse chemischer Bindungen zählen XPS (engl. X-ray photoelectron spectroscopy, Röntgenphotoelektronenspektroskopie), SSIMS (engl. static mode secondary-ion mass spectrometry, statische Sekundärionen-Massenspektrometrie), FTIR (engl. Fourier-transform infrared spectroscopy, Fourier-Transform-Infrarotspektroskopie), Raman-Spektroskopie und Mössbauer-Spektroskopie [Frib]. Ihre Arbeitsprinzipien basieren generell auf der Interaktion zwischen einer hochenergetischen Strahlung, wie Infrarotstrahlung, Röntgenstrahlung oder Gammastrahlung, und den einzelnen Atomen beziehungsweise Molekülen des Probenmaterials [Bru]. Die jeweiligen chemischen Bindungen führen zu einer Änderung des Energiezustands und -niveaus der Rückstrahlung. Die Informationen aus der Rückstrahlung sind für die jeweiligen Bindungen charakteristisch und dienen zur Bestimmung der Bindungsarten.

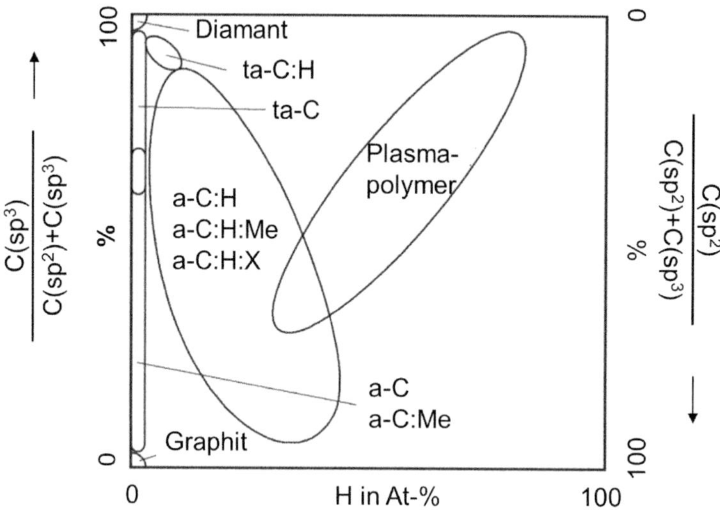

Bild 11: Substanzen aus Kohlenstoff mit variierten sp^2- und sp^3-Anteilen und unterschiedlichem Wasserstoffgehalt nach [Fe20, Silv98, VDI2840].

Die Raman Spektroskopie ist eine zerstörungsfreie Methode, die zur Klärung der chemischen Strukturen amorpher Kohlenstoffschichten dient. Dabei wird die Probenoberfläche mittels eines Lasers einer bestimmten Wellenlänge bestrahlt. Dies verursacht Schwingungen und Rotationen der Moleküle im Material. Die Rückstrahlung beinhaltet Informationen über die Anzahl und das Energieniveau der Photonen. Somit lässt sich eine Aussage über die Arten und Konzentration der Bindungen treffen.

Die Raman-Spektroskopie kommt erst seit der Erfindung des Lasers im Jahr 1960 in der Forschung vermehrt zum Einsatz. Der Vorteil des Lasers im Vergleich zu anderen Strahlungsquellen ist die Monochromasie sowie die hohe Frequenzstabilität [Eichl]. Außerdem lässt sich die Intensität des Lasers gut steuern und das Licht des Lasers lässt sich besser fokussieren als das aus anderen Lichtquellen.

Das Messprinzip der Raman Spektroskopie basiert auf dem sogenannten „Raman-Effekt". Bei einem ausreichend weiten Abstand von der Probenoberfläche führt eine Laserbestrahlung zu einer Lichtrückstreuung, welche Informationen über charakteristische Molekülschwingungen und -rotationen enthält. Hieraus lassen sich Rückschlüsse über die Struktur des Probenmaterials ziehen. Das gewonnene Spektrum ist dabei stark von der Leistung und der Wellenlänge des Lasers abhängig. Aus diesem Grund ist für das zu untersuchende Material eine Vorauswahl des einzusetzenden Lasers und eine Festlegung geeigneter Parameter notwendig, sodass die charakteristischen Peaks mit ausreichend hoher Intensität aufgezeigt werden können. Dabei soll das zu untersuchende Material jedoch nicht durch eine übermäßig starke Laserbestrahlung strukturell verändert oder sogar beschädigt werden.

Die Raman Analyse von amorphen Kohlenstoffschichten mittels eines UV-Lasers bietet direkte Informationen über den sp^3-Anteil [Gilk2]. Andere sichtbare Laser ermöglichen eine indirekte Einschätzung des sp^2-/sp^3-Verhältnisses [Fe20, Pra, Tai]. Eine genaue prozentuale Aussage zu den einzelnen Bindungsarten kann über eine Raman Spektroskopie jedoch nicht erfolgen. Charakteristische Peaks im Raman Spektrum für amorphe Kohlenstoffe sind die sogenannten D- und G-Peaks, die bei circa 1350 cm^{-1} beziehungsweise 1580 cm^{-1} liegen [Fe21]. Nur bei Verwendung einer UV-Bestrahlung ist es zusätzlich möglich, einen sogenannten T-Peak bei circa 980 cm^{-1} für wasserstoffhaltigen amorphen Kohlenstoff zu detektieren [Fe21]. G- und D-Peaks beziehen sich nur auf sp^2-Cluster, wohingegen T-Peaks aufgrund von Vibrationen der sp^3-hybridisierten C-C Bindungen entstehen. G-Peaks, oder auch G-Bänder, stammen aus Bindungsstreckungen (engl. stretching mode) der Paare an sp^2-Bindungen in Ringen und Ketten. D-Peaks entstehen aufgrund der D-Bewegungsmode (engl. breathing mode) für ringförmige sp^2-Bindungen. Das Vorhandensein eines D-Bands deutet auf eine amorphe Struktur (engl. disorder) oder auf Defekte im Kohlenstoffnetzwerk hin, weshalb in perfektem Graphit kein D-Band zu beobachten ist [Tuin]. Bild 12 illustriert die jeweiligen Atombewegungen in G- und D-Bändern.

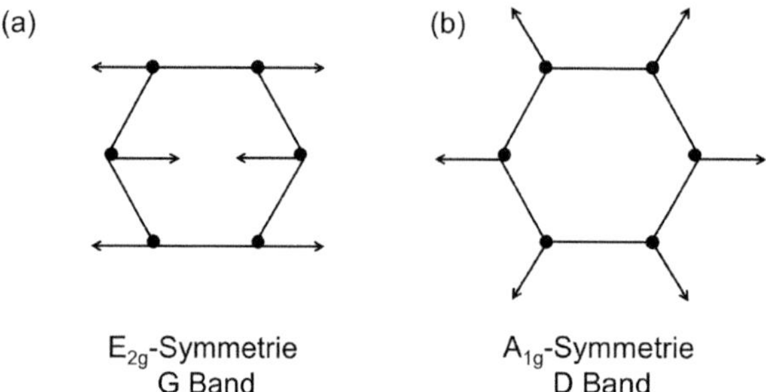

Bild 12: Bewegungsmodi (a) E_{2g}-Symmetrie des G-Bands und (b) A_{1g}-Symmetrie des D-Bands nach [Fe20].

Mithilfe von Raman Spektren lassen sich Aussagen über Schichteigenschaften und Strukturänderungen treffen. Hierfür wird nachfolgend der aktuelle Stand der Forschung in Bezug auf amorphe Kohlenstoffschichten vorgestellt.

In [Fe20] wird eine sogenannte Drei-Phasen-Theorie eingeführt, welche besagt, dass der sp^3-Anteil jeweils mit der Position des G-Peaks (Pos [G]) und dem Intensitätsverhältnis von D und G Peak (I_D/I_G) korreliert. Ist einer dieser beiden Parameter bekannt, so kann der prozentuale sp^3-Anteil eingeschätzt und die Schichtart einer von drei möglichen Konfigurationen zugeordnet werden [Fe21].

Mittels Raman Spektroskopie lassen sich noch weitere strukturelle Parameter der Kohlenstoffschichten ermitteln. In [Ball] werden beispielsweise Raman Spektroskopien mit Lasern jeweils in UV- (400 bis 100 nm) und sichtbaren (700 bis 400 nm) Bereichen durchgeführt und damit Korngrößen nanokristalliner Diamanten zwischen 20 nm und 2 µm festgestellt.

In [Gilk1] wird eine 244 nm-UV-Raman Spektroskopie genutzt, um die sp^3-Cluster direkt in der ta-C-Schicht zu beobachten. Mit zunehmendem sp^3-Gehalt wandert der Peak von 1400 cm^{-1} zu 1100 cm^{-1}.

In [Rou] wird a-C mittels Raman Spektroskopie bezüglich der Struktur untersucht und gezeigt, dass die Oberflächengüte einen Einfluss auf die Struktur hinsichtlich des sp^3-Gehalts hat.

In [Xu] wird die Umwandlung von sp^3- in sp^2-Cluster mittels Lasertempern durch Raman Spektroskopie aufgenommen und anhand von Raman Spektren veranschaulicht. Mit der Reduktion des sp^3-Anteils von 80 % auf 50 % spaltet sich der einzelne Peak bei 1561 cm^{-1} in zwei Peaks (G und D) bei jeweils 1542 beziehungsweise 1350 cm^{-1}. Dies ist auf die Entstehung eines ringförmigen sp^2-Clusters zurückzuführen.

[Tam] berichtet, dass die Dichte und die Härte von a-C:H-Schichten, welche mittels Magnetronsputtern von einem Graphittarget abgeschieden werden, mit der Breite des G-Peaks in halber Höhe FWHM(G) linear korrelieren.

Darüber hinaus kann der theoretische sp^3-Anteil in amorphen Kohlenstoffschichten über die G-Peak-Position Pos (G) in Erfahrung gebracht werden. Basierend auf Messergebnissen aus verschiedenen Literaturquellen leitet [Cui] lineare Zusammenhänge zwischen dem sp^3-Anteil und der Dispersionsrate des G-Peaks ab. Die Dispersionsrate des G-Peaks Disp (G) ist in Gleichung (1) definiert.

$$\mathrm{Disp(G)} = \left|\frac{\mathrm{Pos(G)@\lambda_2 - Pos(G)@\lambda_1}}{\lambda_2 - \lambda_1}\right| [\mathrm{cm^{-1}/nm}] \tag{1}$$

Hierzu sind mehrere Raman Messungen mit Lasern von mindestens zwei Wellenlängen erforderlich. λ_i gibt die verwendete Wellenlänge des Lasers an, *Disp(G)* die Dispersionsrate des G-Peaks.

Der lineare Zusammenhang zwischen sp^3-Anteil und $Disp(G)$ ist quantitativ durch Gleichung (2) mit Angabe der auf einem linearen Modell basierenden Streuung dargestellt.

$$\mathrm{sp^3 content} = -0{,}07 + 2{,}50 \times \mathrm{Disp(G)} \left[\frac{\mathrm{cm^{-1}}}{\mathrm{nm}}\right] \pm 0{,}06 \tag{2}$$

Zu erwähnen ist, dass es zu einem Fehler durch die verschiedenen Anpassungsfunktionen (Doppel-Gaussian, Lorentzian plus Breit-Wigner-Fano, kurz: BWF) kommen kann. Jedoch ist dieser Unterschied durch Anwendung der verschiedenen Funktionen gering (circa 0,075), sodass dieser Effekt ignoriert wird [Cui].

2.3.3 Schichteigenspannung

In jedem abgeschiedenen Schichtsystem ist eine während der Schichtabscheidung und dem Abkühlungsprozess entstandene Eigenspannung σ vorhanden. Diese Eigenspannung hat, langfristig gesehen, einen starken Einfluss auf die Qualität und die Lebensdauer des Schichtsystems [Pau]. In diesem Abschnitt werden Eigenspannungen und deren Auswirkungen auf die Delamination einer Schicht unter energetischen Aspekten erläutert.

Die Eigenspannung σ besteht grundsätzlich aus einer thermischen, einer intrinsischen und einer extrinsischen Komponente, welche in Gleichung (3) jeweils mit den Symbolen σ_{th}, σ_{int} und σ_{ext} gekennzeichnet sind.

$$\sigma = \sigma_{\mathrm{th}} + \sigma_{\mathrm{int}} + \sigma_{\mathrm{ext}} \tag{3}$$

Die thermische Eigenspannung einer Schicht entsteht aufgrund der unterschiedlichen thermischen Ausdehnungskoeffizienten von Substrat- und Schichtwerkstoffen. Unter Wärmeschrumpfung versteht man die Geometrieänderung nach der Abkühlung. Ihr Kehrwert wird thermischer Ausdehnungskoeffizient genannt. Dieser Abschnitt diskutiert lediglich die lineare Ausdehnung, welche durch den Längenausdehnungskoeffizient α angegeben wird.

Wird die Schicht bei Raumtemperatur abgeschieden oder verfügt das Substrat über das gleiche α wie die Schicht, entsteht keine thermische Eigenspannung. Die Abscheidetemperatur liegt normalerweise oberhalb der Raumtemperatur, weshalb sich die Schicht und das Substrat unterschiedlich verformen bzw. schrumpfen. Da die Atome an der Grenzfläche fest miteinander verbunden sind, entstehen Spannungen in beiden Werkstoffen. In Bild 13 sind α-Werte von verschiedenen Werkstoffgruppen und amorphen Kohlenstoffen zusammengefasst.

Polymere verfügen über deutlich höhere thermische Ausdehnungskoeffizienten als Metalle und Keramiken. Polymernetzwerke, welche aus einzelnen Polymerketten bestehen, ändern durch thermisch aktivierte Platzwechselvorgänge ihre Lage im temperaturabhängigen freien Raum und somit auch die Ausdehnungen der gesamten Ketten [Wra]. Aus diesem Grund sind die Ausdehnungskoeffizienten stark von der chemischen Zusammensetzung und des kristallinen Zustands abhängig. Der Thermoplast PMMA (Polymethylmethacrylat) besitzt ein α von 70 - 80 $\cdot 10^{-6}/\mathrm{K}$ [Saie], während gängige Werte für Metalle nur bei etwa 13,0 - 16,0 $\cdot 10^{-6}/\mathrm{K}$ liegen. Somit ist immer eine starke Schwindung der Polymere nach der Abkühlung erkennbar, wenn sie als Beschichtung auf Metallsubstraten appliziert werden.

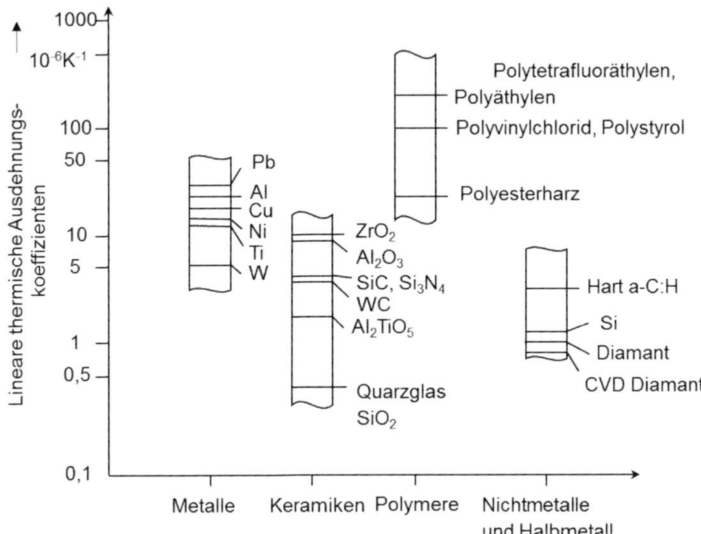

Bild 13: Lineare thermische Ausdehnungskoeffizienten von Werkstoffen verschiedener Hauptgruppen [Ond94] im Vergleich zu Diamant [Spö02] und sonstige Nichtmetalle sowie Halbmetall [Mar03, Pic94].

Silizium verfügt hingegen über einen sehr geringen Ausdehnungskoeffizient von 3,5 ... 3,9 · 10^{-6}/K [Yim], weshalb es für die Eigenspannungsbestimmung am häufigsten als Substrat eingesetzt wird, da sich so die Auswirkung der thermischen Ausdehnung minimieren lässt. Bild 14 veranschaulicht dieses Phänomen durch einen Vergleich der Spannung in der a-C:H-Schicht bei drei unterschiedlichen Substratwerkstoffen. Durch die Auswahl von Silizium als Substrat bleibt der Spannungswert nahezu auf dem gleichen Niveau.

Die thermische Eigenspannung ist durch Gleichung (4) beschrieben, wobei E_f und v_f für den Elastizitätsmodul und die Querdehnzahl der Schicht stehen, α_f und α_s die thermischen Ausdehnungskoeffizienten der Schicht und des Substrats darstellen, T_d und T_r die Abscheide- und Raumtemperatur bezeichnen. Gleichung (4) zeigt, dass der Spannungswert sowohl von den Ausdehnungskoeffizienten und Temperaturen als auch vom sogenannten biaxialen Modul der Schicht $E_f/1 - v_f$ abhängt.

$$\sigma_{th} = \left(\frac{E_f}{1 - v_f}\right)(\alpha_f - \alpha_s)(T_d - T_r) \tag{4}$$

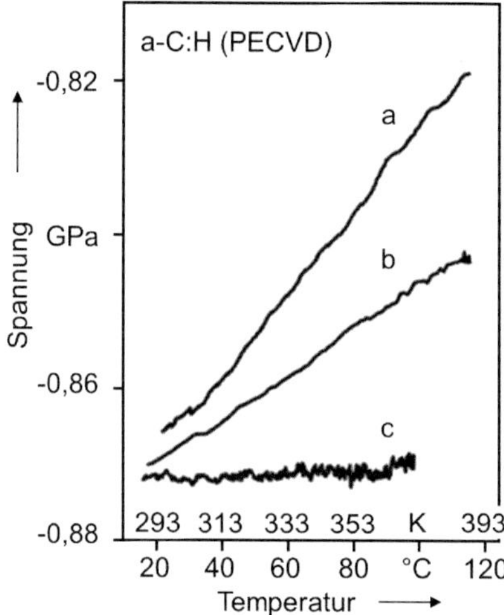

Bild 14: Spannung als Funktion der Temperatur einer a-C:H-Schicht bei drei Substratwerkstoffen: (a) 211 Präzisionsglas, CTE (engl. Coefficient of thermal expansion) $=7{,}4\cdot10^{-6}\ K^{-1}$; (b) Cornings Glas, CTE$=4{,}6\cdot10^{-6}\ K^{-1}$; (c) Si (111), CTE$=2{,}6\cdot10^{-6}\ K^{-1}$ [Silv03].

Die Bestimmung des biaxialen Moduls und des Ausdehnungskoeffizienten einer amorphen Kohlenstoffschicht kann über die Methode der Krümmungsradien erfolgen, wobei die Krümmungsradien vor und nach der Beschichtung bestimmt werden und dadurch lassen sich die Werkstoffeigenschaften vom Schichtmaterial berechnen. Wie in Bild 15 zu sehen ist, lassen sich der biaxiale Modul und der Ausdehnungskoeffizient berechnen, falls die Änderungen der Krümmungsradien in Abhängigkeit der Temperatur der Schicht auf zwei Grundwerkstoffen bekannt sind [Wa98]. Die thermischen Eigenspannungen von DLC-Schichten auf Siliziumwafern oder Stahlsubstrat sind in beiden Fällen Druckspannungen. Mit zunehmender Umgebungstemperatur steigen die Eigenspannungen auf Silizium, sinken jedoch auf Stahl. Ein spannungsfreier Zustand der Schicht auf Stahl entsteht bei etwa 200°C [Wa98].

Der intrinsische Teil der Eigenspannung σ_{int} ist bedingt durch die Struktur und die Morphologie der Schicht [Donn3]. Der komplette Wachstumsprozess einer Schicht kann ganz verschieden sein, bestimmt jedoch maßgeblich die Strukturen der Schicht. Typische Wachstumsprozesse sind Koloniebildung oder Epitaxie Wachstum. Die intrinsische Spannung hängt dabei vorwiegend mit der Energie der Einfallteilchen zusammen. Aber auch andere Parameter, wie die Biasspannung des Substrats oder das Sputtergas, können die intrinsische Spannung stark beeinflussen.

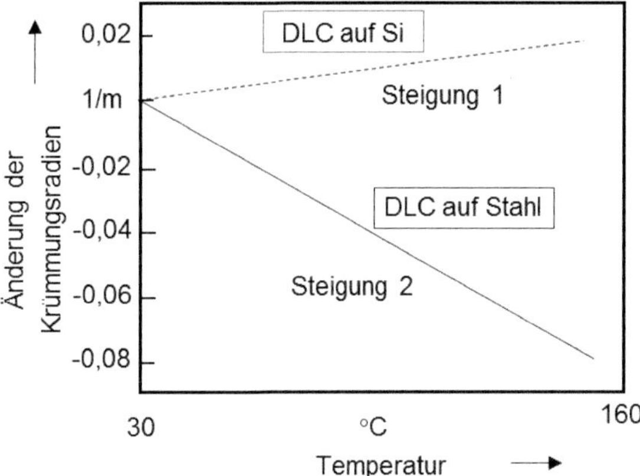

Bild 15: Spannung als Änderung der Krümmungsradien bei DLC beschichteten Siliziumwafern und Stahl in der Abhängigkeit von Temperatur [Wa98].

Bild 16 veranschaulicht, wie sich die Energie der Teilchen auf die intrinsische Spannung auswirkt. Bei Teilchen mit einer geringen kinetischen Energie von 0,1 bis 1 eV/Atom entsteht Zugspannung in der Schicht. Der Wert der intrinsischen Spannung steigt erst bis zu einem Maximum an, sinkt jedoch dann wieder, da die Zugspannungen langsam durch entstandene Druckeigenspannungen kompensiert werden. Bei einem bestimmten Energiewert ist die gesamte Spannung Null. Ab dann steigt die Druckeigenspannung bis zu einem maximalen Wert an. Steigt der Energiewert auf über 25 eV/Atom, geht die Druckeigenspannung wieder leicht zurück. Der Wert der intrinsischen Spannung kann somit durch eine gezielte Einstellung der Abscheideparameter, welche die kinetische Energie der Teilchen beeinflussen, gesteuert werden.

Extrinsische Eigenspannungen stammen aus der Interaktion der Schicht mit ihrer Umgebung. Verunreinigungen, fremde Gase, wie Sauerstoff oder Stickstoff und Feuchte aus der Luft existieren unter Vakuum als sogenanntes Restgas und zählen zu den gängigen Ursachen für extrinsische Eigenspannungen. Chemische Reaktionen zwischen den fremden Gasen und der Schicht führen zum Beispiel zu Phasenänderungen. Wenn die Schicht porös ist, kann die Feuchte an den Wänden der Poren adsorbieren, durch Kapillarkraft in die Schicht eindringen und so den Spannungszustand der Schicht verändern. Da amorphe Kohlenstoffschichten ausreichend dicht sind, kann die hierdurch entstehende extrinsische Spannung ignoriert werden [Don13]. Im Rahmen dieser Arbeit abgeschiedene Schichten werden zeitnah und möglichst unter gleichen Umgebungsbedingungen hergestellt, um den Effekt von extrinsischen Spannungen zu minimieren.

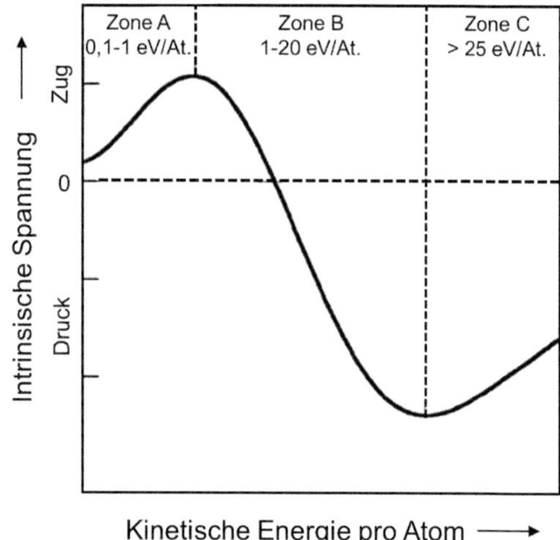

Bild 16: Intrinsische Spannung in Abhängigkeit der kinetischen Energie pro Atom [Donn3].

Die Resteigenspannung (engl. residual stress) in einer Schicht beeinflusst deren Eigenschaften und Qualität enorm. Das Überschreiten eines kritischen Werts kann zur Rissbildung und zum frühzeitigen Schichtausfall führen [Evan]. Resteigenspannungen in Schichten sind die Summe von thermischen und intrinsischen Spannungen und können mittels der Biegemethode nach Stoney bestimmt werden. Hierzu werden im Rahmen dieser Arbeit Schichten auf Si-Wafern abgeschieden. Die Methode von Stoney erfordert die Abscheidung der Schicht auf einem isotropen Substrat, beispielsweise auch polykristallinen Stahlstreifen oder Glasstreifen.

Zusätzlich sind noch einige Voraussetzungen für den Einsatz der Methode zu erfüllen. So muss die zu untersuchende Schichtprobe um einige Größenordnungen dünner sein als das Substrat. Falls das Dickenverhältnis der Schicht zum Substrat gleich 1:10 ist, beträgt die Standardabweichung laut der in [Inje] abgeleiteten Gleichung 5 %. Dies ist erforderlich, um zu gewährleisten, dass die auftretenden Verformungen durch das Aufbringen der Schicht klein und rein elastisch sind. Dadurch lässt sich der Biegeradius der Schicht durch das Messen der Durchbiegung des Substrats in guter Näherung bestimmen. Bei anisotropen Substratwerkstoffen ist die Stoneysche Gleichung zu modifizieren und die entsprechende Steifigkeitsmatrix für die jeweilige Ebenenrichtung einzusetzen.

Pureza *et al.* [Pur] zeigen, dass die Stoneysche Gleichung die Eigenspannung unterschätzt, falls das die Querdehnzahl des Substrats ν_S im Bereich zwischen 0,24 und 0,4 liegt, was für metallische und keramikähnliche Werkstoffe überwiegend zutrifft. Für Substrate aus Metall oder Legierungen mit $\nu_S < 0{,}25$ zeigt die Stoneysche Gleichung eine hohe Übereinstimmung mit der realen mechanischen Verformung des Schicht-Substrat-Systems, während sie für Substrate mit $\nu_S \geq 0{,}5$ ihre Gültigkeit verliert. Pureza führt deshalb einen Korrekturterm in die Originalgleichung von Stoney ein. Dieser basiert auf der klassischen Verformung eines kontinuumsmechanisch beschriebenen Körpers.

Heutzutage werden sowohl in der Forschung und Entwicklung als auch in der Produktion häufig Si-Wafer als Substrat eingesetzt, da sie einen hohen Elastizitätsmodul (E-Modul) besitzen. Die kleinere Verformung des Schicht-Substrat-Systems im Vergleich zu Stahl führt zu einer höheren geometrischen Stabilität der Si-Wafer. Da Silizium drei kristalline Richtungen besitzt, weist ein Si-Wafer je nach Schneiderichtung unterschiedliche E-Module und Querdehnzahlen auf. Bild 17 zeigt diese drei Kristallebenen (100), (110) und (111).

Si(100), Si(010) und Si(001) sind äquivalent und besitzen dieselben Eigenschaften. Nach [Jans] ist für Si-Wafer mit Kristallorientierung (001) Gleichung (5) zur Berechnung der Schichtspannung einzusetzen.

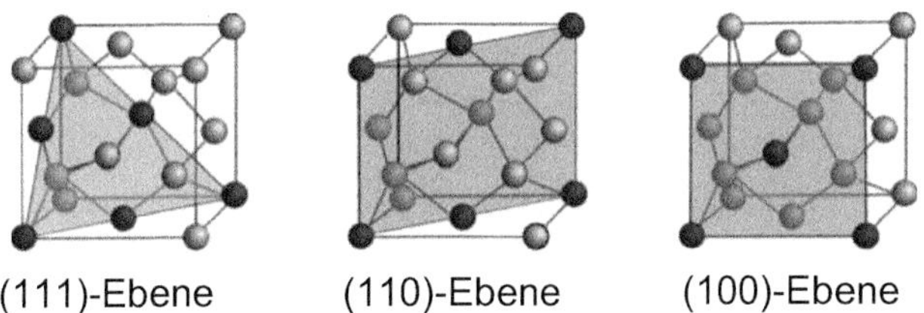

Bild 17: Schematische Darstellung der Einheitszelle eines Silizium-Einkristalls und der Kristallebenen (100), (110) und (111), die bei (100)-, (110)- bzw. (111)-Wafern die Oberfläche bilden [Vö08].

$$\sigma_B t_B = \frac{h^2}{6\left(s_{11}^{Si} + s_{12}^{Si}\right)}\left(\frac{1}{R} - \frac{1}{R_0}\right) \quad (5)$$

Dabei bezeichnet σ_B die sogenannte „*In-plane*-Spannung“ in der Schicht, t_B die Schichtdicke, h die Dicke des Si-Wafers und R den Krümmungsradius des beschichteten Si-Wafers.

Die Ebenheit der Si-Wafer ist grundsätzlich vor der Beschichtung zu kontrollieren. Über einer Messstrecke von 50 mm in Längsrichtung soll jeder Wafer ein Höhenprofil von höchstens ± 10 µm besitzen. Aus diesem Grund darf der Term $1/R_0$ in dieser Gleichung ignoriert werden. Der Term $s_{11}^{Si} + s_{12}^{Si}$ enthält die jeweiligen Elemente der Steifigkeitsmatrix von (001)-

Silizium. Der Kehrwert $1/(s_{11}^{Si} + s_{12}^{Si})$ wird biaxialer Modul (M) von Si(001) genannt. Der nummerische Wert beträgt:

$$M_{100}^{Si} = 1/(s_{11}^{Si} + s_{12}^{Si}) = 1{,}803(1) \cdot 10^{11}\ \text{Pa}.$$

2.3.4 Schichthaftung

Neben der Schichtdicke ist die Schichthaftung ein weiteres wichtiges Schichtmerkmal. Eine gute Haftung steht nicht nur für gute Qualität, sondern ermöglicht es auch, äußere Belastungen zu ertragen. Das Substrat als Schichtunterlage beeinflusst sowohl die Schichthaftung als auch sonstige Eigenschaften wie beispielsweise die resultierende Schichtrauheit. Die Sauberkeit, das Reinigungsverfahren, die an der Luft aufgebaute Oxidschicht, die Rauheit und die Morphologie der Substratoberfläche wirken sich ebenfalls stark auf den Haftungsgrad einer Schicht aus.

Aus diesem Grund wird das Substrat vor der Beschichtung mechanisch behandelt, um eine feine und gleichmäßige Ausgangsoberfläche zu erzielen. Durch einen Reinigungsvorgang werden die während des Polierens erzeugten Verschleißpartikel und der Rest der Poliersuspension entfernt. Außerdem sind die polierten Substratoberflächen unter Vakuum und bei Überraumtemperatur zu lagern, da eine langzeitige Aussetzung an der Luft die Oberflächen besonders korrosionsanfällig macht. Starke Oxidation und Korrosion des Substrats lässt sich so vermeiden. Eine trockene Substratoberfläche erleichtert zudem das Evakuieren in den Hochvakuumbereich.

Die Einflüsse der Substratrauheit auf die erzeugte Schicht sind sehr vielfältig. Rauheitsspitzen und -vertiefungen des Substrats können die Einfallsteilchen besser fangen und verhaken. Dies führt zu einer besseren Schichthaftung. Die Räume zwischen den Rauheitsspitzen beschränken die Diffusionsbewegungen der Adatome und bilden schnell Kolonien auf. Jedoch führt dies zu einer ungleichmäßigen Oberfläche, was unter Umständen nachteilig sein kann.

Der sogenannte Abschattungseffekt führt zu einem ungleichmäßigen Schichtauftrag. Trotz Stapelung mehrerer Schichtlagen auf einer rauen Oberfläche kann sich die Rauheit des Substrats auf die Schicht übertragen. Insbesondere bei PVD-Abscheideprozessen ist mit einer deutlich höheren Schichtrauheit zu rechnen. Im Extremfall, wie das amorphe Kohlenstoffschichtsystem (a-C:H) in Bild 18 veranschaulicht, führt dies zum Versagen der Schicht.

Ein weiterer Grund für die mechanische Vorbearbeitung der Substratoberfläche besteht darin, dass eine fein polierte Oberfläche eine höhere Plausibilität und Reproduzierbarkeit gewährleistet.

Die atomaren Bindungen zwischen Substrat- und Schichtoberfläche bestimmen die Größenordnung der Haftung. Es gibt dabei verschiedene Bindungsarten: chemische (0,5...ca. 10 eV), elektrostatische (spannungsabhängig) und Van der Waals´sche Bindungen (0,1 - 0,4 eV) sowie ihre Kombinationen [Men]. Chemische Bindungen besitzen die höchste Energie und bauen dadurch die stärksten Bindungen zwischen Substrat und Schicht auf. Van-der-Waals-Bindungen zählen zu den schwachen Bindungen. Ihre Bindungskraft reduziert sich schnell mit zunehmendem Abstand. Verbindungen zwischen den Adatomen und der Oberfläche gehören beispielsweise zu diesem Typ. Elektrostatische Bindungen entstehen bei elektrischen Doppelschichten, wenn eine Spannung zwischen Substrat und Schicht vorhanden ist [Men].

Theoretisch kann eine chemische Bindung mit 4 eV eine mechanische Spannung von bis maximal $1 \cdot 10^4\ Nmm^{-2}$ kompensieren, während eine van-der-Waals-Bindung von 0,2 eV einer Spannung von maximal $5 \cdot 10^2\ Nmm^{-2}$ widersteht [Men]. Jedoch sind bei der Haftungsbestimmung oftmals geringere Messwerte als die theoretisch berechneten Werte zu beobachten. Ein denkbarer Grund wäre die nichtideale reale Schichtstruktur und das Vorhandensein von Defekten in Form von Rissen, unerwünschten Makropartikeln oder Löchern. Bild 18 (a) zeigt Risse zwischen einer WC- und einer a-C:H:W-Schicht an einem Einschluss eines Cr-Makropartikels. Die sich oberhalb befindende a-C:H-Schicht wurde durch diesen Wachstumsfehler gebrochen und Risse sind in der Schicht entstanden. Bild 18 (b) zeigt ein Loch zwischen Korngrenzen in einer a-C:H:W-Schicht.

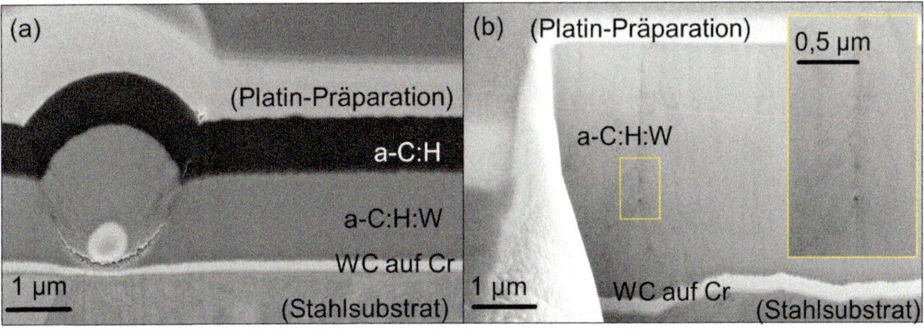

Bild 18: Mikroskopische Aufnahmen durch REM (a) der Rissbildung aufgrund der Entstehung eines Makropartikels (b) eines Lochs zwischen Korngrenzen in der a-C:H:W-Schicht.

Niedrigere Messwerte lassen sich außerdem dadurch erklären, dass die innere Spannung der Schicht deutlich unterschätzt wird, da sich äußere Spannungen überlagern können [Men]. Ein weiterer Grund kann die kleine Kontaktfläche der stängelförmigen Struktur mit dem Substrat sein [Men]. Bild 19 zeigt einen Vergleich zwischen einer normal gewachsenen stängelförmigen Struktur und einer Struktur mit kleiner Kontaktfläche zum Substrat, weshalb die Haftung lokal geringer ist. Auffällig ist auch, dass das Stahlsubstrat teils mit Karbideinschlüssen (schwarz) und in den sonstigen Phasen (hell) direkt mit Chrom in Kontakt kommt, was zu einer lokalen Haftfestigkeitsschwankung führt.

Nachdem die Einflussfaktoren und die Prinzipien der Schichthaftung erläutert sind, können entsprechende Maßnahmen zur Erhöhung der Schichthaftung getroffen werden. Da die chemischen Bindungen über die höchste Energie und die stärksten Bindungskräfte verfügen, erzielen über das CVD-Verfahren abgeschiedene Schichten grundsätzlich eine bessere Haftung als Schichten, die über das PVD-Verfahren abgeschieden wurden [Dobr]. Im physikalischen Abscheidevorgang lässt sich die Schichthaftung durch Ionenbombardierung und Ionenimplantation erhöhen. Außerdem zeigt eine gesputterte oder gearcte Schicht eine bessere Haftung als eine thermisch aufgedampfte Schicht, da die kinetische Energie der Einfallsteilchen während des Sputterprozesses deutlich höher ist [Mat98, Shan]. Die Einführung einer Übergangsschicht mit graduell veränderten Parametern erleichtert das weitere Schichtwachstum und den Schichtauftrag.

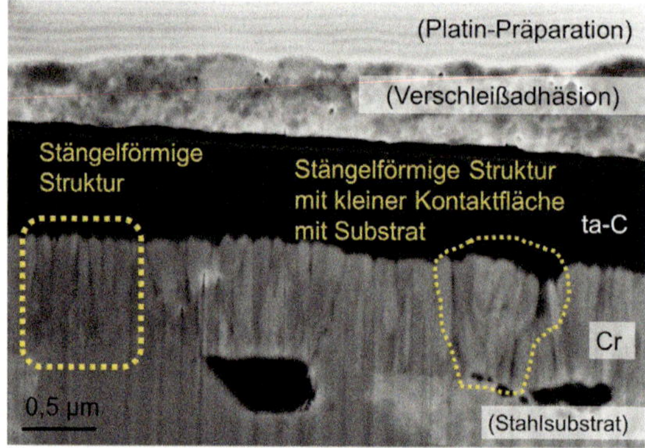

Bild 19: Die Chrom-Haftschicht mit stängelförmiger Struktur für eine ta-C-Funktionsschicht.

2.3.5 Schichtversagen

Unter Schichtversagen versteht man die Zerstörung des gesamten Schicht-Substrat-Systems aufgrund von inhärenten oder äußeren Faktoren. Dies beinhaltet das Versagen innerhalb der Schicht sowie die Trennung der Grenzflächen. Ob es zum Versagen kommt, hängt von den Spannungszuständen in der Schicht, vorhandenen Schichtdefekten, der äußeren Belastung und der Interaktion mit der Umgebung ab. Versagensfälle aufgrund unerwünschter, nicht kontrollierbarer Schichtdefekte wurden bereits im Abschnitt 2.3.4 diskutiert und werden in diesem Abschnitt nicht mehr behandelt.

Als Erstes ist die innere Eigenspannung der Schicht als Ursache für ein Versagen zu nennen. Hierbei werden keinerlei Einflüsse aufgrund thermischer Spannungen berücksichtigt, da die Auswahl der Schicht- und Substratwerkstoffe bereits zuvor getroffen wurde und sich dieser Einfluss in einer bestimmten Anwendung nicht mehr verändert. In diesem Fall beschreibt die intrinsische Eigenspannung σ_{int} die gesamte Restspannung in der Schicht.

Die intrinsische Eigenspannung ist ein Schichtmerkmal und unabhängig von der Schichtdicke [Don13]. Schichten unter Zugspannung schrumpfen während des Abkühlens stärker als das Substrat. Solche Schichten zeigen Rissbildung, insbesondere in perpendikularer Richtung zur Oberfläche, als dominierende Versagensform.

Amorphe Kohlenstoffschichten enthalten hingegen Druckspannungen [Don13]. Überschreiten diese Druckspannungen ihren kritischen Wert, knickt die Schicht und löst sich von der Substratoberfläche oder den Schichtgrenzflächen. Diese Versagensform nennt sich Delamination.

Aus energetischer Sicht lässt sich Delamination dadurch begründen, dass die Energie in der Schicht gemäß dem Hookeschen Gesetz als elastische Arbeit U gespeichert wird [Don13]. Diese Arbeit steigt mit zunehmender Schichtdicke t und steht gleichzeitig mit der Eigenspannung σ in Zusammenhang. Wird die Kapazität zur Energiespeicherung der Schicht überschritten, muss die Energie in Form von Rissbildung oder Delamination freigesetzt werden. Gleichung (6) beschreibt diesen Zusammenhang.

$$U = (\frac{1 - v_f}{E_f}) t_f \sigma^2 \qquad (6)$$

Der Term $(1 - \nu_f)/E_f$ gibt dabei den Kehrwert des biaxialen Moduls der Schicht an. Schichtversagen, sowohl Rissbildung als auch Delamination, kann durch die Erzeugung von zwei neuen Oberflächen dargestellt werden. Die dafür notwendige freie Oberflächenenergie 2γ wird durch die freigesetzte elastische Energie ausgeglichen. Bei idealer Substrat-Schicht-Haftung gilt folgende Gleichung:

$$\gamma_d = \gamma_f + \gamma_s \tag{7}$$

wobei die Indizes d, f und s jeweils für Delamination, Schicht (Film) und Substrat stehen. γ_i wird als die freie Energie genannt, wenn die Haftung zwischen Substrat und Beschichtung nicht ideal ist, was der realen Situation entspricht [Klok1]. Bei perfekter Schichthaftung beträgt die freie Energie γ_i Null. Idealerweise sollte die Haftungsarbeit γ_d möglichst hoch sein. Sollten Risse oder Löcher in der Schicht existieren, sinkt die Haftungsarbeit auf die Größenordnung der gemessenen Haftfestigkeit [Klok-1]. Sollten sich Substrat und Schicht komplett voneinander trennen, ist γ_d gleich null.

$$\gamma_d = \gamma_f + \gamma_s - \gamma_i \tag{8}$$

Das Risswachstum in Schichten unter Zugeigenspannung kann als spröder Bruch angesehen und mit der Theorie nach Griffith erklärt werden. Diese besagt, dass der kritische Spannungswert σ_c sowie die kritische initiale Risslänge t_{fc} proportional zur Schichtdicke sind. Sollte die elastische Dehnungsenergie U der Schicht den kritischen Wert U_c überschreiten, führt es zur Rissfortsetzung und folglich zur Erzeugung von zwei neuen Oberflächen mit der Energie 2γ. Damit ergibt sich folgende Energiebilanz für die Rissfortsetzung unter Berücksichtigung eines ebenen Spannungszustands (*plane stress*):

$$2\gamma = U_c = \frac{\sigma_c^2 t_{fc}}{E_f} \tag{9}$$

Die kritische Schichtdicke t_{fc} ist durch Gleichung (10) gegeben. Da die Größe der Eigenspannung unabhängig von der Schichtdicke ist, bestimmt die freie Oberflächenenergie die kritische Schichtdicke.

$$t_{fc} = \frac{2\gamma E_f}{\sigma^2} \tag{10}$$

Bei Schichten unter Druckeigenspannungen und der damit einhergehenden Versagensform Delamination eignet es sich die Griffith-Theorie nicht, da diese nur Risse unter Zugbelastung beschreibt. Schichten unter Druckeigenspannungen lassen sich mithilfe des Modells nach Barenblatt [Bar] besser beschreiben. Die Energiebilanz und die Beschreibung der Delamination erfolgen ähnlich wie beim Risswachstum unter Zugbelastung. Gleichung (11) gibt die kritische Schichtdicke für diesen Fall an, wobei γ_d die Haftungsarbeit nach Gleichung (8) darstellt.

$$t_{fc} = \frac{\gamma_d E_f}{\sigma^2} \tag{11}$$

Häufig wird eine möglichst dicke Schicht in Erwartung einer langen Lebensdauer angestrebt, insbesondere wenn abrasiver Verschleiß als Hauptverschleißmechanismus festgestellt wird. Schichten lassen sich jedoch nur bis zu einer bestimmten kritischen Schichtdicke erzeugen. Wie bereits erläutert, muss bei Überschreitung der kritischen Schichtdicke die in den Schichten gespeicherte elastische Energie freigesetzt werden, was durch die Erzeugung neuer Oberflächen (Risse, Delamination) geschieht. Mehrere Veröffentlichungen [Bouz, Fu17, Xia, ZhM] berichten über die Bedeutung der kritischen Schichtdicke in Bezug auf die Initiation von Risswachstum in keramischen, multilagigen Schichtsystemen unter Zugeigenspannungen. Ist die Steifigkeit einer keramischen Schicht bekannt, so lässt sich die kritische Schichtdicke berechnen.

Nachdem die Ursachen für Schichtversagen geklärt sind, können nun entsprechende Maßnahmen getroffen werden, um die Haftung der Schicht zu erhöhen und gleichzeitig die Schwelle für Versagen weiter nach oben zu verschieben. Das Produkt von $\sigma^2 t$ sollte möglichst klein gehalten werden, was durch eine geeignete Wahl der Schichtdicke erreicht wird. Um die intrinsischen Eigenspannungen bestmöglich zu reduzieren, können die energetischen Abscheideparameter angepasst und optimiert werden. Durch ein mehrlagiges Schichtdesign lassen sich die Spannungen des gesamten Schichtsystems reduzieren.

Durch die Auswahl einer geeigneten Haftschicht werden die Funktionsschichten stärker an das Substrat angebunden. Typische Haftschichten für amorphe Kohlenstoffschichten sind in [Don13] sowie in DIN 4855 [DIN4855] aufgelistet. Die Rauheit der Haftschichten besitzt ebenfalls einen Einfluss auf die Schichthaftung der Funktionsschicht. Eine raue Haftschicht erhöht die Schichthaftung der Funktionsschicht. Obwohl a-C:H-Schichten zur Gruppe der amorphen Schichten zählen, existiert dennoch eine gewisse Ordnung aus kleinen kristallinen Körnern [Fe20]. Hierdurch kann es zu einer Verhakung der Rauheitsspitzen der Haftschicht mit diesen Körnern in der Funktionsschicht kommen.

2.4 Beschichtungsverfahren

Dünnschichttechnologien gehören zur ältesten Kunst und zur neuesten Wissenschaft zugleich. Eine Anwendung aus alten Zeiten ist die Beschichtung von Oberflächen mit Gold. Heute existieren verschiedene Methoden zur Erzeugung dünner amorpher Kohlenstoffschichten mit Schichtdicken von mehreren Nanometern bis einigen Mikrometern. In dieser Arbeit kommen das PVD-Verfahren (engl. physical vapor deposition) und das CVD-Verfahren (engl. chemical vapor deposition) zur Abscheidung von a-C:H-Schichtsystemen zur Anwendung. Beide Verfahren werden heutzutage sehr häufig in der Industrie eingesetzt, um die Eigenschaften von Oberflächen zu modifizieren, ohne dabei die Eigenschaften des Substratwerkstoffs zu verändern. Bauteile sind meistens aus günstigen Materialien in der gewünschten Geometrie angefertigt, während die aufgetragenen Schichten die gewünschten Eigenschaften, Funktionen und Modifikationen mit niedrigen Kosten und wenig Aufwand auf die Bauteiloberfläche bringen. Beschichtungstechnik findet sich in den vielfältigsten Anwendungen: im Maschinenbau [Bz13, Hüh] und der Produktionstechnik [Javo, Schr], in der Medizintechnik [Lake] und der Mikrosystemtechnik [Vö08] sowie in der Optik [Bli]. Im Folgenden werden die in dieser Arbeit eingesetzten Abscheidetechniken hinsichtlich ihrer Prinzipien und den relevanten Parametern erläutert.

2.4.1 Vakuumtechnik

Das Vakuum stellt eine der wichtigsten Voraussetzungen in zahlreichen Forschungs- und Entwicklungsarbeiten dar. Um die gewünschten Merkmale auf der Oberfläche im Nanometer- bis Mikrometerbereich zu erzeugen, zu charakterisieren und zu modifizieren, sind auch die kleinsten Einflüsse, wie Feuchte oder fremde Moleküle, zu beseitigen. Typische Anwendungen sind beispielsweise die Dünnschichtabscheidung, Datenspeichersysteme und integrierte Schaltkreissysteme. Außerdem arbeiten Maschinen und Anlagen in der Luft- und Raumfahrttechnik sowie der Kernphysik unter Hoch- bis Ultrahochvakuum mit Drücken geringer als 10^{-5} mbar.

Das konkrete Ziel des Vakuumeinsatzes bei der Dünnschichtabscheidung ist es, zu vermeiden, dass Verunreinigungen in die Schicht gelangen oder sich ihre chemische Zusammensetzung ändert. Ein weiteres Ziel ist eine möglichst kontinuierliche Schichtbildung, was voraussetzt, dass die Schichtmaterialien möglichst ohne Zusammenstöße mit anderen Molekülen in der Beschichtungskammer auf die Substratoberfläche gelangen. Durch solche Zusammenstöße geht die kinetische Energie der Teilchen verloren, was die Kondensation einer stabilen Schichtstruktur erschwert. Eine Vakuumatmosphäre ermöglicht außerdem eine Absenkung des Schmelzpunktes des Beschichtungswerkstoffs, was das Aufdampfen des

Werkstoffs bei thermischen Verfahren erleichtert. In diesem Abschnitt wird die grundlegende Theorie zum Vakuum erläutert.

Ein Vakuum wird normalerweise durch zwei oder mehr hintereinander geschaltete Pumpen erreicht. Eine Pumpe schafft ein Grobvakuum nach dem Prinzip der viskosen Strömung, während eine weitere Pumpe dann das Feinvakuum nach dem Prinzip der molekularen Strömung erzeugt.

Unter Vakuum wird im Allgemeinen ein Niederdruckzustand in einem Raum verstanden, der im Vergleich zur normalen Atmosphäre nur sehr wenige Luftmoleküle enthält. Dies entspricht einer Atmosphäre von 760 Torr oder 101325 Pa. DIN 28400-1 [DIN28400] trifft die folgende Einteilung des Vakuums anhand verschiedener Druckbereiche. Bild 20 stellt diese mit ihren Bezeichnungen dar.

Der Druckbereich von 102 und 105 Pa wird Grobvakuum (GV) genannt und entspricht einer Molekülanzahl von 1024 pro m^3. Die meisten Forschungsaktivitäten hinsichtlich Oberflächenbehandlung und -analyse finden allerdings unter Feinvakuum (FV) oder Hochvakuum (HoV) statt. Besonders die Oberflächenphysik und die Dünnschichtherstellung setzen ein Ultrahochvakuum (UHV) voraus, da Feuchte, Verunreinigungen oder Fremdatome die Eigenschaften der Oberflächen und die Messgenauigkeit des Geräts stören. Eine Beispielanwendung hierfür ist die Messung der Adhäsionskraft zwischen einer Si_3N_4-Messspitze und der obersten Atomlage mithilfe eines AFM-Gerätes. Selbst kleinste Verunreinigungen beeinträchtigen in diesem Fall die Messgenauigkeit [Czh]. Während der Schichtabscheidung ist das UHV besonders von Bedeutung, da es nicht nur eine hohe und gut reproduzierbare Qualität, sondern auch eine effektive Abscheidung aufgrund geringer Energieverluste durch Stöße mit unerwünschten Molekülen gewährleistet.

Die zugrunde liegende kinetische Gastheorie [Jous1] besagt, dass Gase riesige Summen an Gasmolekülen beinhalten. Ein Kubikmeter Gas besteht bei 23 °C und 10^5 Pa aus $2{,}84 \cdot 10^{25}$ Molekülen. Für ideale Gase vernachlässigt die kinetische Gastheorie anziehende und abstoßende Kräfte zwischen den Molekülen und betrachtet diese als voneinander unabhängige elastische Bälle. Jedes Molekül bewegt sich spontan und in gerader Linie, ohne eine bevorzugte Routine, solange bis es an ein anderes Molekül oder die Behälterwand stößt. Dadurch ändert das Molekül seine Bewegungsrichtung.

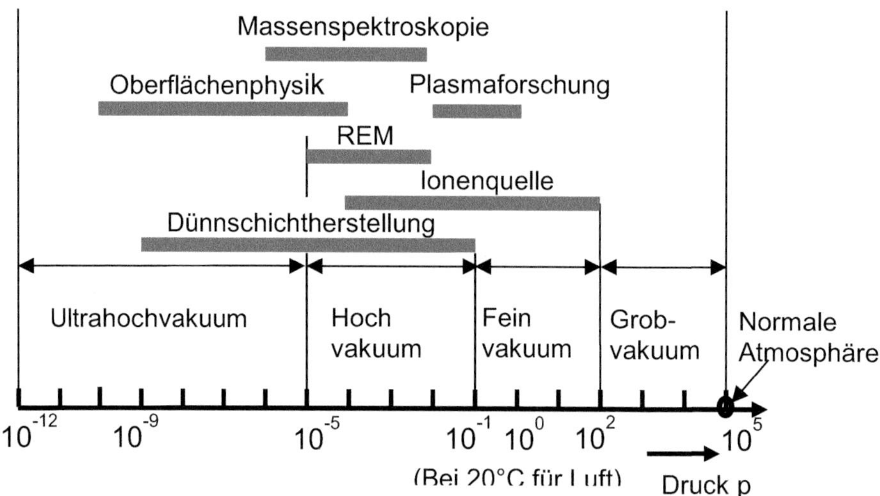

Bild 20: Druckbereiche und deren Bezeichnungen sowie Industrieanwendungen bei 20 °C für Luft [DIN28400].

Je mehr Moleküle in einem geschlossenen Raum oder Behälter vorhanden sind, desto wahrscheinlicher ist es, dass zwei Moleküle aneinanderstoßen und ihre Bewegungsrichtung verändern. Der Abstand zwischen zwei freien Molekülen wird als „freier Weg" definiert und gibt Aufschluss darüber, wie hoch die Wahrscheinlichkeit ist, dass zwei Moleküle zusammenstoßen. Das Anstoßen der Moleküle an der Behälterwand verursacht den Druck. Wird der freie Weg aller Molekülpaare addiert und gemittelt, ergibt sich die mittlere freie Weglänge λ_{mfp}, welche durch folgende Gleichung gegeben ist [Oer]:

$$\lambda_{\mathrm{mfp}} = \frac{1}{\sqrt{2}\pi \mathrm{d}_0^2 \rho} \tag{12}$$

Dabei gibt d_0 den Durchmesser des Gasmoleküls und ρ die Gasdichte als Anzahl an Molekülen pro Kubikmeter an.

Um diese riesige Anzahl an Luftmolekülen aus einem Behälter zu transportieren, also etwa 10^{25} Moleküle bei 10^5 Pa auf ungefähr 10^{12} Moleküle bei 10^{-8} Pa (vgl. UHV) zu reduzieren, muss ein mehrstufiges Pumpensystem eingesetzt werden. Dies erfolgt jeweils in groben und feinen Stufen, da sich das Verhalten des Gasflusses mit der Drucksenkung ändert und dies den Einsatz von Pumpen, die nach verschiedenen Prinzipien arbeiten, erfordert. Außerdem hängt das Verhalten des Gasflusses von der Dimension des Behälters ab. Bild 21 stellt die Zusammenhänge zwischen dem

Gasfluss und der Dimension sowie dem Druck des Behälters dar. Im Wesentlichen ist dabei zwischen zwei Strömungsregimes zu unterscheiden: „Viskos“ und „Molekular“. Zwischen diesen beiden Zuständen befindet sich eine Übergangsphase.

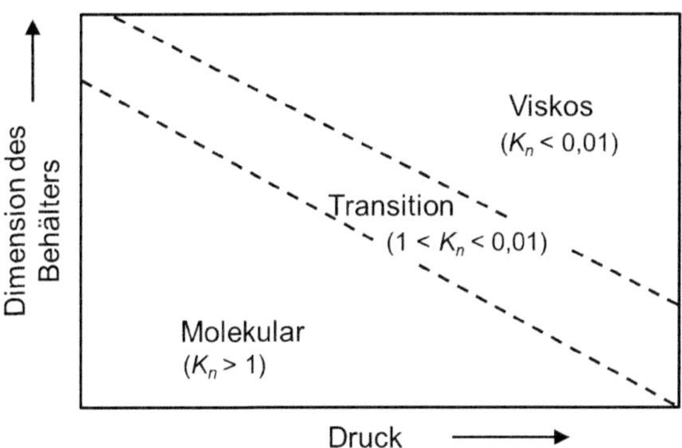

Bild 21: Gasflusszustände als Funktion der Behälterdimension und des Drucks nach [Oh01].

Mithilfe der Knudsen-Zahl K_n, welche in Gleichung (13) angegeben ist, lässt sich der Gasfluss quantitativ definieren und einteilen:

$$\mathrm{K_n} = \frac{\lambda_{\mathrm{mfp}}}{\mathrm{d_L}} \tag{13}$$

Dabei steht λ_{mfp} für die mittlere freie Weglänge und d_L für den Leitungsdurchmesser der Vakuumpumpe.

Die in Bild 21 gezeigten Strömungszustände lassen sich auch anhand des errechneten K_n-Werts einordnen. Der K_n-Wert gibt somit Hinweise über die Art der Pumpe, beziehungsweise das zugrundeliegende Funktionsprinzip. Viskose Gasströmungen entstehen zum Beispiel in den Leitungen von Pumpen für ein grobes bis mittleres Vakuum. Hierbei werden große Massen an Gasmolekülen heraustransportiert und die Voraussetzungen für den anschließenden Einsatz der Feinvakuumpumpe geschaffen. Ein Hochvakuum oder Ultrahochvakuum lässt sich nicht mit einer einzelnen Pumpe, sondern nur stufenweise mit mehreren Pumpen erreichen.

Mechanische Pumpen erfüllen die gestellten Anforderungen in der Regel gut und arbeiten normalerweise unter Luftatmosphäre bis zu einer mittleren Vakuumumgebung. Es werden im Allgemeinen entweder Öl-dichtende oder trockene Pumpen angewendet. Hierbei fungiert das Öl nicht nur als Dichtung, sondern auch als Schmierung für die freiliegenden Pumpenteile der Niederdruckseite. Der damit verbundene Nachteil ist, dass Öldampf in Form von Kohlenwasserstoffen in die Vakuumseite zurückfließt und den Vakuumraum verunreinigt. Zu diesen Pumpen gehören Drehschiebepumpen, Wälzkolbenpumpen und Membranpumpen. Die genauen Aufbauten und ihre Arbeitsprinzipien sind beispielsweise in [Jous1] oder [YanJ] aber auch in vielen Lehrbüchern ausführlich beschrieben.

Nachdem ein Feinvakuum erreicht wurde, kommt für das Hoch-/ Ultrahochvakuum eine zweite oder dritte Pumpe zum Einsatz, die nach einem anderen Prinzip arbeitet. Hochvakuumpumpen sind in der Lage, Luftmoleküle der Bereiche „Transition" und „Molekular" aus dem Rezipienten zu transportieren. Der Betrieb dieser Pumpen verlangt normalerweise ein Vorvakuum. Sie sollten nicht unter normaler Atmosphäre oder Grobvakuum eingesetzt werden, da sie unter diesen Bedingungen nicht effektiv arbeiten und massiv Wärme durch Reibung zwischen der riesigen Menge an Luftmolekülen und den Rotorblättern erzeugen. Turbomolekularpumpen (TMP) gehören beispielsweise zu dieser Art.

Diese Art von Pumpen besitzt einen turbinenförmigen Rotor sowie einen Stator und einen Motor. Rotor und Stator sind spiegelbildlich mit einem Spiel von ca. 1 mm angeordnet und jeweils abwechselnd mit schräg orientierten Blättern und Schlitzen versehen, wie in Bild 22 (a) zu sehen ist. Der Rotor kann sich frei zwischen den beiden Statoren drehen. Die typische Arbeitsgeschwindigkeit des Rotors einer TMP beträgt 24.000-80.000 min^{-1} [Jous2]. Durch die hohe Drehzahl des Rotors wird kinetische Energie auf die auftreffenden Moleküle übergeben. Bei der Desorption der Moleküle werden diese herausgefördert.

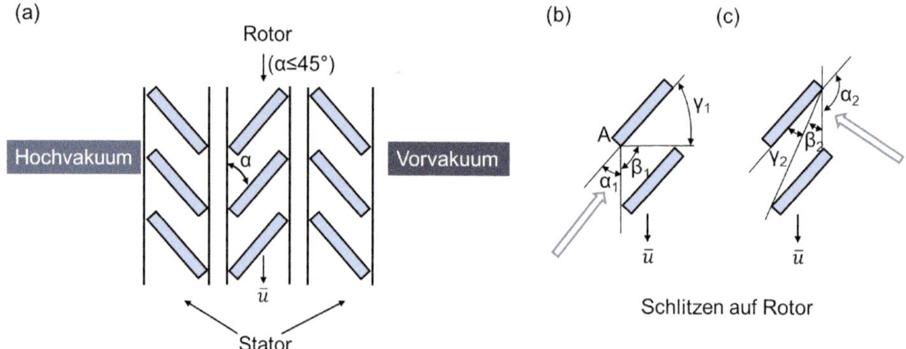

Bild 22: (a) Rotor und Stator mit Schlitzen; (b) Gasförderungsprozess einer Turbomolekularpumpe falls ein Molekül von der Hochvakuumseite und (c) von der Vorvakuumseite die Schlitzoberfläche des Rotors trifft.

Bild 22 (b) veranschaulicht den Förderungsprozess am Beispiel eines Moleküls, welches von der Hochvakuumseite kommt. Trifft dieses Molekül auf den Punkt A, wird es je nach Quadranten reflektiert oder auf die Vorvakuumseite gefördert. Falls es im Winkelbereich $\alpha 1$ ankommt, bleibt es auf der Hochvakuumseite. Moleküle im Bereich $\gamma 1$ gelangen in die Vorvakuumseite und werden erfolgreich heraustransportiert. Moleküle im Winkelbereich $\beta 1$ haben die Möglichkeit, auf beide Seiten zu wandern. Kommt ein Molekül aus der Vorvakuumseite in Bild 22 (c), wird es reflektiert, sofern es aus dem Winkelbereich $\alpha 2$ kommt. Moleküle im Bereich $\gamma 2$ gelangen unerwünscht zurück auf die Hochvakuumseite. Moleküle aus dem mittleren Bereich $\beta 2$ haben zwei Möglichkeiten und die Förderrichtung ist unbestimmt. Insgesamt ist die Wahrscheinlichkeit, dass ein Molekül nach rechts wandert, höher. Durch die kontinuierliche Drehung des Rotors mit hoher Geschwindigkeit werden die Luftmoleküle von der Rückwand desorbiert und bevorzugt auf die Vorvakuumseite gefördert.

Das Druckverhältnis zwischen Hochvakuum und Vorvakuum aufgrund einer TMP kann bei Stickstoff oder Luft 10^8 bis 10^9 erreichen [Jous1]. Die Vorteile von TMP sind vor allem hohe Gasfördergeschwindigkeiten, Ölfreiheit und kurze Anlaufzeiten. Die Nachteile sind hohe Schwingungen, hoher Bauteilverschleiß und die damit verbundenen hohen Wartungskosten.

2.4.2 Physikalische Gasphasenabscheidung

PVD-Verfahren ist eine Methode zur Abscheidung von Dünnschichten. Das aufzutragende Material wird dabei in einem physikalischen Prozess in die Gasphase transportiert und anschließend auf der Substrat- beziehungsweise Bauteiloberfläche kondensiert. Das bedeutet, dass der aufzutragende Werkstoff, welcher in festem Zustand vorliegt, während des kompletten Beschichtungsvorgangs lediglich seinen Aggregatzustand ändert. Bild 23 veranschaulicht das Basisprinzip einer PVD-Schichtabscheidung.

Der Werkstoff für die Beschichtung wird Target oder Quelle genannt. Dessen Teilchen erleben insgesamt drei Phasen: Materialauslösung aus dem Target, Materialtransport und Materialkondensation auf dem Substrat. Dieser Prozess erfolgt so lange, bis sie eine kontinuierliche Schicht auf dem Substrat gebildet hat.

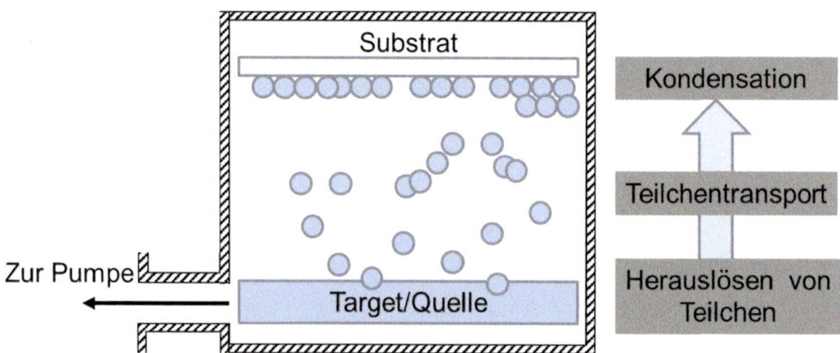

Bild 23: Wirkungsprinzip eines PVD-Verfahrens.

Materialauslösung

Die verschiedenen PVD-Verfahren lassen sich nach der Art und Weise, wie das aufzutragende Material aus dem festen Zustand herausgelöst wird, unterteilen. Das älteste Verfahren ist das Aufdampfen und kennzeichnet sich durch eine direkte Aufheizung des Targets. Das Verdampfungsgut kann hierbei durch Widerstandsquellen, Induktionsspulen oder Elektronenstrahlen in einem Schiffchen oder Tiegel [Hars] bis zur gewünschten Temperatur aufgeheizt werden. Die Werkstoffe gelangen so mit einer niedrigen bis mittleren kinetischen Energie von ca. 0,2 eV und bei einer Temperatur von 1500 K in die Gasphase [Vö08]. Die gasförmigen Teilchen prallen mit dieser kinetischen Energie auf die Oberfläche des kalten Substrats und kondensieren dort. Die Substratoberfläche bleibt dabei weitestgehend kalt, wodurch auch die Beschichtung thermisch unbeständiger Materialien möglich ist.

Dieses Verfahren beschränkt sich allerdings auf die Beschichtung ebener Oberflächen, da die Qualität der Schichtabscheidung von der Lage der Oberfläche in der Beschichtungskammer abhängt. Die Abscheiderate ist auf parallel (horizontal) zur Targetebene positionierten Flächen höher als auf senkrecht (vertikal) ausgerichteten Flächen. Der Konformitätsfaktor K in Gleichung (14) charakterisiert diesbezüglich die Gleichmäßigkeit des Beschichtungsverfahrens. Er beschreibt das Verhältnis der Schichtdicke, beziehungsweise der Abscheiderate, zwischen der vertikalen und horizontalen Substratoberfläche im selben Beschichtungsvorgang. Je geringer der K-Wert ist, desto ungünstiger gestaltet sich das Beschichten eines Bauteils mit komplexer Geometrie.

$$K = R_{(verti)}/R_{(hori)} \tag{14}$$

Die Konformität der Schichten ist beim Aufdampfen in der Regel sehr gering, da die verdampften Atome sich vorwiegend auf der waagrechten Fläche abscheiden und kaum auf Flächen anderer Winkel diffundieren. Aus diesem Grund eignet sich dieses Verfahren ausschließlich für ebene, nicht (mikro-)strukturierte Funktionsflächen, nicht jedoch für komplette Bauteile mit komplexer Geometrie.

Ein weiteres Verfahren stellt das sogenannte **Lichtbogenverdampfen** (auch Arc-PVD) dar, bei dem das Material lokal durch einen hochenergetischen Lichtbogen aufgeschmolzen bzw. sublimieren wird. Im Rahmen dieser Arbeit kommt insbesondere das Lichtbogenverdampfen von der Kathode mit hohem Strom und niedriger Spannung zum Einsatz. Stromstärken von 70-120 A und Spannungen von 16-17 V sind typische Einstellparameter an der in dieser Arbeit eingesetzten Beschichtungsanlage. Bild 24 veranschaulicht das Arbeitsprinzip am Beispiel eines Chromtargets.

Der erste Lichtbogen wird von einem Zünder oberhalb der Targetoberfläche initialisiert. Ohne ein externes magnetisches Feld wandern die Brennflecke zufällig über die komplette Targetoberfläche und tragen das Target gleichmäßig ab. Das Targetmaterial verdampft dabei in kleinen Spots mit hoher Elektronendichte im Bereich von 10^4 bis 10^6 A/cm^2 [Mat14]. Bis zu 90 % des aufzubringenden Materials und des vorhandenen Arbeitsgases werden auf diese Weise ionisiert [Scht]. Das Sputtern hingegen verfügt im Vergleich zum Vakuumlichtbogenverdampfen lediglich über einen sehr geringen Ionisationsgrad von weniger als 1 % [Zoc].

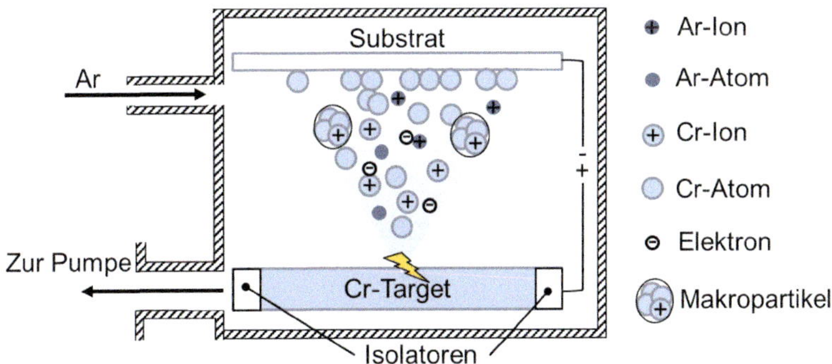

Bild 24: Arbeitsprinzip der Lichtbogenverdampfung.

Die durch den Lichtbogen ausgelöste Teilchenkaskade besteht aus Atomen, größeren Atomclusters (sogenannten Makropartikeln) sowie Elektronen und Ionen. Die unerwünschten Makropartikel bestehen dabei jedoch nicht aus geschmolzenem Targetmaterial, sondern entstehen aufgrund von Materialabtragung durch Thermoschock und hydrodynamischer Einwirkung. Ihr Durchmesser kann zwischen einigen zehn Nanometern bis hin zu einem Mikrometer variieren, je nach Schmelzpunkt des Targets und Bewegungsgeschwindigkeit des Lichtbogens. Diese Partikel beeinflussen das Beschichtungsergebnis, insbesondere hinsichtlich der resultierenden Rauheit. Jedoch lässt sich dieses Problem durch den Einsatz eines magnetischen Filters lösen, welcher die geladenen Makropartikel mithilfe eines magnetischen Feldes extrahiert.

Die Zuführung einer kleinen Menge Edelgas, zum Beispiel Argon, unterstützt und stabilisiert die Bildung des Lichtbogens, da die Edelgasionen das verdampfte Material auf eine erhöhte kinetische Energie beschleunigen [Scht]. Dies ist das wesentlichste Merkmal des Lichtbogenverdampfens im Unterschied zum Aufdampfen.

Wird am Substrat eine negative Spannung angelegt, so fließen positiv geladene Chromionen zum Substrat und bilden dort eine kontinuierliche und dichte Schicht. Diese Schicht weist eine gute Haftung zum Substrat auf. Allerdings wirken sich auch hier die prozessbedingten Makropartikel negativ auf die lokale Gleichmäßigkeit des Schichtauftrags aus. Beim PVD-„Arcen“ eines aus einer Legierung bestehenden Targets kann die Zusammensetzung der abgebildeten Schicht abweichen [Mat14].

Aufgrund der vielfältigen Modifikationsmöglichkeiten von Oberflächen durch PVD-Beschichtungen kommen auch nicht hitzebeständige Werkstoffe als Substrat infrage. Typische Substratwerkstoffe sind beispielsweise Stahl, Glas und Kunststoffe. Anstelle des Lichtbogenverdampfens sind hierzu jedoch PVD-Verfahren notwendig, die im Niedertemperaturbereich eingesetzt werden können, wie beispielsweise Sputtern, was übersetzt Zerstäuben bedeutet. Sputtern ermöglicht einen stabilen und gleichmäßigen Schichtauftrag.

Anders als beim Lichtbogenverdampfen wird beim Sputtern ein Gasplasma benötigt, um das aufzubringende Material aus dem Target herauszulösen. Bild 25 veranschaulicht das Arbeitsprinzip eines Sputterprozesses. Teilchen werden aus dem Target herausgelöst, indem geladene Gasionen im Plasma ihre kinetische Energie durch Stöße auf Targetatome übertragen. Die Gasionen erhalten ihre hohe initiale kinetische Energie aufgrund der Lorentz-Kraft im elektrischen Feld. Beim Magnetronsputtern verstärkt ein zusätzlicher Dauer-Magnet hinter dem Target diesen Effekt. Die Ionen bewegen sich über eine weitere Strecke innerhalb des zusätzlichen Magnetfelds und treffen häufiger das Target.

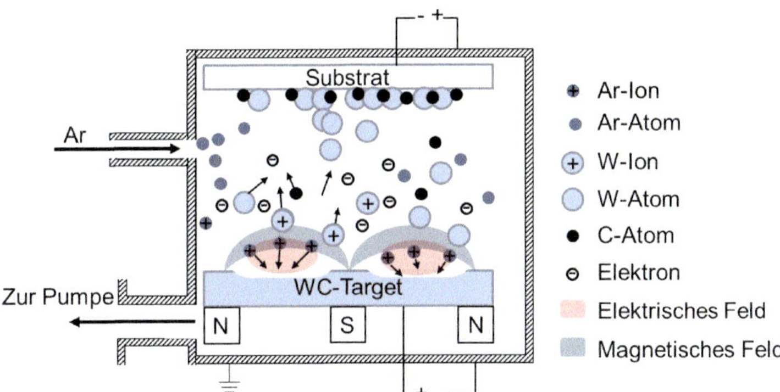

Bild 25: Arbeitsprinzip des Kathodenzerstäubens am Beispiel des Magnetronsputterns mit Wolframkarbid.

Elektronen bekommen aufgrund ihrer nahezu vernachlässigbaren Masse schnell mehr Energie, welche dann in Form von Photonenemission wieder abgegeben wird. Aus diesem Grund zeigt jedes Gas ein charakteristisches farbiges Leuchten.

Da die Gasionen die Targetoberfläche mit hoher kinetischer Energie treffen, können grundsätzlich mehrere Effekte ausgelöst werden. Bild 26 beschreibt hierzu sechs Haupteffekte, welche das Sputterergebnis maßgeblich beeinflussen können.

Zunächst einmal wird 95 % der gesamten Energie in Wärme umgewandelt (Fall 1), weswegen das Sputtern als nicht energieeffizient im Vergleich zum Aufdampfen betrachtet wird. Außerdem werden neutrale Gasspezies entweder von der Oberfläche reflektiert (Fall 2) oder, bei zu hoher Energie, tief im Target implantiert (Fall 3). Die sekundäre Elektronenemission (Fall 4) ist sehr selten und tritt in der Regel nur bei hohen Temperaturen auf. Durch den Einsatz eines Magneten lässt sich die Abscheiderate erhöhen, da sich die Verweilzeit der sekundären Elektronen verlängert [Büt]. Bereits bei moderatem initialen Energieniveau wird das kristallene Gitter des Targetwerkstoffs zerstört. Dies führt zu Defekten und Versetzungen im Gitternetz des Oberflächennahbereiches (Fall 5). Man spricht in diesem Fall von einer „Amorphisierung" des Werkstoffes in naher Ordnung. Targetatome oder Teilchen in Atomdimension können durch die erhaltene kinetische Energie aus dem festen Target austreten (Fall 6).

Das Verhältnis zwischen den herausgelösten Targetatomen und den aufgetroffenen Sputteratomen wird als Sputterausbeute bezeichnet. Anstatt der zugeführten Menge an Argon, welche sich aus dem Gasdruck ergäbe, wird hierbei tatsächlich die Anzahl der auf die Oberfläche treffenden Atome betrachtet.

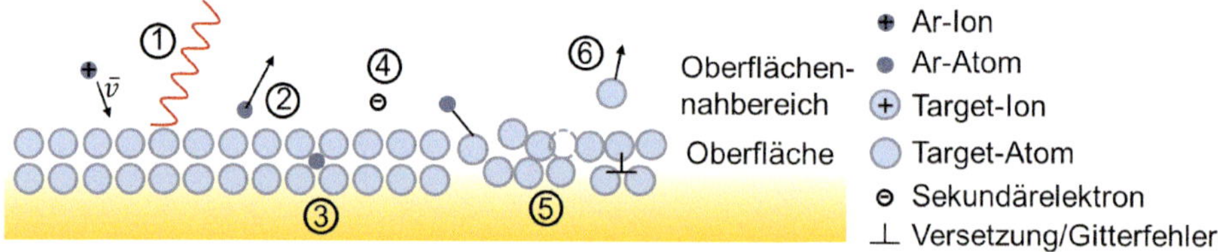

Bild 26: Sechs Effekte beim Bombardement des Targets im Sputterprozess mit Argon als Sputtergas. [Büt]

Die Sputterausbeute ist dabei vorwiegend von der Masse und der Geschwindigkeit (kinetische Energie E_{sp}) sowie dem Einfallswinkel des Sputtergases abhängig [Haf2]. Dies lässt sich anhand eines Kollisionsmodells zwischen zwei elastischen Bällen in Bild 27 veranschaulichen.

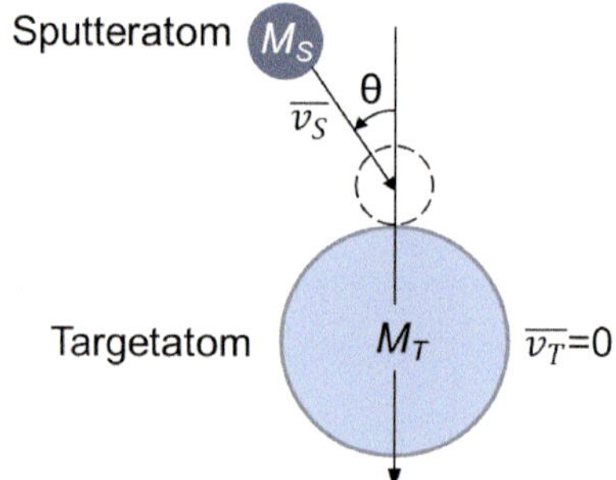

Bild 27: Kollision der Sputter- und Targetatome.

Trifft ein Sputteratom mit der Geschwindigkeit $\overline{v_{sp}}$, der Atommasse M_{sp} sowie dem Winkel θ auf das Target auf, so wird die auf das Targetatom übertragene Energie E_T gemäß Gleichung (15) berechnet:

$$E_T = E_{sp} \cdot 4M_T M_{sp} \cos^2\theta \,/(M_T + M_{sp})^2 \tag{15}$$

Hierbei steht E für die Energie, M für den Impuls, der Index T für Targetatom und der Index sp für Sputteratom. Ist der Aufprallwinkel gleich null ($\cos\theta = 1$), so erhält das Targetatom die maximale Energie.

Außerdem zeigt Gleichung (15), dass Elektronen aufgrund ihrer minimalen Eigenmasse grundsätzlich keine Atome beziehungsweise Teilchen heraus sputtern können. Aus diesem Grund sind Edelgase mit schweren Atomgewichten das Mittel der Wahl, wenn es darum geht, schwere Atome herauszulösen. Dies sind zum Beispiel Xenon (Xe 131 u) oder Krypton (Kr 84 u). Stickstoff (N 14 u) ist als Sputtergas eher ungeeignet. In der

Vergangenheit kam auch Quecksilber Hg (201 u) als Sputtergas zur Anwendung. Heutzutage stellt Argon (Ar 40 u) das in Forschung und Industrie am häufigsten eingesetzte Sputtergas dar, da es kostengünstig, umweltschonend und gesundheitlich unbedenklich ist.

Die Sputterausbeute Y ist durch Gleichung (16) zu berechnen.

$$Y = \frac{3\beta}{4\pi^2} \cdot \frac{4m_i m_t}{(m_i + m_t)^2} \cdot \frac{E_i}{E_t} \tag{16}$$

Dabei geben m_i und m_t die Ionen- beziehungsweise Targetatommasse an, E_i und E_t stehen für die Einfallsenergie der Ionen beziehungsweise die Sublimationsenthalpie des Targetmaterials. Der Faktor β ist vom Quotient m_t/m_i abhängig und für technisch interessante Werkstoffe nahezu konstant [Mesc].

Die Sputterausbeute eines bestimmten Sputtergases und eines monoelementaren Targetwerkstoffs lässt sich sowohl experimentell [And] als auch theoretisch mithilfe des Monte-Carlo-Modells [Wol] einschätzen. Grundsätzlich steigt die Sputterausbeute zuerst mit zunehmender Anfangsenergie bis auf ein Maximum an und sinkt dann wieder bei weiterer Zunahme der Energie. Die errechnete maximale Sputterausbeute ist von empirischen Funktionen [Mat84, Sigm] abhängig und somit abweichungsbehaftet.

Dieses Verhalten ist dadurch zu erklären, dass Sputteratome bei übermäßiger Anfangsenergie tief ins Targetmaterial eindringen und sich dort implantieren. Außerdem ist die Sputterausbeute von der molaren Masse und der Sublimationsenthalpie des Targetmaterials abhängig. Die Sputterausbeute zeigt, wie in Bild 28 zu erkennen, einen periodischen Verlauf in Abhängigkeit der Ordnungszahl des Targetmaterials. Dabei bilden die Übergangsmetalle die Spitzen [Hafı].

Bewegung der verdampften Teilchen

Nachdem sich ein Atom aus dem festen Zustand gelöst hat, bewegt es sich in beliebige Richtungen innerhalb der gesamten Beschichtungskammer, bevor es irgendwann auf die Substratoberfläche trifft. Währenddessen ändern sich die Bewegungslinie und die kinetische Energie des Teilchens spontan durch Kollisionen mit Restgasteilchen. Durch den Einsatz eines Filters oder einer Maske lässt sich auch eine gezielte Modifikation der Teilchenbewegung erreichen. Dies hat einen enormen Einfluss auf die Schichtabscheidung und das Schichtwachstum. Für die resultierenden

Eigenschaften der Schicht, sowie deren Qualität und Struktur ist der Teilchentransport eine wichtige Ausgangsbedingung.

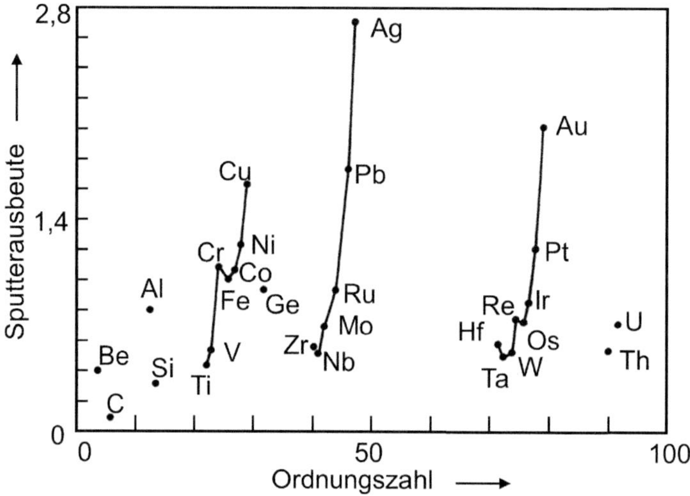

Bild 28: Periodische Abhängigkeit der Sputterausbeute bei gleicher Ionenenergie (Ar^+, 400 eV) [Laeg].

Verdampfte Teilchen bewegen sich grundsätzlich geradlinig. Kollidieren die Teilchen mit Atomen des Restgases oder des Reaktionsgases, so ändern sie ihre Bewegungsrichtung und ihre Geschwindigkeit. Je nach Gasdruck oder Verdampfdruck des Targetelements, variiert die Stoßwahrscheinlichkeit, beziehungsweise die Stoßzahl. Dieses Bewegungsprinzip wird ausgenutzt, um Teilchen zu reflektieren oder abzufangen, beispielsweise wenn ein Bauteil nur in bestimmten Bereichen beschichtet werden soll.

Insbesondere beim Sputtern werden die Atome bzw. Teilchen in der Form einer Cosinus-förmigen Materialkaskade aus der Targetoberfläche herausgelöst [Mat14], was zur Bildung einer ungleichmäßigen Schicht führt. Dieser Effekt lässt sich durch die Einleitung einer kleinen Menge eines neutralen Gases (< 1 mbar) und den damit einhergehenden Zusammenstößen mit den Gasatomen kompensieren. Der endgültige Schichtauftrag wird dadurch deutlich gleichmäßiger. Ein übermäßig hoher Gasdruck kann jedoch zum Rücktransport der Teilchen zum Target führen oder andere Targets kontaminieren. Durch den Einsatz einer wabenförmigen Wand [Mat14] zwischen Target und Substrat kann der Einfallwinkel der Teilchen gesteuert und die Bildung stängelförmiger Strukturen gehemmt werden.

Kondensation und Schichtwachstum

Für die Bildung einer kontinuierlichen, gut auf dem Substrat haftenden Schicht ist eine Reihe von Aspekten relevant. Die Bewegung der Teilchen und die Wachstumsbedingungen sind von großer Bedeutung, da dies die Ausbildung der Schicht fördert und die Schichteigenschaften bestimmt. Geeignete Merkmale hierfür sind zum Beispiel die Masse, die chemische Beschaffenheit oder der Energiezustand der Teilchen [Bz13]. Die kinetische Energie beeinflusst zudem die Verbindungsarten zum Substrat. Die Temperaturen, die Gasatmosphäre, die vorhandenen elektrischen Spannungen oder der topographische Zustand des Substrats beeinflussen ebenfalls die abgeschiedenen Schichten. Auch die Befestigung des Substrats in der Beschichtungskammer sowie das Volumen, die thermische und elektrische Leitfähigkeit oder die chemische Zusammensetzung des Substratwerkstoffs spielen eine wichtige Rolle. Nicht zu ignorieren sind Verunreinigungen in Form von fremden Atomen, Staub oder Luft aufgrund von Vakuumlecks. Dieser Abschnitt erläutert die Schichtabscheidung sowie das Schichtwachstum anhand dieser Einflussfaktoren, verzichtet dabei jedoch auf die Diskussion der Einflüsse durch Verunreinigungen oder Fremdatome.

Wie zuvor erwähnt, spielt der Energiezustand der Teilchen eine besonders wichtige Rolle, da er die Verbindungsarten zum Substrat beeinflusst, was sich wiederum auf die Schichthaftung und deren Stärke auswirkt. Bild 29 veranschaulicht die Abhängigkeit zwischen der kinetischen Energie eines Teilchens und dessen Bindungsart zum Substrat. Ein Teilchen mit niedriger Energie lagert sich mit einer „schwachen" Bindung auf der Substratoberfläche ab. Bei einem ausreichend hohen Energieniveau des Einfallteilchens lösen sich Atome aus dem Substrat oder das Teilchen dringt tief in den Substratwerkstoff ein und implantiert sich dort.

Temperatur, Argondruck und Negativspannung am Substrat beeinflussen ebenfalls die Schichtstruktur. Für Aufdampfschichten beschreibt dies das Schichtstrukturmodell von Movchan und Demchishin aus dem Jahr 1969 [Mov]. Thornton stellt in den Jahren 1974 und 1975 weitere Schichtstrukturmodelle für nicht reaktiv gesputterte Schichten zur Verfügung [Th74, Th75]. Messier erweitert im Jahr 1984 das Modell von Thornton um negative Biasspannungen am Substrat [Mess]. Da konkrete Darstellungen der oben genannten Modelle in vielen Lehrbüchern zu finden sind, werden an dieser Stelle nur die wichtigsten Schlussfolgerungen erläutert.

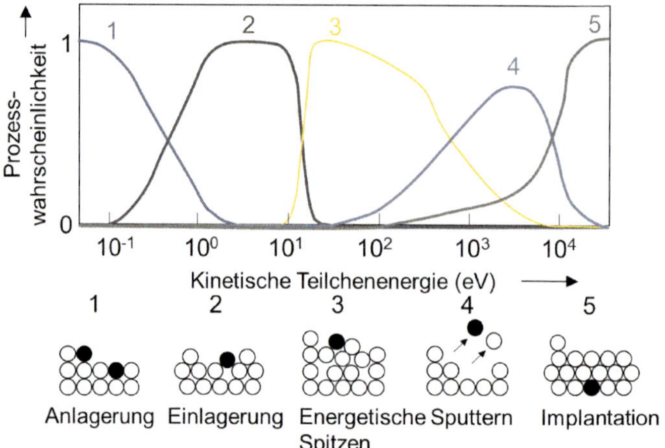

Bild 29: Abhängigkeit der kinetischen Ausgangsenergie eines Teilchens und die daraus resultierenden Teilchenzustände nach [Rot].

Beim Modell nach Movchan und Demchishin steigt der Quotient aus Substrattemperatur T_s und Schmelztemperatur T_m des Substratwerkstoffes mit der Kristallinität der abgeschiedenen Schicht [Mov]. Das Modell nach Thornton stellt die Einflüsse von Temperatur und Argondruck auf die Schichtstruktur dar. Er gibt hierzu einen Parameterbereich, die sogenannte „T-Zone" an, in welchem dicht gepackte, faserförmige Schichtstrukturen auftreten [Mov]. Dies ist insbesondere für die Herstellung tribologischer Schichten interessant [Bz13]. Messier und Kollegen erweiterten das Modell von Thornton um den thermischen Einfluss der Biasspannung. Mit steigender Biasspannung und dem damit verbundenen thermischen Effekt nimmt die Teilchendiffusion zu. Dies vergrößert die „T-Zone" bei einem deutlich niedrigeren Quotient T_s/T_m [Mess].

Um einen gleichmäßigen Schichtauftrag und eine homogene Erwärmung in der Beschichtungsanlage zu gewährleisten, werden Substrate in der Praxis auf rotierbaren Gestellen befestigt. Sowohl die Befestigungsart als auch die Rotation des Substrats auf dem Gestell wirken sich auf das Abscheideergebnis aus. In der im Rahmen dieser Arbeit eingesetzten Beschichtungsanlage sind verschiedene Rotationen möglich.

Unter ansonsten gleichen Versuchsbedingungen lassen sich gesputterte Schichten unter 1-fach-axial-Rotation etwa 1,8-mal schneller abscheiden als unter 2-fach- und 3-fach-axial-Rotation. Bei multilagig gesputterten Schichten mit zwei gegenüberliegend positionierten Targetwerkstoffen wird unter 1-fach-axial-Rotation und bei niedrigster Rotationsgeschwindigkeit (0,5 min^{-1}) der dickste Schichtstapel erreicht. [S10]

Bei 1-fach-Rotation ist die Substratoberfläche permanent nach außen gerichtet, weshalb die Probe eine höhere Chance hat, dass ein gesputtertes Targetatom auf der Oberfläche auftrifft. Dies führt zu einem schnellen Schichtwachstum. Der Befestigungswinkel des Substrats in Relation zur Targetebene spielt hingegen eine untergeordnete Rolle. Unter 3-fach-axial-Rotation, was der Normalsituation entspricht, sind die Schichten bei einem Winkel von 90° zur Targetebene nur 16 % dünner als bei einem Winkel von 0°. Nicht zu ignorieren ist die durch die Chargierverfahren verursachte Änderung in der Textur und Morphologie. Deshalb soll die tatsächlichen abgeschiedenen Schichtserien in konkreten Anwendungsfall nochmals diesbezüglich überprüft werden, ob alle Schichten über die gleiche oder ähnliche Morphologie bzw. Textur verfügen.

2.4.3 Plasmaunterstützte chemische Gasphasenabscheidung

Unter CVD-Verfahren sind allgemein Beschichtungsprozesse zu verstehen, deren Beschichtungsmaterial aus der Gasphase kommt. Im Gegensatz zum PVD-Abscheideprozess, bei dem sich zwischen Quelle und Substratoberfläche lediglich der Aggregatzustand des Schichtmaterials ändert, finden beim CVD-Prozess chemische Reaktionen statt. Aus diesem Grund liegen die Schwerpunkte dieses Abschnitts in aktuellen Anwendungen. Die Wachstumsvorgänge der Schichten während eines CVD Prozesses sind vom Prinzip ähnlich wie beim PVD-Verfahren und wird es hier nicht wiederholt.

Vorteilhaft gegenüber dem PVD-Verfahren ist die hohe Reinheit der erzeugten Schicht, denn die Herstellung eines hochreinen Targets gestaltet sich kostenaufwendig und schwierig. Außerdem verlassen im Abgasfluss unerwünschte Nebenprodukte den Reaktor [YanX].

Unter PECVD (engl. plasma-enhanced CVD) ist ein CVD-Prozess zu verstehen, bei dem Plasma zur Erhöhung der Reaktionsgeschwindigkeit der Präkursoren zum Einsatz kommt. Dieses Verfahren zeichnet sich vor allem durch seine niedrige Abscheidetemperatur aus. Während ein herkömmlicher CVD-Prozess Reaktionstemperaturen bis 1250°C erfordern kann [Pie], ermöglicht ein PECVD-Prozess eine Abscheidung bei 300 °C [Ago] oder gegebenenfalls sogar bei Raumtemperatur [Sin]. Dies ermöglicht die Beschichtung spezieller Maschinenelemente und Umformwerkzeuge sowie temperaturempfindlicher Materialien. Jedoch stößt auch der PECVD-Prozess an seine Grenzen. So sind beispielsweise die Abscheidung eines reinen Werkstoffs, eine stöchiometrische Präzision bei Verbundwerkstoffen oder das Vorsehen von Druckeigenspannungen nicht möglich [Pie, Scher].

Beim PECVD-Prozess werden Gasmoleküle in Anwesenheit von Edelgasplasma in neutrale und ionisierte Radikale, also Segmente von Molekülen und Atomen sowie Elektronen, gespalten. Die Anteile der Radikale und Ionen sind jedoch sehr gering. Da die Ionisierung viel Energie erfordert, kann beispielsweise bei einer Temperatur von 3700 K gerade einmal 10 % der H_2-Moleküle ionisiert werden. Unter Verwendung einer gepulsten Entladung lässt sich ein Großteil oder sogar das komplette Gas ionisieren [Pie].

Zur Erzeugung von amorphen Kohlenstoffschichten können grundsätzlich alle kohlen(wasser)stoffhaltigen Gase als Quelle verwendet werden. Da bei fast allen kohlenstoffhaltigen Gasen auch Wasserstoff enthalten ist, ist ein Wasserstoffanteil in der Schicht unvermeidlich. Sehr häufig kommen zum Beispiel C_2H_2 [Fu18], eine Mischung aus CH_4 und H_2 [Cuong], C_6H_6 [Coud] zum Einsatz. Aber auch andere Kohlenwasserstoffe finden Anwendung [Pie].

Zur Energieversorgung für die Ionisation dienen gepulste Gleichspannungsentladungen des Reaktionsgases. Hierbei wird zwischen niedriger [Shim], mittlerer (wenige kHz) [Günt] und hoher (oftmals 13,54 MHz) [Wa15] Pulsfrequenz, sowie zwischen bipolar und unipolar gepulsten Modi unterschieden [Günt] (siehe Bild 30).

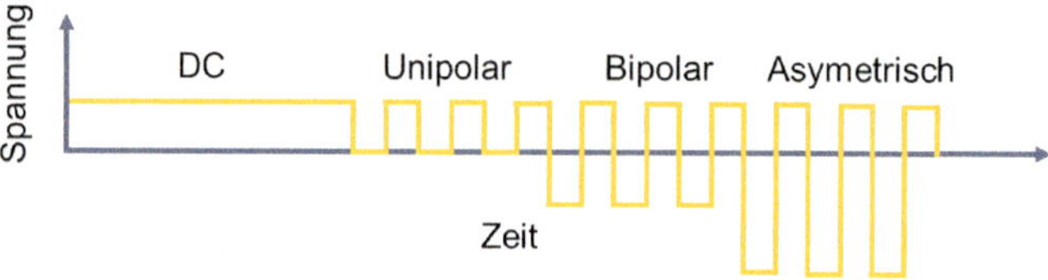

Bild 30: Gleichspannung im unipolar oder bipolar gepulsten Modus.

Wie Bild 30 veranschaulicht, wird die Gleichspannung beim unipolar gepulsten Modus mit der eingestellten Frequenz und Amplitude mit positiver Polung gepulst, während die Gleichspannung beim bipolar gepulsten Modus periodisch umgepolt wird. Bei unterschiedlichen Amplituden der beiden Pole spricht man von einem asymmetrisch bipolar gepulsten Modus. In [Günt] wird berichtet, dass bei einer a-C:H-Schicht, die unter einem asymmetrisch bipolar gepulsten Modus hergestellt wird, ein homogener Schichtauftrag über eine große Substratoberfläche und eine hohe Schichtqualität zu erwarten ist.

Da das PECVD-Verfahren Reaktionsprozess bei niedriger Temperatur ermöglicht, findet diese Technik in vielen Bereichen Anwendungen, wie die Abscheidung von SiN_x-Schicht für die OLED-Verpackung [Hua03], $Si(CH_2)_nSi$ Schicht für das Implantat [Pry00] und amorphe TiO_2 Schicht auf das Glassubstrat [Bat00]. Außerdem ermöglicht das PECVD-Verfahren die Erzeugung von speziellen materiellen Strukturen. [Man08] berichtet die Erzeugung von Einkristall-Diamanten über das PECVD-Verfahren: die resultierende Korngröße, die Morphologie und die Wachstumsrate von den Diamanten können über die Abscheideparameter geregelt werden. [Mey03] gibt eine Übersicht über die Erzeugung von den vertikal ausgerichteten Kohlenstoff-Nanotuben sowie ihre Eigenschaften unter verschiedenen Abscheidebedingungen. [Bell06] berichtet, dass die Analyse von in den Reaktor vorhandenen Radikalen zur Erklärung der ausführlichen Wachstumsmechanismen von den Nanotuben beiträgt. Zwei Erkenntnisse sind erwähnenswert: beim Vorhandensein bestimmter reaktiven Spezies, wie das Ammoniak in der kohlenstoffhaltigen Gasatmosphäre, neigt es zur Entstehung von Nanotuben; die überflüssigen Kohlenstoffe, die bei der Entstehung der Nanotuben nicht benötigt sind, werden über die Gasphase abtransportiert. Das bedeutet, dass die im Plasma entstandenen Spezies das Schichtergebnis bzw. die abgeschiedene Substanz bestimmen.

3 Der Einfluss des Schichtdesigns auf das tribologische Einsatzverhalten

Dieses Kapitel widmet sich dem tribologischen Einsatzverhalten eines Schichtsystems unter schmierstofffreien Bedingungen und behandelt die hierzu einflussreichen Faktoren. Der Begriff Schichtdesign umfasst dabei nicht nur die diversen Schichteigenschaften der obersten Funktionsschicht, sondern auch die notwendigen Maßnahmen nach der Schichtabscheidung, wie beispielsweise eine chemische und mechanische Nachbehandlung. Generell stehen in diesem Kapitel die resultierende Rauheit sowie die mechanischen und chemischen Eigenschaften des Schichtsystems im Vordergrund, da diese sowohl die Reibung als auch den Verschleiß unmittelbar beeinflussen und sich außerdem auf die gemessenen tribologischen Kenngrößen auswirken. Dabei beschränkt sich das aktuelle Kapitel auf Einsatzbedingungen mit trockener Gleitreibung in normaler Luftatmosphäre. Zwar wirken sich die Gasmolekülanlagerung, die Grenzschichtoxidation oder die Verbindung der Schicht mit Feuchte ebenfalls auf die Tribologie aus, jedoch spielt dies für den gewählten Anwendungsfall eines Umformwerkzeugs eine untergeordnete Rolle und wird deshalb nicht behandelt. Am Ende des Kapitels wird der Handlungsbedarf der vorliegenden Arbeit anhand des aktuellen Standes der Technik und Wissenschaft sowie die Forschungslücke erläutert.

3.1 Rauheit

Die Oberflächenbeschaffenheit bestimmt die initialen Kontakte und die reale Berührungsfläche durch die Rauheitshügel. Eine „glatte“ Oberfläche ohne wesentliche Unebenheit sorgt prinzipiell dafür, dass bei der relativen Bewegung zwischen Grund- und Gegenkörper die Reibkraft niedrig bleibt und wenig Energie in Wärme umgewandelt wird. Die Voraussetzung hierfür ist allerdings, dass der adhäsive Verschleiß zwischen den tribologischen Kontaktpartnern sehr gering bleibt.

Für eine Gleitreibpaarung aus einem duktilen Werkstoff, wie beispielsweise Tiefziehblech, und einem harten Werkstoff, wie zum Beispiel einer amorphen Kohlenstoffschicht, spielt die Rauheit des harten Kontaktpartners eine noch wichtigere Rolle, da es bei der relativen Bewegung zu einem plastischen Verformen des duktilen Körpers und zu Verschweißungen kommen kann. Diese Schweißstellen scheren dann vom Grundkörper wieder ab, was aufgrund der hierzu erforderlichen Tangentialkraft die gesamte Reibung deutlich erhöht [Steih]. Wenn die Adhäsionsneigung des Blechwerkstoffs zum Werkzeugmaterial hoch ist und damit makroskopisch zu „Stick-Slip“ Verhalten führt, steigt die Anzahl der Schweißstellen rasant an, was sogar zu Haftreibung führen kann.

In [Stei] wird die Korrelation zwischen der reduzierten Peakhöhe R_{pk} und der Reibungszahl von ta-C beschichteten Oberflächen untersucht. Die Ergebnisse zeigen, dass sich die Reibung, unabhängig vom Blechwerkstoff, proportional zum R_{pk}-Wert verhält. Eine absolut glatte Oberfläche würde jedoch aufgrund der hohen realen Kontaktfläche zu hoher Adhäsionsneigung und somit zu Haftreibung führen.

3.2 Mechanische Eigenschaften

Die mechanischen Eigenschaften der Schicht sowie des Schicht-Substrat-Systems beeinflussen wesentlich die tribologischen Kennwerte. Bei adhäsivem Verschleiß ist das Verschleißvolumen grundsätzlich proportional zur Normalkraft und umgekehrt proportional zur Härte [Pop]. Theoretisch lässt sich somit eine niedrige Reibungszahl erreichen, indem eine dünne weiche Schicht auf einem harten Substrat aufgetragen wird [Bowd, Holm].

Durch eine äußere Normalkraft entstehen elastische Verformungen und Hertzsche Pressungen an den Rauheitshügeln der Kontaktpartner. Dies führt zu einer Vergrößerung der realen Kontaktfläche.

Bei plastischer Verformung verhalten sich duktile und spröde Werkstoffe unterschiedlich. Ein duktiler Kontaktpartner verformt sich irreversibel, was in einer vergrößerten Kontaktfläche resultiert. Ein spröder Kontaktpartner tendiert aufgrund der auftretenden Scherkräfte eher zum Brechen, wodurch lose Partikel im System entstehen. Diese losen Partikel rollen teilweise im System mit, teilweise lagern sie sich in Vertiefungen in den Oberflächen ab.

3.3 Chemische Zusammensetzungen

Wie bereits erwähnt, setzen sich amorphe Kohlenstoffschichten aus einer Mischung aus sp^2- und sp^3-hybridisierten Kohlenstoffatomen zusammen. Im tribologischen Einsatz ändern Schichten diese chemische Zusammensetzung im oberflächennahen aber auch im inneren Bereich aufgrund der Wechselwirkung mit der normalen Atmosphäre sowie den äußeren Beanspruchungen [GaoG]. Im oberflächennahen Bereich wirken sich sp^3-hybridisierte Bindungen positiver auf die Reibung aus als sp^2-hybridisierte Bindungen. Letztere führen zu Adhäsion, weshalb die Reibung von amorphen Kohlenstoffschichten mit zunehmendem sp^2-Anteil höher wird.

In [GaoG] wird anhand von Molekulardynamik-Simulationen gezeigt, dass wasserstofffreie und wasserstoffarme Kohlenstoffschichten unter Vakuum eine hohe Reibung aufweisen. Dies ist darauf zurückzuführen, dass die oberflächennahen Kohlenstoffatome ungesättigt und überwiegend im sp^2- hybridisierten Zustand verbunden sind, was eine erhöhte Adhäsionsneigung zur Folge hat. Aus diesen Ergebnissen lässt sich schließen, dass die Reibung von amorphen Kohlenstoffschichten reduziert werden kann, indem die oberflächennahen Kohlenstoffatome ständig gesättigt werden. Dies ist durch Wasserstoff während des Abscheideprozesses oder nachträglich durch den Kontakt mit anderen funktionellen Gruppen wie –OH und –F realisierbar.

Die innere Strukturänderung einer amorphen Kohlenstoffschicht kann zur Änderung ihrer mechanischen Eigenschaften und der Photonenfrequenz führen [Zem]. Dies beeinflusst wiederum das tribologische Verhalten, da eine Änderung der Photonenfrequenz Energieverluste und damit eine höhere Reibung nach sich zieht.

3.4 Schichtdicke

Dicke Schichten sind theoretisch von Vorteil, wenn hohe Lasten zu tragen sind. Je dünner eine Schicht ist, desto größer ist die Deformation des weicheren Substrats, was eine Erhöhung des Reibwiderstands zur Folge hat [Holm]. In den meisten Fällen zeigt die Schichtdicke jedoch keinen oder lediglich einen geringen Einfluss auf die Reibungszahl.

In [Siu] wird die Korrelation zwischen der Schichtdicke einer MoS_2-Titan-Schicht und der Reibung sowie dem Verschleiß unter Grenzschmierung gezeigt. Dabei wird die Normalbeanspruchung überwiegend durch die Rauheitshügel getragen. Die Ergebnisse belegen einen starken Einfluss der Schichtdicke auf die Reibung bei extrafeiner Oberfläche (R_a = 0,01 - 0,05 µm). Die Reibung nimmt in diesem Fall mit steigender Schichtdicke ab, was vermutlich auf die sich mit der Schichtdicke ändernden mechanischen Eigenschaften des Schicht-Substrat-Systems zurückzuführen ist. Bei mittlerer Oberflächenrauheit (R_a = 0,05 - 0,2 µm) wirken sich sowohl die Schichtdicke als auch die Rauheit auf die Reibung aus. Je höher die Schichtdicke und je feiner die Rauheit, desto niedriger die Reibung. Bei rauen Oberflächen (R_a > 0,2 µm) besitzt die Schichtdicke keinen merklichen Einfluss mehr auf die Reibung, da die Rauheitshügel die Beanspruchung tragen und die Größe der realen Kontaktfläche die Gleitreibung bestimmt.

Die Schichtdicke zeigt bei feinen und rauen Oberflächen zudem unterschiedliche Effekte hinsichtlich des Verschleißes. Bei einer Oberfläche mit einer Rauheit $R_a < 0{,}5$ µm besitzt die Schichtdicke keinen Einfluss auf die Verschleißrate. Bei sehr rauen Oberflächen mit $R_a > 0{,}5$ µm wirkt sich eine höhere Schichtdicke jedoch vorteilhaft auf den Verschleiß aus. Der Grund ist laut den Autoren von [Siu] noch ungeklärt.

Laut [Qi] zeigt die Schichtdicke von stickstoffdotierten DLC-Schichten unter trockenen Bedingungen lediglich einen sehr geringen Einfluss auf die Reibung. Bei dünnen Schichten ist noch eine Abnahme der Reibung mit steigender Schichtdicke zu beobachten, bei dickeren Schichten zeigt sich jedoch keinerlei Einfluss mehr auf die Reibung.

In [Sal] wird ein BD-Schichtwachstumsmodell (engl. *ballistic deposition*) für amorphe Kohlenstoffschichten auf rauem Substrat vorgestellt, welches insbesondere die Wachstumsdynamik abbildet und eine Begründung für die obigen Ergebnisse liefert. Beim BD-Modell lagern sich die ersten Schichtatomlagen unterschiedlich an den Rauheitsvertiefungen und -erhebungen an, sodass ab einem gewissen Zeitpunkt alle Rauheitsvertiefungen gefüllt sind und mit den Erhebungen ein ebenes Niveau bilden. Dies erklärt, dass die Rauheit zuerst etwas steigt, jedoch dann bei genügend dicker Schichtabscheidung bis auf einen bestimmten Wert sinkt.

Daraus folgt, dass die Reibung sowie andere tribologische Kenngrößen kaum durch die Schichtdicke beeinflusst werden, solange die Schicht eine ausreichende Dicke erreicht. Diese Schichtdicke ist von der Ausgangsrauheit des Substrats und der Korngröße der stängelförmigen Strukturen abhängig, wie es in Bild 31 darstellt. Bei „glatten“ Substratoberflächen bleibt die Schichtrauheit auf dem gleichen Niveau wie die Rauheit des Substrats.

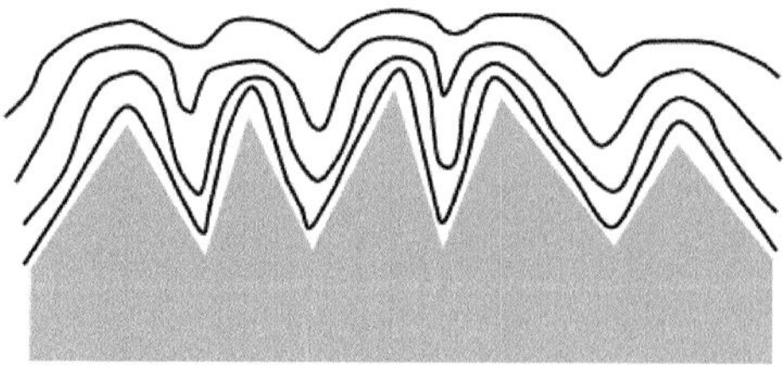

Bild 31: Abscheidung einer amorphen Kohlenstoffschicht auf einer rauen Substratoberfläche. [Sal]

3.5 Handlungsbedarf und Forschungsfragen der vorliegenden Arbeit

Wie es am Anfang der Arbeit dargestellt wurde, schmierstofffreier Gleitkontakt wird angestrebt. Diese bildet die tribologische Grundlage eines effizienten und umweltfreundlichen Umformprozesses aus. Werkstoffmäßig wird bereits in vielen Vorarbeiten bestätigt, dass das amorphe Kohlenstoffschichtsystem günstiges tribologisches Verhalten ohne Schmierstoff und potenzielle Einsatzmöglichkeit auf das reale Umformwerkzeug aufzeigt.

Es gibt Forschungen und Berichte über das tribologische Einsatzverhalten von beschichten Umformwerkzeugen. Jedoch fehlt bisher eine systematische Untersuchung über die Einflüsse vom Schichtdesign auf die Verschleißbeständigkeit und das Verständnis, warum ein Schichtsystem beim trocken tribologischen Einsatz versagt, wo liegt die schwache Stelle und wie kann es beim Schichtdesign vermieden werden. Ein Prozessfenster zwischen Schlüsselfaktoren im Schichtdesign und Verschleißbeständigkeit lässt sich aus den Ergebnissen ableiten. Diese hilft bei der Entscheidung des Schichtdesigns, je nach der Anwendungsfall und das dominierende Verschleißmechanismus. Hier in dieser Arbeit wird in der Anlehnung an ein amorphes Kohlenstoff-Standardschichtsystem das Schichtdesign bezüglich drei ausgewählten Designfaktoren variiert und ihre Einflüsse auf das entsprechende Verschleißverhalten sowie die Versagensform unter mehrfacher Beanspruchung analysiert. Diese drei Faktoren, die Haftschicht, die Schichtdicke und die chemische Bindung der Funktionsschicht, sind ausgewählt, weil sie stark die Haftfestigkeit, die Eigenschaften, die Verschleißbeständigkeit, die trockene Reibung und im Weiteren die Standzeit der Werkzeuge auswirken. Den Untersuchungsschwerpunkt dieser Arbeit bildet die gezielte Modifikation der Eigenschaften von a-C:H-Schichtsystemen hinsichtlich ihrer Verschleißbeständigkeit im trockenen Gleitkontakt. Die ausführliche Vorgehensweise und die zu erwartende Ergebnisse werden im Kapitel 4 vorgestellt.

Außerdem wird das Herausfinden der tatsächlichen Standzeit in der Industrie so realisiert, indem das ausgewählte Schichtsystem auf das konkrete Werkzeug aufgebraucht wird und das beschichtete Werkzeug unter normaler Beanspruchung gegenüber dem zu bearbeitenden Werkstückwerkstoff bis Ausfall getestet wird. Dieser Werkzeugtest soll für die Freigabe eines Schichtrezepts zur Produktion mehrmals wiederholt. Jedoch ist dieser Vorgang zeit- und kostenintensiv. In dieser Arbeit wird ein einfaches schnelles Verschleißtest eingesetzt, um die Verschleißbeständigkeit und -mechanismen mit begrenztem Aufwand zu untersuchen.

4 Praktische Experimente

4.1 Untersuchungskonzept und Vorgehensweise

Basierend auf den eben genannten Anforderungen sollen im Rahmen dieser Arbeit auf Basis gezielt durchgeführter praktischer Versuche die im Abschnitt 3.5 gestellten Fragen beantwortet werden.

Die Einflüsse der drei Faktoren im Schichtdesign, die Haftschicht, die Schichtdicke und die chemische Bindung der Funktionsschicht, werden analysiert. In einem ersten Schritt werden die Standard- und modifizierte Schichtdesigns unter Variierung der ausgewählten Faktoren abgeschiedenen. Danach werden spezifischer Eigenschaften sowie Verschleißverhalten der erzeugten Schichten charakterisiert. Im Folgenden werden die ausführlichen Forschungskonzepte, die einschlägigen Hintergrundkenntnisse und die Vorgehensweise zur Untersuchung der oben genannten drei Faktoren im Schichtdesign erläutert.

Die Herstellung der Cr-Haftschichten soll jeweils durch Magnetronsputtern oder Vakuumlichtbogenverdampfen (Arcen) erfolgen. Auf diese Weise soll die erwünschte glatte Schichtoberfläche im sogenannten *„as-deposited“*- Zustand erreicht werden. Um die Haftung des so erzielten Schichtsystems zu ergründen, erfolgt eine anschließende Untersuchung der intrinsischen Eigenspannungen der Cr-Haftschichten.

Wie bereits im Abschnitt 2.3.4 erklärt, wird die Haftung des gesamten Schichtsystems wesentlich durch intrinsische Spannungen innerhalb der Schicht beeinflusst. Dies wirkt sich in Konsequenz auch auf das tribologische Verhalten in der späteren Anwendung eines beschichteten Bauteils aus. Äußere tangentiale Belastungen, wie sie beispielsweise beim Trockenumformen zwischen Blechwerkstoff und Werkzeugoberfläche auftreten, kommen zusätzlich zu den intrinsischen Spannungen in der Schicht dazu und können im ungünstigen Fall zu einer frühzeitigen Schichtabplatzung führen. Auf Basis bereits existierender Untersuchungen am Tribometer unter anwendungsnahen Bedingungen [Hen] wird als Anforderung für einen trockenen Tiefziehprozess festgelegt, dass grundsätzlich eine glatte, steife und gut haftende Schichtoberfläche auf den Werkzeugoberflächen abgeschieden werden soll.

Die Ergebnisse von [Hen] zeigen zusätzlich auch die besondere Relevanz der Oberflächentopografie hinsichtlich der strukturellen Eigenschaften einer Werkzeugbeschichtung. Um eine niedrige Reibungszahl zu erzielen, sind möglichst zahlreich verfügbare ungesättigte C-Atome von Vorteil, da sich diese in der Luft mit OH-Gruppen verbinden, wodurch es in Folge zu einem Schmiereffekt kommt. Eine Oberfläche mit hohem sp^3-Gehalt und flachen Rauheitshügeln erzeugt günstige tribologische Bedingungen im Kontakt mit rauen, zähen und zu Adhäsion tendierenden Blechwerkstoffen, insbesondere Aluminiumlegierungen.

Eine weiterhin aus Gründen der Kostenersparnis anzustrebende Anforderung ist es, eine möglichst glatte Schichtoberfläche direkt auf der polierten Werkzeugoberfläche herzustellen, ohne dabei einen kostenintensiven Nachbehandlungsprozess durchführen zu müssen.

Im Hinblick auf lange Standzeiten in der Anwendung sind zudem möglichst hohe Schichtdicken geplant. Dicke Schichten für tribologische Anwendungen verfügen über einen höheren Stützeffekt im Vergleich zu den dünnen Varianten [Enke]. Dünne Schichten aus der keramischen Werkstoffgruppe, besitzen wiederum ein geringeres Gesamtvolumen, weniger Wachstumsfehler und eine höhere Festigkeit [Cho]. Kompakte dünne Schichten wären vor allem für Anwendungen mit engen Spielen erwünscht, was jedoch für den vorliegenden Anwendungsfall eines Umformwerkzeugs nicht zutrifft. Relevanter ist hier die Tatsache, dass eine dickere Schicht in der Lage ist, raue Substratoberflächen besser abzudecken.

Die gezielte Einstellung der Gaskonzentration ermöglicht eine Variation des sp^3-Anteils beziehungsweise des sp^3/sp^2-Verhältnisses. Die hierdurch entstehende Beeinflussung der Schichteigenspannungen gilt es ebenfalls zu untersuchen.

Zuletzt wird die höchste erreichbare Schichtdicke des vorgesehenen Schichtsystems ermittelt. Damit wird am Ende ein Prozessfenster hinsichtlich der Herstellungsparameter und der so erzeugten Schichten abgeleitet.

4.2 Materialien und Anlagentechnik

Die Schichtproben werden je nach Untersuchungsziel jeweils auf Substrate aus Werkzeugstahl oder auf Siliziumwafer abgeschieden. Im Folgenden wird die Herstellung der Proben aus diesen beiden Substraten näher erläutert.

Die Abscheidung der Schichtsysteme auf Scheiben aus Werkzeugstahl (1.2379, X155CrVMo12, Firma WST, Veitsbronn-Siegelsdorf) bildet dabei den späteren Beschichtungsvorgang auf der realen Werkzeugoberfläche sehr gut ab. Die zylindrischen Stahlsubstrate besitzen einen Durchmesser von 30 mm und eine Stärke von 5 mm. Nach der spanenden Fertigung durch Abdrehen und Schleifen werden die Substratscheiben beschichtungsgerecht auf 60 ± 1 HRC gehärtet und angelassen. Unter beschichtungsgerechtem Anlassen versteht man nicht das übliche dreimalige Anlassen, sondern ein fünfmaliges Anlassen. Dies dient dazu, das Gefüge so weit wie möglich zu entspannen und den vorhandenen Restaustenit zu stabilisieren. Das Anlassen wird bei Temperaturen durchgeführt, die oberhalb der späteren Beschichtungstemperatur liegen, um zu vermeiden, dass im Beschichtungsprozess weitere Gefügeänderungen auftreten. Somit kommt es während des Beschichtens zu keinen Maß- oder Härteänderungen mehr.

Um eine gute Reproduzierbarkeit der Schichteigenschaften zu erreichen, sind entsprechende Anforderungen an die Topographie und die Sauberkeit zu stellen. Die Oberflächen des Substrats werden mechanisch auf eine feine Qualität von $R_a \leq$ 0,01 µm und $R_z \leq$ 0,2 µm ohne Vorzugsrichtung poliert.

Nach der mechanischen Bearbeitung der Oberfläche erfolgt ein zehnminütiges Ultraschallbad sowie die Spülung und Trocknung mittels Isopropanol. Anschließend werden die Scheiben in der Beschichtungskammer chargiert.

Für die Untersuchung der Eigenspannungen von einlagigen Schichten kommen spezielle Siliziumwafer als Grundwerkstoff zum Einsatz. Die im Rahmen dieser Arbeit verwendeten Siliziumwafer (Firma Siegert Wafer GmbH, Aachen) wurden bereits einseitig poliert geliefert. Das Maß des Durchmessers betrug 50,8 ± 0,3 mm, die Stärke lag bei 279 ± 25 µm.

Die eingesetzten Siliziumwafer besitzen die Kristallrichtung <100> und damit einen richtungsabhängigen Elastizitätsmodul E_{Sub} von 130,16 GPa [San]. Dieser wird im weiteren Verlauf der Arbeit für die Eigenspannungsberechnung mithilfe der Stoneyschen Gleichung [Jans] verwendet. Die Querdehnzahl ν_{Sub} der Siliziumwafer beträgt 0,278 [Günt].

Die Auswahl eines geeigneten Wafers richtet sich nach der maximalen Durchbiegung, welche keinesfalls überschritten werden darf.

Die Durchbiegung eines beschichteten Wafers wird mithilfe des Parameters A nach Gleichung (17) beschrieben. Dieser ergibt sich aus der Eigenspannung (σ) und der Schichtdicke (d) sowie dem Durchmesser (D) und der Dicke (h) des Wafers [Günt].

Die Durchbiegung eines Wafers mit $D/h \geq 50$ darf einen kritischen Wert A_c von 680 GPa nicht überschreiten.

$$A = \sigma \cdot d \cdot \frac{D^2}{h^3} < A_c = 680\,\text{GPa} \qquad (17)$$

Für die im Rahmen dieser Arbeit eingesetzten Wafer mit einer durchschnittlichen Schichtdicke von 1 µm und einer Schichtspannung von etwa 2 GPa ergibt für A ein Wert von 460 GPa. Im Fall $0{,}2A_c < A < A_c$ lässt sich der Zusammenhang zwischen Spannung und Durchbiegung mithilfe der Stoneyschen Gleichung mit einer hohen Genauigkeit von circa 90 % beschreiben. In der Literatur variieren die Werte der Druckeigenspannungen von a-C:H im Bereich von 0,9 bis 9 GPa [Scha].

Bei der eingesetzten Beschichtungsanlage handelt es sich um eine Hybridmaschine, die sowohl PECVD- als auch PVD-Vorgänge innerhalb derselben Kammer ermöglicht. Die Beschichtungsanlage ist dem Design einer realen Industrieanlage nachempfunden, jedoch zu Forschungszwecken auf ein gesamtes Volumen von circa 300 Liter herunter skaliert. Dadurch erreicht die Anlage energiesparend und innerhalb kurzer Zeit das erforderliche Hoch- bis Ultrahochvakuum. Bild 32 veranschaulicht die Grundfunktionen und den Aufbau im Horizontalschnitt.

Die Anlage ist jeweils mit zwei Sputter- und zwei Arc-Kathoden in gegenüberliegender Position ausgestattet. Vor jeder Kathode sind zwei entweder offene oder geschlossene Blenden vorhanden, um eine unerwünschte passive Abscheidung zu vermeiden und die Sauberkeit des Targets während des Beschichtungsprozesses zu gewährleisten.

Bei den Sputterkathoden ist die Stromversorgung in zwei Modi möglich: Bei gut leitendem Targetmaterial, wie es bei den meisten Metallen der Fall ist, wird mittels Gleichstrom (auch DC, direct current) gezündet und gesputtert. Die gepulste Variante (pulsed DC) ermöglicht die Zündung und das Sputtern für schlecht- bis nichtleitende Materialien.

Außerdem verhindert die gepulste Plasmaentzündung die sogenannte „Targetvergiftung", da sich die Richtung der Ionen im Plasma ständig ändert. Unter Targetvergiftung ist die Entstehung einer unerwünschten Reaktionsschicht zu verstehen. Diese lässt sich nur schwer wieder weg sputtern und verbleibt deshalb auf der Targetoberfläche. Somit reduziert sich allmählich die Sputterausbeute während der Abscheidung bis schließlich die Targetoberfläche komplett bedeckt ist. Besonders häufig tritt dies beim reaktiven Sputtern auf. Die unerwünscht auf der Targetoberfläche abgeschiedene Schicht wird durch gepulste Teilchen im Plasma wieder entfernt. Dadurch wird diese Reaktionsschicht nicht wieder gesputtert und unerwünschte fremde Komponenten gelangen nicht auf die Probe.

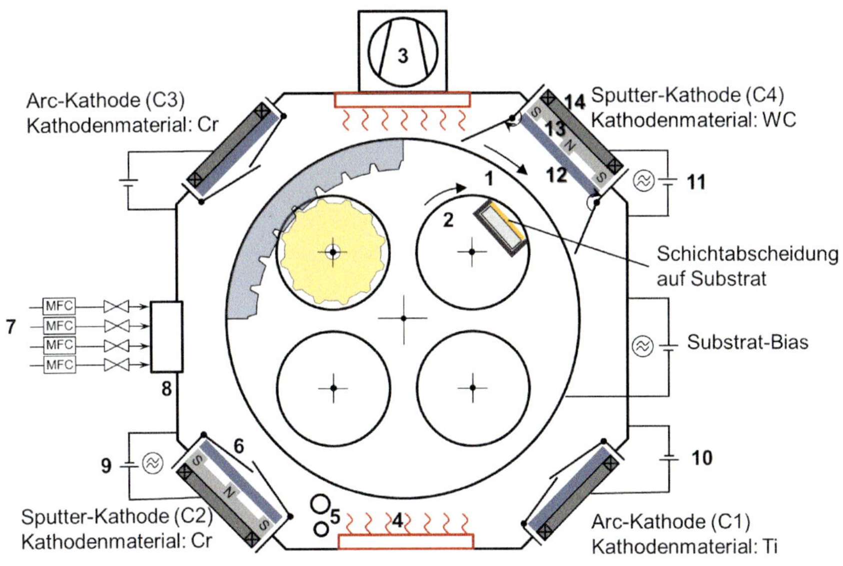

1	Drehgestell, 1-fach Rotation
2	Drehgestell, 2-fach Rotation
3	Vakuumpumpensystem (Drehschieber-, Wälzkolben- und Turbomolekularpumpen)
4	Heizspirale
5	Gaszufuhrsystem mit *Massflow Controller*
6	Vormischkammer für Gase
7	Netzteil für Sputter-Kathode (gepulster und normaler Direktstrom)
8	Gaszufuhrsystem mit *Massflow Controller*
9	Vormischkammer für Gase
10	Netzteil für Sputter-Kathode (gepulster und normaler Direktstrom)
11	Netzteil für Arc-Kathode
12	Netzteil für Substratbias (gepulster, unipolar gepulster und normaler Direktstrom)

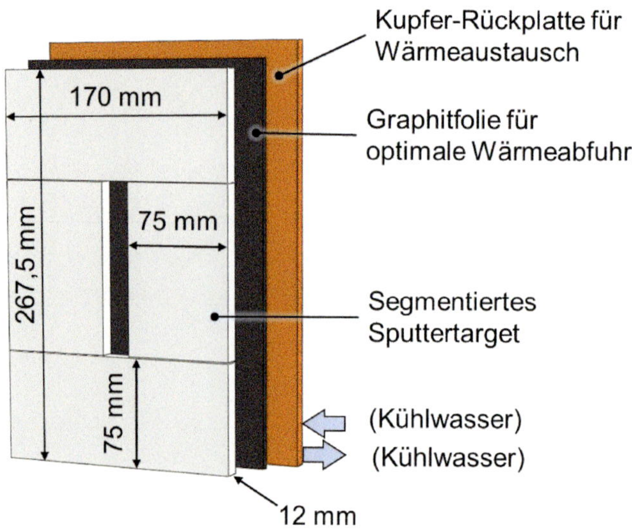

Bild 32: Aufbau der eingesetzten Beschichtungsanlage (Horizontalschnitt).

Außerdem verhindert die gepulste Plasmaentzündung die sogenannte „Targetvergiftung", da sich die Richtung der Ionen im Plasma ständig ändert. Unter Targetvergiftung ist die Entstehung einer unerwünschten Reaktionsschicht zu verstehen. Diese lässt sich nur schwer wieder weg sputtern und verbleibt deshalb auf der Targetoberfläche. Somit reduziert sich allmählich die Sputterausbeute während der Abscheidung bis schließlich die Targetoberfläche komplett bedeckt ist. Besonders häufig tritt dies beim reaktiven Sputtern auf. Die unerwünscht auf der Targetoberfläche abgeschiedene Schicht wird durch gepulste Teilchen im Plasma wieder entfernt. Dadurch wird diese Reaktionsschicht nicht wieder gesputtert und unerwünschte fremde Komponenten gelangen nicht auf die Probe.

Die beiden Arc-Kathoden sind nur mit einer Stromversorgung im Gleichstrommodus ausgestattet, da der Arc-Vorgang zum Material aufschmelzen eine gute Leitfähigkeit des Kathodenmaterials voraussetzt.

Hinter allen vier Kathoden befindet sich jeweils eine Spule, um die kinetische Energie der geladenen Teilchen im Plasma innerhalb der Beschichtungskammer, insbesondere im Kathodennahbereich, zu erhöhen. Hierdurch lässt sich die Sputterausbeute erhöhen [Ala20].

Außerdem ist die Anlage mit zwei Heizspiralen und einem System zur Zufuhr von vier verschiedenen Gasen ausgerüstet. Bevor die Gase in die

Reaktionskammer gelangen, werden sie vorgemischt (siehe Komponente Nr. 8 in Bild 32).

Die Anlage bietet darüber hinaus sowohl für Standardproben mit einheitlicher Geometrie als auch für reale Bauteile mit beliebiger Geometrie verschiedene Möglichkeiten zur Chargierung. Die sogenannte 1-fach-Rotation (siehe Komponente Nr. 1 in Bild 32) erfolgt durch die Rotation des Hauptdrehgestells. Dieses ist mit vier Zahnrädern ausgestattet, welche mit einem innenverzahnten Hohlrad kämmen können, um die 2-fach-Rotation zu ermöglichen. Damit entsteht ein hypozykloidförmiger Verlauf der zu beschichtenden Gegenstände durch die Beschichtungskammer. Mit einem Zähnezahlverhältnis zwischen den inneren Zahnrädern und dem Hohlrad von 17 zu 42 ergibt sich eine sternförmige Bewegungsspur der Proben. In Bild 33 ist diese Spur für den blauen Punkt, der die Position der Proben kennzeichnet, dargestellt.

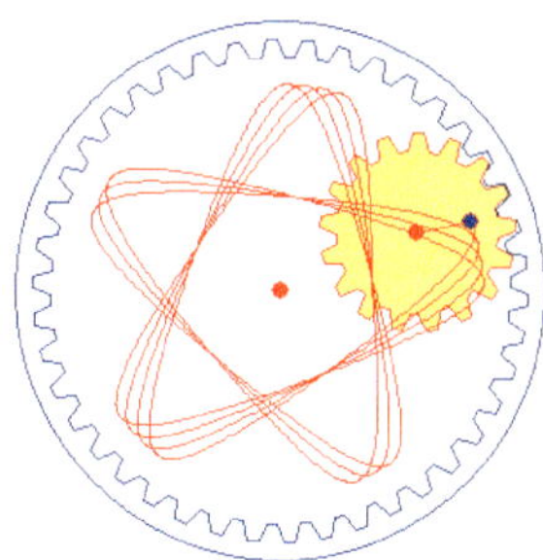

Bild 33: Simulation der Laufspur eines Punktes (blau) auf einem Zahnrad, welches mit einem innenverzahnten Hohlrad kämmt, bei einem Zähnezahlverhältnis von 17 zu 42.

Die Wahl der optimalen Rotationsart zeigt einen starken Einfluss auf die Abscheiderate und hängt sowohl vom Beschichtungsverfahren als auch von der Position der Materialquelle ab. Bei einem reinen PVD-Vorgang mit zwei gegenüberliegenden Targets entstehen unter 1-fach-Rotation etwa 5 % dickere Schichten als unter 2-fach-Rotation. Mit einem einzelnen Target beträgt der Unterschied in der Schichtdicke sogar etwa 46 %. Reine CVD-Prozesse zeigen jedoch eine umgekehrte Tendenz: unter 2-fach-Rotation erzeugte Schichten weisen eine circa 42 % höhere Dicke auf als unter 1-fach-Rotation hergestellte Schichten. [S10]

Durch die 2-fach-Rotation verlängert sich die Bewegungsstrecke der Probe innerhalb der Beschichtungskammer während einer bestimmten Zeitspanne. Damit erhöht sich die Wahrscheinlichkeit, dass die Substratoberfläche mit den im Raum gleichmäßig verteilen Radikalen in Kontakt kommt. Beim reinen PVD-Vorgang sind die Zeitanteile entscheidend, bei denen die Substratoberfläche frontal zum Target, beziehungsweise zur vom Target ausgehenden Sputterkaskade, ausgerichtet ist. Durch die sternförmige Bewegung sind die Substratoberflächen regelmäßig von den Targets abgewendet, was einen kontinuierlichen Abscheidevorgang verhindert.

Die Rotationsart zeigt keinen wesentlichen Einfluss auf weitere Schichteigenschaften, wie beispielsweise die Schichthaftung oder die Rauheit. Ob die Rotationsart die kristalline Struktur der Schicht oder sonstige physikalische Eigenschaften beeinflusst, ist bisher noch nicht geklärt. Die Auswahl der Rotationsart orientiert sich außerdem am Bauteilvolumen und an der Bauteilgeometrie sowie an den Anforderungen des Schichtdesigns.

Im Rahmen dieser Arbeit wird grundsätzlich die 2-fach-Rotation zur Schichterzeugung eingesetzt. Hierdurch soll sowohl auf Standardscheiben als auch auf sonstigen relevanten Werkzeugsegmenten eine hohe Abscheiderate bei einem gleichmäßigen Schichtauftrag auf ebenen Oberflächen und auf komplexen Geometrien gewährleistet werden.

Die im Rahmen dieser Arbeit untersuchten Schichtproben verfügen über eine einheitliche Schichtarchitektur gemäß DIN 4855 [DIN4855]. Da diese Schichtarchitektur bereits auf realen Umformwerkzeugen zum Einsatz kommt und dabei ein stabiles Einsatzverhalten zeigt, liegt der Fokus der Untersuchungen auf den Merkmalen des gesamten mehrlagigen Schichtsystems auf der realen Werkzeugoberfläche.

Das gesamte Schichtsystem (Bild 34) besteht ausgehend von der Substratoberfläche von unten nach oben aus einer Chrom Haftschicht (Cr), einer Wolframkarbid-Zwischenschicht (WC), einer wolframdotierten amorphen Kohlenstoffschicht als Übergangsschicht (a-C:H:W) sowie einer weiteren amorphen Kohlenstoffschicht (a-C:H) als Funktionsschicht.

Die Cr Haftschicht verhindert einerseits das Diffundieren von Kohlenstoff aus der Gasphase in das Substrat während des Beschichtungsvorgangs und haftet andererseits gut am oberen Schichtmaterial und am Stahlsubstrat [DIN4855]. Zur Abscheidung der Cr Haftschicht wird für Bauteile mit beliebiger Geometrie am häufigsten das Lichtbogenverdampfen eingesetzt. Dieses ermöglicht im Vergleich zum Magnetronsputtern einen robusten Prozess, da hier weder die Kammerfüllmenge noch die Bauteilgeometrie einen wesentlichen Einfluss zeigen.

Nachteilig beim Lichtbogenverdampfen sind jedoch die aufgrund von Dropletemissionen hervorgerufene Erhöhung der Rauheit sowie die dadurch entstehenden Wachstumsfehler. Da die Menge der einfach und mehrfach geladenen emittierten Teilchen, die zur Bauteiloberfläche beschleunigt werden können, während des Lichtbogenverdampfens hoch ist, entsteht eine dichtere Schicht als beim Magnetronsputtern [Scht]. Aus diesen Gründen erfolgt die Herstellung der Referenzschichtproben mithilfe des Lichtbogenverdampfens. Zum Vergleich werden zusätzlich auch Proben mit gesputterten Cr-Haftschichten untersucht.

Die WC-Zwischenschicht und die a-C:H:W-Übergangsschicht dienen zur optimalen Anbindung der a-C:H-Funktionsschicht. Bei der a-C:H Funktionsschicht wird je nach Parameterkombination eine Schichtdicke zwischen 1,5 und 2,5 µm angestrebt.

Grundsätzlich wird mit dem im folgenden Abschnitt beschriebenen Versuchsplan lediglich die Funktionsschicht geändert. Die Veränderung der Cr-Haftschicht dient nur zum Vergleich, um eine Senkung der Oberflächenrauheit auf den *„as-deposited state"* zu erreichen.

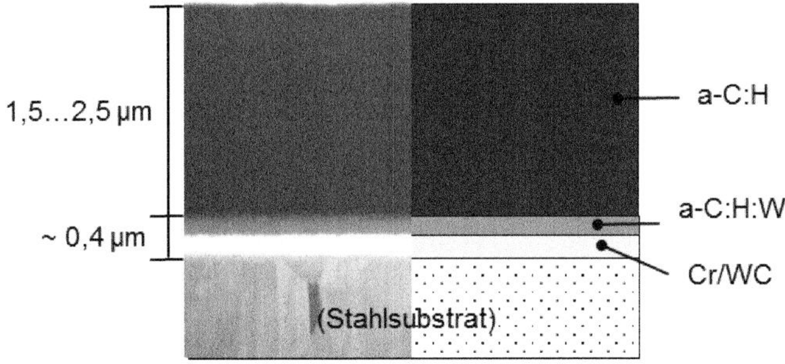

Bild 34: Architektur der untersuchten Referenzschicht.

4.3 Probenbezeichnungen und Parameter

In diesem Abschnitt werden alle hergestellten Proben sowie deren Parameter vorgestellt. Es wird eine Standardschicht als Referenz definiert, die zur Untersuchung des Einflusses einzelner ausgewählter Parameter auf die relevanten Schichteigenschaften dient. Die Auswahl der Parameter orientiert sich dabei grob an den mittleren einstellbaren Werten der Beschichtungsanlage. Bei den restlichen Proben werden lediglich die untersuchten Parameter und ihre Werte im Vergleich zur Referenzschicht aufgelistet.

Bei allen Proben sind vor der eigentlichen Schichtabscheidung mehrere vorbereitende Schritte durchzuführen. Diese umfassen das Evakuieren, das Aufheizen sowie das Ätzen der Kammeroberflächen und der Kathoden. Das Evakuieren der Beschichtungskammer erfolgt mithilfe des im

Abschnitt 4.2 vorgestellten Vakuumpumpensystems und muss ein Mindeststartvakuum von 10^{-4} mbar erreichen. Das Aufheizen der Anlage bis 250 °C dient zur Entfernung der auf der Oberfläche adsorbierten Luftmoleküle und Feuchte. Damit lässt sich ein noch feineres Vakuum in der Größenordnung von 10^{-5} mbar vor dem Abscheiden der Schicht erreichen. Für das Ätzen der Kammer und der Kathoden wird eine relativ hohe Argonflussmenge von 500 sccm bei einer Entladungsspannung von 500 V zugeführt. Durch die dabei erzeugte Plasmaentladung und -bombardierung wird der oberste Layer der unerwünschten fremden Schichten der vorangegangenen Abscheidungschargen entfernt.

Tabelle 2 listet die einzelnen Prozessschritte sowie die zur Herstellung einer Referenzprobe einzustellenden Parameter auf. Die oben vorgestellten Prozessschritte sind für die Abscheidung auf dem Stahlsubstrat vorgesehen. Zur Untersuchung der Spannungszustände der einzelnen Schichtlagen, zum Beispiel der Cr-Haftschicht oder der a-C:H-Funktionsschicht, wird die gleiche Schicht mit einer möglichst identischen Parameterkombination wie für das Stahlsubstrat zusätzlich auf Siliziumwafern abgeschieden. Lediglich das Aufheizen und das Ätzen werden angepasst, da ein zu starkes Plasmaätzen das dünne Si-Wafer beschädigt.

Tabelle 2: Parameter zur Abscheidung einer Referenzschichtarchitektur.

Layer	Aktionszeit in s	Parameter		
Cr (arc)	240	Arc-Strom an der Cr-Kathode	70	A
		Argonfluss zur Startzündung	70	sccm
		Substratbiasspannung	-100	V
		Kammereinstelltemperatur	140	°C
WC	720	Leistung an der WC-Kathode	1,2	kW
		Argonfluss zum Sputtern	180	sccm
		Substratbiasspannung	-203	V
		Kammereinstelltemperatur	120	°C
a-C:H:W	1800	Leistung an der WC-Kathode	1,4	kW
		Argonfluss zum Sputtern	130	sccm
		Acetylenfluss	40	sccm
		Substratbiasspannung	-203	V
		Kammereinstelltemperatur	100	°C
a-C:H	8580	Plasma-/Substratbiasspannung	-550	V
		Argonfluss	40	sccm
		Acetylenfluss	220	sccm
		Kammereinstelltemperatur	80	°C

Während des Abscheidevorgangs werden durch eine graduelle Veränderung der Parameter zusätzliche Gradientschichten erzeugt, welche mit einer Dicke von wenigen Atomlagen plötzliche materielle Veränderungen an den Grenzflächen vermeiden sollen. Somit lässt sich das Risiko für Schichtdelamination an der Grenze zwischen zwei verschiedenen Schichtlagen erheblich reduzieren.

4.3.1 Haftschicht

Wie im Abschnitt 3.1 bereits erwähnt, kommen die Rauheitshügel der Werkzeugbeschichtung direkt mit dem Blechwerkstoff in Kontakt, weshalb die Rauheit die vorgesehene trockene tribologische Anwendung maßgeblich beeinflusst. Durch eine geeignete mechanische Nachbehandlung lässt sich zwar die gewünschte Oberflächenbeschaffenheit erreichen, jedoch wird angestrebt, eine im Vergleich zur Referenzschicht glattere Beschichtung im *„as-deposited“*-Zustand direkt auf dem Werkzeug aufzutragen. Der gewählte Lösungsansatz hierfür ist ein Wechsel des Abscheidungsverfahrens der Cr-Haftschicht zum Sputtern, da Sputtern im Vergleich zum Arcen einen glatteren Schichtauftrag ohne die Bildung von Makropartikeln gewährleistet. Die weiteren Schichtlagen sowie deren Abscheidungsverfahren und Einstellparameter bleiben unverändert.

Diese modifizierte Schicht wird vorwiegend bezüglich der Haftung des gesamten Schichtsystems sowie der Rauheit charakterisiert. Ebenfalls untersucht werden die Spannungszustände der gleichen Cr-Haftschicht aus verschiedenen Abscheideverfahren, da Eigenspannungen die Eigenschaften der oberen Funktionsschicht und die Haftung des gesamten Schichtsystems beeinflussen. Die Parameter der auf Stahl- und Siliziumsubstrat hergestellten Proben sind in Tabelle 3 und Tabelle 4 dokumentiert.

Tabelle 3: Liste der Proben auf Werkzeugstahl mit modifizierten Parametern zur Untersuchung des Einflusses der Haftschicht.

	Schichtaufbau	Veränderte Parameter	Wert	Einheit
431-1	Cr (arc) WC a-C:H:W a-C:H	Siehe Tabelle 1		

431-2	Cr (sp) WC a-C:H:W a-C:H	Aktionszeit Leistung an der Cr-Sputter-Kathode Sputterfrequenz Substratbiasspannung Kammertemperatur	240 5 70 -100 140	s kW Hz V °C

Tabelle 4: Liste der Proben auf Siliziumwafern mit modifizierten Parametern zur Untersuchung des Einflusses der Haftschicht.

	Schicht-aufbau	Veränderte Parameter	Wert	Einheit
431-3	Cr (arc)	Aktionszeit Arcstrom an der Cr-Arc-Kathode Argonfluss zum Startzündung Substratbiasspannung Kammertemperatur	1800 70 70 -100 140	s A sccm V °C
431-4	Cr (sp)	Aktionszeit Leistung der Cr-Sputter-Kathode Sputterfrequenz Substratbiasspannung Kammertemperatur	1800 5 70 -100 140	s kW Hz V °C
431-5	Cr (arc) WC, a-C:H:W	Parameter identisch zu 431-3 und zur Referenzschicht		
431-6	Cr (sp) WC a-C:H:W	Parameter identisch zu 431-4 und zur Referenzschicht		

4.3.2 Schichtdicke

Die Abscheidung dickerer PVD-/PACVD-Schichten erhöht einerseits die Wahrscheinlichkeit von Fehlerwachstum, andererseits können sich die Eigenspannungen und damit das elastische Verhalten der Schicht ändern. Liegen Zugeigenspannungen in einer Beschichtung vor, so kann es zu Rissbildung kommen, bei Druckeigenspannungen lassen sich hingegen eher Beulen in der Schicht beobachten.

Zur Untersuchung des Einflusses der Schichtdicke auf die Schichteigenschaften wird die in Tabelle 5 dargestellte Versuchsreihe mit steigender Abscheidezeit von a-C:H-Schichten auf Siliziumwafern durchgeführt.

Außerdem werden Funktionsschichten mit erhöhten Abscheidezeiten im a-C:H-Schichtsystem auf Stahlsubstraten hergestellt, um den Dickeneffekt am Schichtsystem des realen Anwendungsfalls zu beobachten. Die hierzu vorgesehenen Proben sind in Tabelle 6 aufgelistet.

Tabelle 5: Liste der Proben auf Siliziumwafern zur Untersuchung des Einflusses der Schichtdicke.

	Schicht-aufbau	Veränderte Parameter	Wert	Einheit
432-1	a-C:H	Aktionszeit Plasma-/Substratbiasspannung Argonfluss Acetylenfluss Kammereinstelltemperatur	4290 -550 40 220 80	s V sccm sccm °C
432-2	a-C:H	Aktionszeit	8580	s
432-3	a-C:H	Aktionszeit	10725	s
432-4	a-C:H	Aktionszeit	12870	s

Tabelle 6: Liste der Proben auf Werkzeugstahl zur Untersuchung des Einflusses der Schichtdicke.

	Schicht-aufbau	Veränderte Parameter	Wert	Einheit
432-5	Cr (arc) WC a-C:H:W a-C:H	Aktionszeit (a-C:H) (Sonstige Parameter: siehe Tabelle 1)	4290	s
432-6	Cr (arc) WC a-C:H:W a-C:H	Aktionszeit (a-C:H)	8580	s
431-7	Cr (arc) WC a-C:H:W a-C:H	Aktionszeit (a-C:H)	10725	s

431-8	Cr (arc) WC a-C:H:W a-C:H	Aktionszeit (a-C:H)	12870	s

4.3.3 Acetylen-zu-Argon Verhältnis

Die chemischen Bindungen der Schichten beeinflussen maßgeblich die Reibungszahl unter trockenen tribologischen Einsatzbedingungen, weshalb in dieser Versuchsreihe die chemischen Bindungen der a-C:H-Funktionsschicht variiert werden. Dabei stehen insbesondere zwei konkrete Auswirkungen der chemischen Bindungen auf die Reibung und den Verschleiß im Fokus.

In Streifenziehversuchen wurde bereits gezeigt [Stei], dass der sp^3-Anteil die Reibungszahl gegen metallisches Blech unter trockenen Versuchsbedingungen reduziert, während der sp^2-Anteil die Reibung aufgrund der hohen Adhäsionsneigung zum Blechwerkstoff erhöht. Außerdem führen Wasserstoffatome zur Bildung von leeren Stellen, an welchen sich OH-Gruppen aus der Luft anlagern können. Dies verringert ebenfalls die Reibungszahl [Hetz].

Demzufolge ergibt sich die Zielsetzung, Schichten mit höherem sp^3-Anteil und höherem Wasserstoffanteil zu erzeugen. Dabei werden a-C:H-Schichten unter variierten Acetylen/Argon-Verhältnissen hergestellt und der Einfluss auf die chemische Bindung analysiert. Zur Spannungsbestimmung werden die in Tabelle 7 aufgelisteten Proben verwendet.

Tabelle 7: Liste der Proben auf Siliziumwafern zur Untersuchung des Einflusses der Präkursorenkonzentration.

	Schicht-aufbau	Veränderte Parameter	Wert	Einheit
433-1	a-C:H	Aktionszeit Argonfluss Acetylenfluss Acetylenfluss/Gesamtgasfluss	4290 130 130 ~ 50 %	s sccm sccm
433-2	a-C:H	Aktionszeit Argonfluss Acetylenfluss Acetylenfluss/Gesamtgasfluss	4290 80 180 ~ 70 %	s sccm sccm

433-3	a-C:H	Aktionszeit Argonfluss Acetylenfluss Acetylenfluss/Gesamtgasfluss	4290 40 220 ~ 85 %	s sccm sccm
433-4	a-C:H	Aktionszeit Argonfluss Acetylenfluss Acetylenfluss/Gesamtgasfluss	4290 25 235 ~ 90 %	s sccm sccm
433-5	a-C:H	Aktionszeit Argonfluss Acetylenfluss Acetylenfluss/Gesamtgasfluss	4290 0 260 100 %	s sccm sccm

Die gleichen Funktionsschichten wie in Tabelle 7 werden ebenfalls im kompletten Schichtsystem auf Werkzeugstahl abgeschieden. Ihre Schichteigenschaften bezüglich Schichtdicke, Schichthaftung, Mikrohärte und Rauheit werden anschließend charakterisiert. Eine entsprechende Übersicht der Proben findet sich in Tabelle 8.

Tabelle 8: Liste der Proben auf Werkzeugstahl zur Untersuchung des Einflusses des C_2H_2 zu Ar Verhältnisses.

	Schicht-aufbau	Veränderte Parameter	Wert
433-6	Cr (arc) WC a-C:H:W a-C:H	Acetylenfluss/Argonfluss (Sonstige Parameter: siehe Tabelle 1)	1:1
433-7	Cr (arc) WC a-C:H:W a-C:H	Acetylenfluss/Argonfluss	~2:1
433-8	Cr (arc) WC a-C:H:W a-C:H	Acetylenfluss/Argonfluss	~5:1
433-9	Cr (arc) WC a-C:H:W a-C:H	Acetylenfluss/Argonfluss	~7:1
433-10	Cr (arc) WC a-C:H:W a-C:H	Acetylenfluss/Argonfluss	12:1

4.4 Schichtcharakterisierung

Im Anschluss an die Beschichtung gemäß den im Abschnitt 4.3 dargestellten Versuchsplänen sind die Proben bezüglich ihrer mechanischen, chemischen und tribologischen Eigenschaften zu charakterisieren. Dieser Abschnitt dokumentiert die hierzu eingesetzten Verfahren, Maschinenspezifikationen und Einstellungen sowie einschlägige Normen.

4.4.1 Schichtdicke, Topografie, Schichthaftung und Mikrohärte

Die Schichtdicke, die Topografie, die Schichthaftung und die Mikrohärte stellen die vier wichtigsten Grundmerkmale eines Schichtsystems dar und sind entscheidend, ob ein Schichtsystem in der vorgesehenen tribologischen Anwendung eingesetzt werden darf. Die Methoden zur Messung dieser Kennzahlen basieren auf [VDI2840], welche speziell die Charakterisierung dünner Kohlenstoffschichten behandelt.

Die Bestimmung der Schichtdicke erfolgt je nach Substratwerkstoff mithilfe unterschiedlicher Verfahren. Einlagige Schichten auf Siliziumwafern werden im Querschnitt in ein elektrisch leitfähiges Harz eingebettet, um hohe Bildqualitäten bei REM-Aufnahmen (Rasterelektronenmikroskopie, Cross Beam 1540esb, Firma Zeiss) zu erzielen.

Die Schichtdicke der a-C:H-Funktionsschichten ist gemäß DIN EN ISO 26423 [DIN26423] mit dem kompletten Schichtsystem auf dem Stahlsubstrat mithilfe des Kalotten-Schleifverfahrens mit fünf Wiederholungen zu bestimmen.

Das hierzu eingesetzte Kalottenschleifgerät ist eine nach Spezifikation KGS-2 entwickelte Eigenkonstruktion des Lehrstuhls für Konstruktionstechnik und funktioniert nach dem gleichen Arbeitsprinzip wie die gängigen kommerziellen Kalottenschleifgeräte. Bild 35 stellt das Arbeitsprinzip des Verfahrens dar. Hierbei rotiert eine Stahlkugel mit einem Durchmesser von 30 mm solange auf derselben Stelle der zu untersuchenden Oberfläche, bis eine sichtbare Kugelkalotte bis zum Grundwerkstoff entstanden ist. Dabei kommt eine Diamantsuspension (Struers) mit einer Korngröße von 3 µm zum Schleifen der Kalotten zum Einsatz.

Bei Betrachtung der Kalotte mithilfe eines Lichtmikroskops (Leica DM 4000) zeigen sich die einzelnen Schichtlagen in Form von konzentrischen Ringen. Aus der Messung der Innen- und Außendurchmesser dieser Ringe lässt sich auf die Eindringtiefe der Kugel und auf die Dicken der einzelnen

Schichtlagen schließen. Die Schichtdicke t lässt sich nach Gleichung (18) berechnen.

$$t = \frac{D_{\text{außen}}^2 - d_{\text{innen}}^2}{8R} \qquad (18)$$

Die Rauheiten der Schichten auf dem Stahlsubstrat in ihrem originalen Zustand nach der Abscheidung und für das eventuell notwendige Nachpolieren, insbesondere die Rauheitshügel, werden gemäß EN ISO 4288 [DIN4288] mittels eines tragbaren Tastschnittgerätes (Mitutoyo SJ 240) kontrolliert. Bei jeder Schicht werden somit fünf Wiederholmessungen durchgeführt und die Beschreibung der Rauheit der Schichtoberfläche erfolgt mithilfe der Parameter R_a, R_z, R_{pk} und R_{vk}. Die Rauheiten der Schichten auf dem Siliziumwafer werden kontaktlos über die Profilaufnahme mittels Laserscanningmikroskop normgerecht [DIN4288] bewertet.

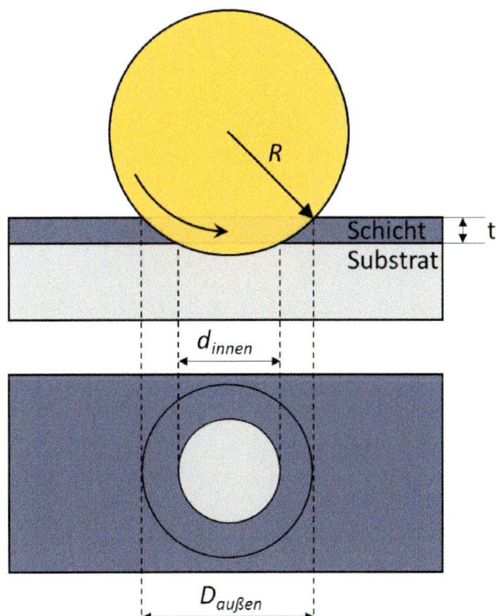

Bild 35: Messprinzip des Kalottenschleifverfahrens in der Schnittdarstellung und in der Draufsicht [Mor].

Die Bewertung der Schichthaftung wird auf Basis des Rockwell-C-Eindruckstests gemäß DIN 4856 [DIN4856] durchgeführt. Für jede Probe sind dabei ebenfalls fünf Wiederholungen vorgesehen. Die erzeugten Eindrücke werden anschließend mithilfe eines Lichtmikroskops (Leica DM

4000) sowie bei Bedarf mithilfe eines Laserscanningmikroskops (Keyence VK-100) beurteilt.

Die zulässige Schichthaftung ist in die Klassen HF 1 bis HF 4 eingeteilt, wobei HF 1 einer sehr guten Schichthaftung ohne Risse oder Abplatzungen am Rand des Eindrucks entspricht und HF 4 eine akzeptable Haftung mit Rissen und wenigen Abplatzungen darstellt. Bei starker Schichtablösung ist eine Schicht als HF 5 oder HF 6 zu bewerten und für die weitere Verwendung nicht zulässig.

Zur feineren Einstufung der Haftungsklasse sowie zur Erkennung der Versagensmechanismen werden zusätzlich Ritztests gemäß DIN EN ISO 20502 [DIN20502] mit jeweils drei Wiederholungen je Probe durchgeführt.

Bei diesem Test wird eine Spur von 10 mm Länge mit linear steigender Druckkraft von 0 bis 100 N in die Oberfläche geritzt. Durch eine Inspektion des Ritzes und die Vermessung bestimmter Versagensformen, wie Rissfortsetzung, Abplatzungen und Auftauchen des Grundwerkstoffs, lässt sich die Haftung zwischen der Schicht und dem Grundwerkstoff quantitativ bewerten und miteinander vergleichen.

Im Rahmen dieser Arbeit erfolgt die Darstellung der mechanischen Eigenschaften der Schichten anhand der Vickershärte HV und des Eindringmoduls E_{IT}. Zur Bestimmung dieser beiden Parameter kommt ein Picodentor (Helmut Fischer HM500) gemäß DIN EN ISO 14577-1 [DIN14577] zum Einsatz. Bei der Härtemessung an dünnen Schichten ist dabei die Bückle-Regel besonders zu beachten. Diese besagt, dass die maximale Eindringtiefe H_{max} während der Messung 1/10 der Schichtdicke nicht überschritten werden darf, da der Messwert andernfalls durch das Substrat verfälscht wird.

DIN EN ISO 14577-1 [DIN14577] sieht außerdem eine maximale Rauheit der Messoberfläche vor, da der Indenter im Extremfall eine Spitze oder ein Tal treffen kann, was eine starke Verfälschung des Messergebnisses zur Folge hätte. DIN EN ISO 14577-1 empfiehlt, dass die Eindringtiefe h mindestens 20-fach des R_a-Werts betragen soll. Vor einer Messung an einer Probe mit zu hoher Rauheit ist die Messfläche solange mechanisch zu behandeln bis die Messbedingung $H \geq 20R_a$ erfüllt wird. Auch bei dieser Methode erfolgt eine fünfmalige Wiederholung der Messung je Probe. Die verwendete Eindringkraft betrug 2 mN bei einer Eindringdauer von 10 Sekunden. Dabei wurde die maximale Eindringtiefe im Hinblick auf die Einhaltung der Bückle-Regel durchgehend kontrolliert.

4.4.2 Chemische Bindungen

Die Charakterisierung der chemischen Bindungen der Schichten erfolgt mithilfe der Raman-Spektroskopie. Bei dieser im Idealfall zerstörungsfreien Prüfungsmethode werden die Proben jeweils mit UV-Licht (Wellenlänge 325 nm) sowie grünem (532 nm) und rotem (633 nm) Laserlicht bestrahlt.

Da sich die metastabilen Strukturen des amorphen Kohlenstoffs durch Laserbestrahlung mit übermäßiger Energiedichte verändern, ist die Wahl der eingehenden Laserleistung und der Objektive, speziell für eine zerstörungsfreie Messung von amorphen Kohlenstoffschichten, sehr wichtig. Aus diesem Grund werden an derselben Stelle mehrere Messungen mit steigender Leistungsdichte durchgeführt, um den Schwellwert und die zugehörigen Einstellungen zu identifizieren.

Bild 36 zeigt die gemessenen Spektren mit verschiedenen Objektiven und Filtern unter Verwendung eines 633 nm Rotlasers an derselben Stelle, wobei die nominelle Eingangsleistung 15 mW bei einem Strahldurchmesser von 1 mm beträgt. Aufgrund des Objektivs trifft davon etwa 50 % auf der Probe auf. Unterschiedliche Objektive beeinflussen diesen Eliminationseffekt nur geringfügig. Bei einem 10x-Objektiv erreicht etwa 57 % der Leistung die Probe, bei einem 100x-Objektiv sind es 49 %. Dennoch besitzen die mit einem 10x-Objektiv erzeugten Spektren im Allgemeinen eine niedrigere Intensität, da die tatsächlich bestrahlte Fläche im Vergleich zu anderen Objektiven größer und die Energiedichte somit geringer ausfällt.

Auch Änderungen der Peakposition und des Peakverhältnisses durch die Verwendung von Filtern zeigen, verglichen mit einem ohne Filter gemessenen Referenzspektrum, keinen merklichen Einfluss.

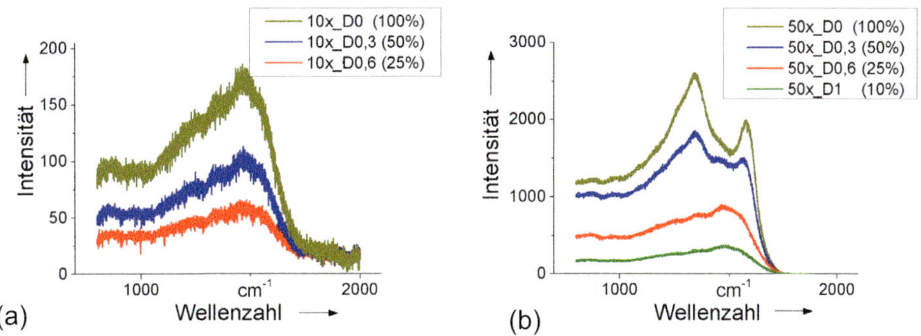

Bild 36: Spektren an derselben Stelle unter Verwendung verschiedener Filter, gemessen mit (a) einem 10x-Objektiv und (b) einem 50x-Objektiv.

Unter Verwendung eines 50x-Objektivs ist der gemessene Bereich deutlich kleiner und die resultierende Energiedichte dementsprechend höher als mit einem 10x-Objektiv. Wie Bild 36 (b) zeigt, ergeben sich deutliche Unterschiede in den mit 100 % und 50 % der Leistung aufgenommenen Spektren. Charakteristisch sind dabei die geänderten Intensitätsverhältnisse: der D-Peak bei etwa 1350 cm^{-1} wird mit steigender Leistung höher und überlappt mit dem G-Peak bei ungefähr 1550 cm^{-1}.

Wenn mit einem D0- oder D0,3-Filter gemessen wird, lässt sich mit einem Lichtmikroskop anschließend jeweils ein graues oder schwarzes Loch erkennen. Ein solches schwarzes Loch könnte auf Werkstoffschmelzen hindeuten, was sich jedoch in diesem Fall nicht bestätigt hat, da die dabei entstehenden Spektren anders aussehen würden. Für diese optischen und spektralen Nachweise wird dennoch festgelegt, dass die Strukturen an dieser Stelle bereits verändert sind. Auch die Messungen mit dem D0,6-Filter bei 25 % Leistung werden verworfen, da es, obwohl keine optisch sichtbaren Löcher auftreten, unklar ist, ob sich die Strukturen bereits geändert haben oder im Inbegriff sind sich zu verändern.

Aufgrund dieser Problematik werden für jede Laserart Vorversuche durchgeführt, um die Eingangsleistung festzustellen. Für Messungen mit 325 nm UV-Bestrahlung und einem 40x-Objektiv wirde eine Eingangsleistung von 0,4 mW ausgewählt. Für 633 nm Rotlaser wird ein 100x-Objektiv und eine Leistung von 0,1 mW verwendet. Die Messungen mit dem Grünlaser werden mit einem 10x-Objektiv und einer Eingangslaserleistung von 7 mW durchgeführt. Auf diese Weise lässt sich sicherstellen, dass sich die Struktur der Proben aufgrund der Raman-Spektroskopie nicht verändert.

Aus den gemessenen Raman-Spektren mittels verschiedener Laserarten lassen sich die relevanten Parameter der charakteristischen D- und G-Peaks mithilfe der Mathematik-Software Origin 9,0 berechnen. Dabei waren für die Annäherung der beiden Peaks zwei Annäherungen durch Gauß-Funktionen vorzunehmen.

Der theoretische sp3 Anteil lässt sich schließlich nach der Methode von CUI [Cui] aus der Verschiebung des G-Peaks bei Messungen mit Lasern mit mindestens zwei verschiedenen Wellenlängen ermitteln.

4.4.3 Intrinsische Spannungen

Die Bestimmung der intrinsischen Spannung erfolgt an Schichten, die direkt auf einem Siliziumwafer abgeschieden werden. Im Rahmen dieser

Arbeit werden Si-Wafer (Siegert Wafer) mit Kante (auch flat genannt) in primärer Richtung ausgewählt. Deren Daten sind in Tabelle 9 zusammengefasst.

Nach der Abscheidung erfolgt die Messung einer Profillinie durch den Mittelpunkt des Wafers mithilfe eines Laserprofilometers (UBM) und eines Multisensor-Koordinatenmessgeräts (Werth VideoCheck UA 400) gemäß der Stoneyschen Methode. Die Krümmungsradien lassen sich dabei durch die Berechnung des kleinsten Radius über dem Mittelpunkt des Wafers bestimmen. Die erhaltene Kurve wird mithilfe einer Polynomregression 9. Grades angepasst.

Nach der Bestimmung der Krümmungsradien werden die Wafer zur Erstellung von Querschnittssaufnahmen gebrochen und präpariert. Der Querschnitt des präparierten Wafers ist danach in ein elektrisch leitfähiges Harz (Technotherm 3000, Firma Kulzer) eingebettet. Die Bestimmung der Schichtdicke sowie der genauen Waferdicke erfolgt durch REM-Aufnahmen.

Tabelle 9: Daten der eingesetzten Si-Wafer

	Symbol	Einheit	Wert
Durchmesser	D	mm	50,8 ± 0,3
Dicke	h	µm	279 ± 25
Kristallorientierung des Si-Wafers			<100>±1°
E-Modul	E_S	GPa	130
Querdehnzahl	ν_S		0,28
Typ und Dopant			n, Phosphor

4.4.4 Verschleißbeständigkeit

Die a-C:H-Schichten werden mit unterschiedlichen Schichtdesigns ein- bis zehnmal zyklisch durch eine Si_3N_4-Kugel auf der gleichen Spur beansprucht, um die Verschleißbeständigkeit durch mehrfache Belastung zu beobachten. Die beschädigten Oberflächen werden anschließend auf Basis von REM-Aufnahmen untersucht, um auch die wirkenden Versagensmechanismen unter Mehrfachbelastung zu identifizieren. Dabei werden keramische Si_3N_4-Kugeln verwendet, weil diese ähnlich hart (HV 0,3 = 1600) sind wie die erzeugten a-C:H-Oberflächen und während der Gleitbewegung lediglich minimalen bis keinen adhäsiven Verschleiß zeigen. Die auf die Schichtfläche ausgeübte Normalkraft von 200 N führt zu einer

Hertzschen Pressung von etwa 4,8 GPa, was die Beanspruchung an einem Umformwerkzeug deutlich übertrifft. Die Versuchsumgebung ist klimatisiert auf eine Temperatur von 23,1 °C und auf eine relative Luftfeuchte bei 42,2 %. Alle Schichtoberflächen werden mittels 1 µm Diamantsuspension behandelt, um einen R_{pk}-Wert kleiner als 0,02 µm zu erreichen. Die hierfür erforderliche Behandlungszeit beträgt 2-5 Minuten, je nach Schichtrezept.

Nachdem die Schichten physikalisch, chemisch und tribologisch charakterisiert und die oben genannten Ergebnisse ausgewertet sind, werden die konkreten Auswirkungen der einzelnen Faktoren im Schichtdesign geklärt. Die Zusammenhänge zwischen den Abscheidebedingungen und den daraus resultierenden Beschichtungsergebnisse sowie ihren Verschleißmechanismen unter trockenem Gleitkontakt werden dargestellt.

5 Auswertungen und Ergebnisse

Dieses Kapitel stellt die Ergebnisse aus der Charakterisierung der hergestellten Proben vor und zeigt die Einflüsse der untersuchten Parameter auf die relevanten Schichteigenschaften auf.

5.1 Rauheit von Schichtoberflächen

Dieser Abschnitt vergleicht auf Basis mikroskopischer Aufnahmen die Topografien der mit variierten Herstellungsparametern erzeugten Schichten. Begonnen wird dabei mit der Gegenüberstellung von Haft- und Zwischenschichtsystemen, die mit zwei unterschiedlichen Abscheideverfahren erzeugt wurden. Bild 37 zeigt hierzu die Oberflächen von Cr-Schichten, die durch Vakuumlichtbogenverdampfen (Arcen) (a) oder Magnetronsputtern (b) erzeugt wurden. Zudem sind a-C:H:W/WC/Cr-Zwischenschichtsysteme zu sehen, die auf Cr-Haftschichten durch Arcen (c) oder Sputtern (d) abgeschieden wurden.

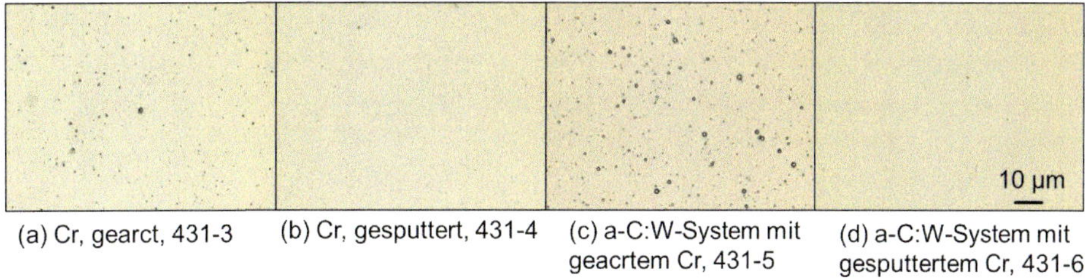

(a) Cr, gearct, 431-3 (b) Cr, gesputtert, 431-4 (c) a-C:W-System mit geacrtem Cr, 431-5 (d) a-C:W-System mit gesputtertem Cr, 431-6

Bild 37: Mit einem Laserscanningmikroskop mit einem 150x-Objektiv aufgenommene Schichtoberflächen: (a) gearcte Cr-Schicht, (b) gesputterte Cr-Schicht, (c) a-C:H:W /WC/Cr Zwischenschichtsystem mit gearcter Cr-Haftschicht, (d) a-C:H:W/WC/Cr Zwischenschichtsystem mit gesputterter Cr Haftschicht.

Aufgrund der unterschiedlichen Arbeitsprinzipien der Abscheideverfahren entstehen trotz des gleichen Targetwerkstoffs Unterschiede in der Beschaffenheit der Oberflächen. Auf der gearcten Cr-Schicht sowie auf den darauf abgeschiedenen Zwischenschichten sind in Bild 37 (a) und (c) deutliche Inhomogenitäten zu sehen. Bild 37 (c) zeigt eine stärker inhomogene Oberfläche als Bild 37 (a), da die Oberfläche aufgrund der mehrlagigen Architektur eine höhere Rauheit aufweist. Im Gegensatz zum Arcen zeigen durch Magnetronsputtern erzeugte Cr-Einzellagen (Bild 37 [b]) und darauf gestapelte Schichtlagen (Bild 37 [d]) deutlich homogenere Topografien. Dies ist auf die einheitlichen und kleinen Sputterteilchen zurückzuführen.

Die diesen Schichten zugehörigen R_a-, R_z- und R_{pk}-Werte sind in Bild 38 gegenübergestellt. Die gearcte Cr-Schicht sowie die Zwischenschichten mit gearctem Cr weisen allgemein höhere Rauheitswerte als die gesputterten Varianten auf. Die gesputterte Cr-Schicht sowie die Zwischenschichten mit gesputtertem Cr verfügen über nahezu die gleiche Oberflächenbeschaffenheit wie der unbeschichtete Grundwerkstoff.

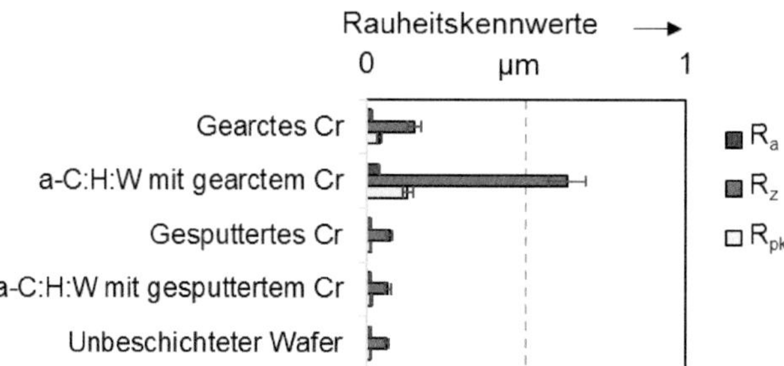

Bild 38: Oberflächenrauheiten der gesputterten oder gearcten Chromschichten sowie der a-C:H:W/WC/Cr-Zwischenschichtsysteme, jeweils mit gearcter oder gesputterter Cr-Haftschicht.

Mit steigender Abscheidezeit entwickeln sich vermehrt Wachstumsfehler, was in Konsequenz zu einer höheren Rauheit der Schicht führt. Bild 39 veranschaulicht diesen Effekt anhand mikroskopischer Aufnahmen von Siliziumwafern, die jeweils mit einer a-C:H-Einzellage bei verschiedenen Abscheidedauern versehen wurden.

Bereits direkt nach der Abscheidung ist auffällig, dass nur die a-C:H-Schichten mit Abscheidezeiten bis 10725 Sekunden eine kontinuierliche und stabile Schichtbildung aufwiesen. Unter kontinuierlicher Schichtbildung ist im Allgemeinen ein ununterbrochenes Schichtwachstum zu verstehen.

Nur unter dieser Voraussetzung ist eine geeignete Präparation des Substrat-Schicht-Systems mit einem beliebigen Bruchteil des beschichteten Si-Wafers möglich. Auf der Probe mit der höchsten Abscheidezeit von 12870 Sekunden sind großflächige Abplatzungen zu sehen, weshalb keine aussagekräftige Charakterisierung dieser Probe durchführbar ist.

Die Schichtdicke auf den Proben verhält sich proportional zur Abscheidezeit, worauf Abschnitt 5.5.2 noch genauer eingeht. Die damit einhergehende Bildung von Schichtfehlern erzeugt Druckspannungen innerhalb der Schicht, welche wiederum zu Abplatzungen führen können. Dies ist auf die notwendige Freisetzung der im Schichtkörper gespeicherten überschüssigen elastischen Energie in Form von Abplatzungen zurückzuführen.

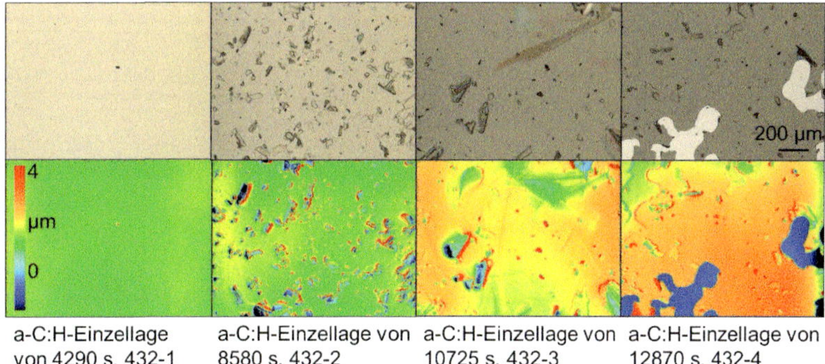

Bild 39: Mit a-C:H-Einzellagen beschichtete Si-Oberflächen bei verschiedenen Abscheidezeiten unter einem Laserscanningmikroskop mit einem 10x-Objektiv.

Weiterhin ist zu erkennen, dass auch das Ausmaß der Abplatzungen mit zunehmender Schichtdicke steigt. Daraus lässt sich die Hypothese ableiten, dass eine Schicht prinzipiell anfangs fehlerfrei wächst und die elastische Energie erst nach Beendigung des Abscheidevorgangs aus dem kristallinen Gitternetz freigesetzt wird. Dies kann entweder, wie an Probe 432-2 zu sehen, mit spotmäßigen und fein verteilten Abplatzungen oder, wie an den Proben 432-3 und 432-4 zu erkennen, mit großflächiger und vereinzelter Delamination geschehen.

Eine mögliche Ursache für die Abplatzungen kann eine ungleichmäßige Verteilung der Atomlagen sein, was zu lokalen Spannungen und zu Atomverdichtungen führt. Die Diffusion von Atomen lässt sich durch höhere Abscheidetemperaturen begünstigen. Dies erzeugt homogene, über die Substratoberfläche verteilte Wachstumsatome und -kolonien. Die Abscheidetemperatur ist jedoch nach oben beschränkt, da die Abscheiderate und die Effizienz mit zunehmender Temperatur sinken, was auf die schwindende Zahl von Adatomen zurückzuführen ist.

Die Acetylenkonzentration beim Beschichten spielt ebenfalls eine Rolle. Bild 40 stellt hierzu fünf mit variierender C_2H_2-Konzentration hergestellte Schichtoberflächen gegenüber. Es ist zu erkennen, dass sich ab einer C_2H_2-Konzentration von 70 % fehlerarme Oberflächen ausbilden. Bei der a-C:H-Schicht mit der niedrigsten C_2H_2-Konzentration (50 %) sind Einschlüsse und optische Verfärbungen sichtbar, was auf eine niedrige Abscheiderate und einen ungleichmäßigen Schichtauftrag schließen lässt.

In diesem Abschnitt wurden mit variierten Beschichtungsbedingungen erzeugte Oberflächen verglichen. Geändert werden das Verfahren zur Abscheidung der Cr-Haftschichten (Arcen oder Magnetronsputtern), die Abscheidezeit und die Konzentration der Abscheidegase für die a-C:H-

Funktionsschichten. Aus den Ergebnissen lässt sich schließen, dass sowohl das Abscheideverfahren der Cr-Haftschicht als auch die Abscheidezeit der a-C:H-Funktionsschicht einen vergleichsweise hohen Einfluss auf die Rauheit und die Fehlerdichte ausüben.

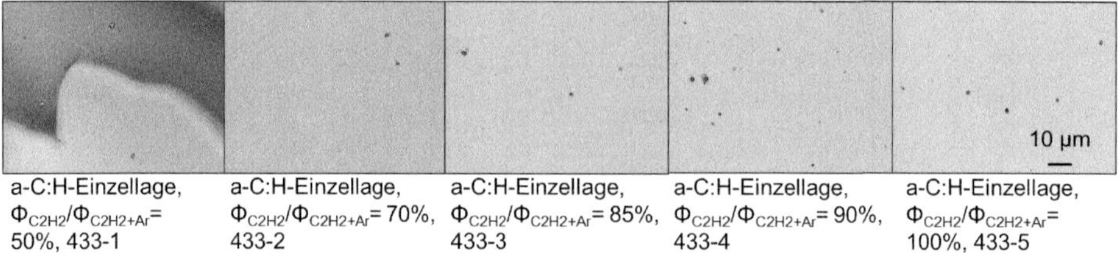

Bild 40: Mit einer a-C:H-Einzellage beschichtete Si-Oberflächen bei variierter Acetylenkonzentration unter dem Laserscanningmikroskop mit einem 150x-Objektiv.

5.2 Schichtdicke auf Stahlsubstrat

Zur Bestimmung der Schichtdicke der a-C:H-Funktionslage kommt das bereits erläuterte Kalottenschleifverfahren zum Einsatz. Die auf diese Weise gemessenen Schichtdicken sind in Abhängigkeit der Abscheidezeit beziehungsweise der Acetylen-Konzentration in Bild 41 zusammengefasst. Es lässt sich erkennen, dass die Schichtdicke bis zur höchsten Abscheidezeit von 30030 Sekunden linear zunimmt. Ob dieser lineare Verlauf auch bei höheren Abscheidezeiten zutrifft, lässt sich anhand der im Rahmen dieser Arbeit durchgeführten Messungen nicht beurteilen.

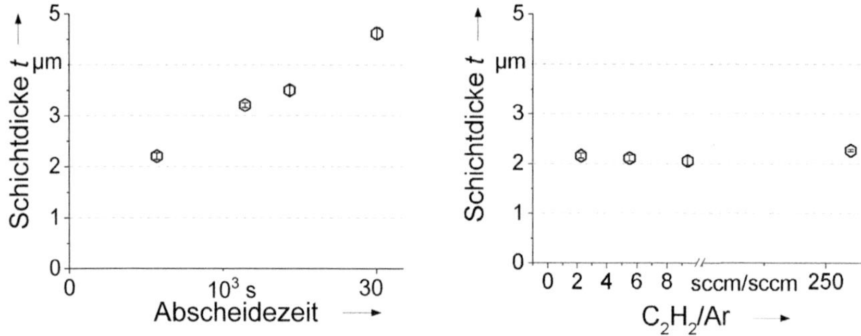

Bild 41: Schichtdicke von a-C:H-Funktionsschichten in Abhängigkeit der Abscheidezeit und dem C_2H_2/Ar-Verhältnis.

Mit steigendem C_2H_2-Ar-Verhältnis ist lediglich ein sehr schwach ausgeprägter Einfluss auf die Schichtdicke zu beobachten. Dies könnte darauf zurückzuführen sein, dass die Anzahl der freien C-H Radikale in der Reaktionskammer nicht proportional mit der steigenden Menge an C_2H_2

zunimmt, da die Bildung von C-H Radikalen die Anwesenheit von Ar^+ voraussetzt. Nimmt die Argonmenge ebenfalls zu, so steigt der Gesamtkammerdruck und damit auch die Abscheiderate [Me16].

5.3 Schichthaftung auf Stahlsubstrat

5.3.1 Rockwell C Eindrucktest

Dieser Abschnitt befasst sich mit der Schichthaftung auf dem Stahlsubstrat in Abhängigkeit der Funktionsschichtdicke, des Abscheideverfahrens der Cr-Haftschicht sowie der Präkursorkonzentration.

Zur Untersuchung mehrlagiger, auf Stahlsubstrat abgeschiedener Schichtsysteme, wie sie in Bild 34 dargestellt sind, eignet sich der Rockwell-C Eindrucktest. Bild 42 zeigt jeweils einen von fünf eingebrachten Eindrücken in zwei verschiedene Schichtsysteme: links mit gearcter Cr-Haftschicht, rechts mit gesputterter Cr-Haftschicht. Die Schichtsysteme verfügten jeweils über die Haftungsklasse HF 3 beziehungsweise HF 5. Das Schichtsystem mit der gesputterten Cr-Haftschicht zeigt zwar die glattere Oberfläche, jedoch auch die schlechtere Schichthaftung. Das Schichtsystem mit der gearcten Cr-Schicht verfügt über eine höhere und zuverlässigere Schichthaftung.

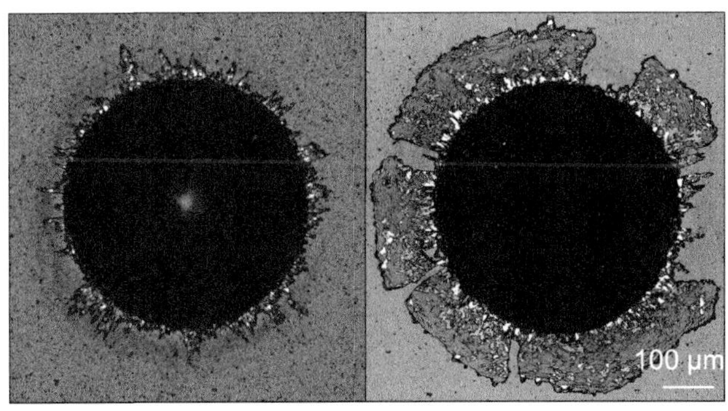

(a) Cr-Haftschicht, gearct (b) Cr-Haftschicht, gesputtert

Bild 42: Rockwell-C-Eindrücke bei a-C:H-Schichtsystemen auf Stahlsubstrat mit (a) gearcten und (b) gesputterten Cr-Haftschichten.

Neben dem Abscheideverfahren beeinflusst auch die Abscheidezeit die Haftung von a-C:H-Funktionsschichten auf dem Stahlsubstrat. Um den reinen Einfluss der Abscheidezeit auf die Haftung zu ermitteln, ist diese folglich getrennt für gearcte und gesputterte Cr-Haftschichten zu untersuchen. Die Ergebnisse hierzu sind in Bild 43 und Bild 44 zu sehen.

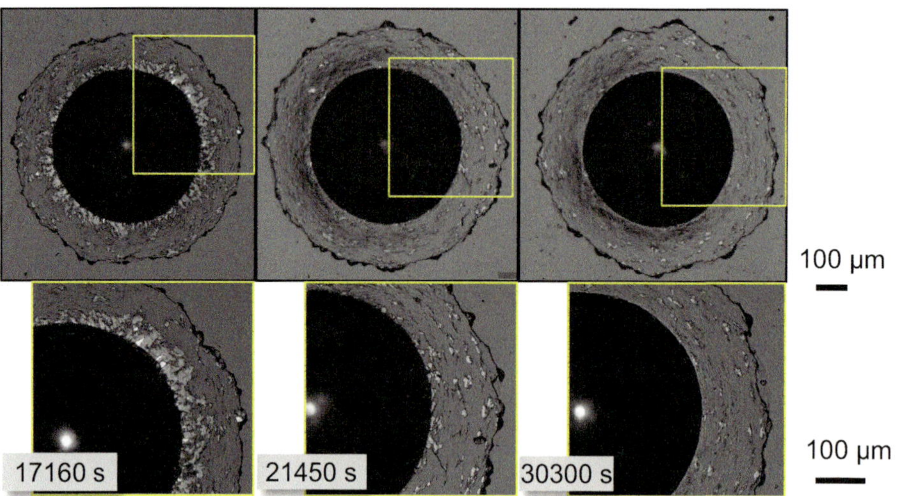

Bild 43: Rockwell-C-Eindrücke bei a-C:H-Schichtsystemen mit gesputterten Cr-Haftschichten und mit steigenden Abscheidezeiten.

Bild 43 zeigt Rockwell-C-Eindrücke der Schichtsysteme mit gesputterten Cr-Haftschichten. Mit der steigenden Abscheidezeit bzw. Dicke der Funktionsschichten zeigen alle Eindrücke großflächige Abplatzungen bei einer Haftungsklasse von HF 6 und geringere Cr/WC-Delaminationsfläche.

Bild 44 vergleicht die Schichtsysteme mit gearcten Cr-Haftschichten. Mit steigender Abscheidezeit sind zunehmend mehr Abplatzungen und Risse am Rand des Eindrucks zu erkennen, was in Konsequenz zu einer Verschlechterung der Haftung führt.

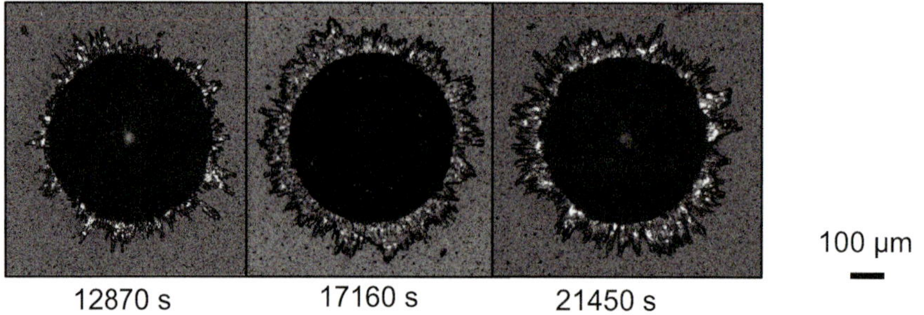

Bild 44: Rockwell-C-Eindrücke bei a-C:H-Schichtsystemen mit gearcten Cr-Haftschichten und mit steigenden Abscheidezeiten.

Bild 45 zeigt einen direkten Vergleich der Versagensformen zwischen den Schichtsystemen mit gearcter beziehungsweise mit gesputterter Cr-Haftschicht. Dabei ist auffällig, dass die Schichtsysteme mit gesputterten Haftschichten eher großflächige Abplatzungen aufwiesen, wohingegen die Schichtsysteme mit gearcten Haftschichten stark zick-zack-förmige Abplatzungen zeigen. Dieses weist auf ein kohärentes Versagen zwischen der Funktionsschicht und der Haftschicht bei den Schichtsystemen mit gesputterter Haftschicht hin. Bei den Schichtsystemen mit gearcter Haftschicht sind die zu sehenden Abplatzungen zwar aufgrund von Risswachstum entstanden, sie setzen sich jedoch nicht in radialer Richtung fort. Der zick-zack-förmige Versagensrand ist auf die hohe Rauheit der Arc-Cr-Schichten zurückzuführen, was zur teilweisen schwachen Anhaftungsstellen in der Form von Wachstumsfehlern resultiert.

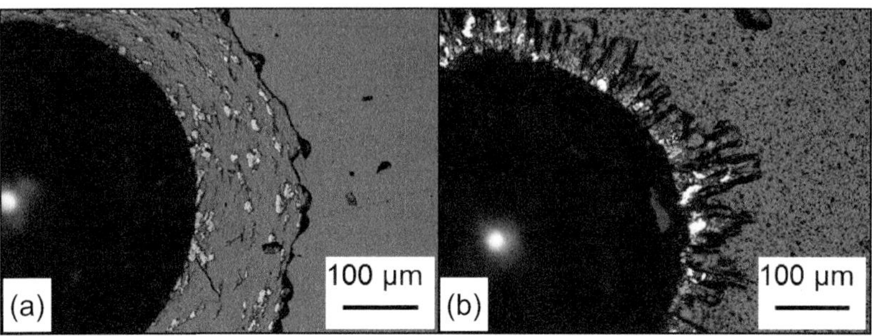

Bild 45: Rockwell-C-Eindrücke bei a-C:H-Schichtsystemen mit (a) gesputterter und (b) gearcter Cr-Haftschicht bei einer Abscheidezeit von 21450 Sekunden.

Bild 46 veranschaulicht den Einfluss der Acetylen-Konzentration auf die Schichthaftung zum Stahlsubstrat. Bei den getesteten Acetylen-Argon-Verhältnissen von 180/80, 220/40 und 235/25 (sccm/sccm) weisen alle drei untersuchten Schichtsysteme eine vergleichsweise schlechte Schichthaftung mit Haftungsklassen von HF 5 bis HF 6 auf. Im Gegensatz dazu zeigt die höchste getestete Acetylen-Konzentration von 260/1 eine bessere Schichthaftung und weniger Abplatzungen am Rand des Eindrucks.

Dies ist möglicherweise darauf zurückzuführen, dass die a-C:H-Funktionsschicht bei hohen Acetylen-Konzentrationen ebenfalls eine hohe Schichtspannung erhält. Da die gesputterte Cr-Schicht eine Zugspannung und die a-C:H-Schicht eine Druckspannung (siehe Abschnitt 5.5.2) besitzen, führt dies zu einer Kompensation der Spannungen im gesamten Schichtsystem.

Ein linearer Zusammenhang zwischen der Acetylen-Konzentration und der Haftung der Schicht lässt im Rahmen dieser Untersuchungen allerdings nicht feststellen.

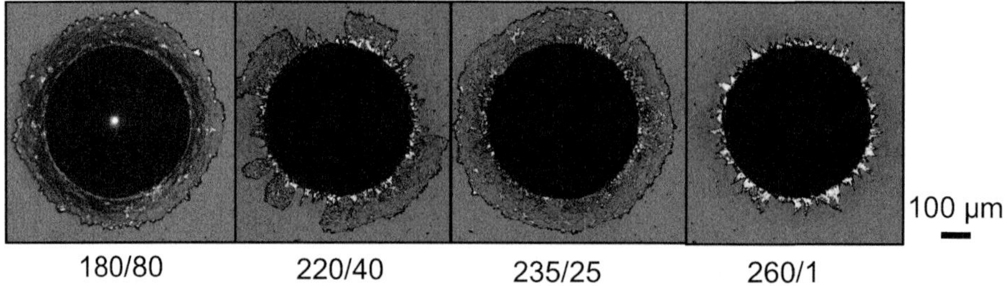

Bild 46: Rockwell-C-Eindrücke bei a-C:H-Schichtsystemen mit gesputterten Cr-Haftschichten und mit einem steigenden Acetylen/Argon-Verhältnis.

5.3.2 Ritztest

Mithilfe des Ritztests ist eine quantitative Bewertung der Schichthaftung zum Grundwerkstoff möglich. Bei jeder Messung wird eine Ritzspur normgerecht unter steigender Beanspruchung von 0 bis 100 N in tangentialer Richtung mittels einer Diamantspitze erzeugt. Mithilfe von Aufnahmen unter dem Lichtmikroskop werden die beiden kritischen Lasten L_{c2} und L_{c3} ermittelt. Der L_{c2}-Wert gibt die Kraft an, die an der Stelle der ersten deutlich erkennbaren Abplatzung am Rand der Ritzspur gewirkt hat. Der L_{c3}-Wert beschreibt die Kraft an der Stelle, wo der Grundwerkstoff erstmals in der Ritzspur erkennbar wird. Dabei ist der Grundwerkstoff an der Stelle des L_{c3}-Werts oftmals noch mit dem Schichtwerkstoff vermischt und erscheint erst mit etwas Versatz klar erkennbar. Die Erfassung des Reibkraft-Weg-Verlaufs ist bei der Bestimmung des L_{c3}-Werts äußerst hilfreich, da sich die Reibungszahl beim Kontakt der Testspitze mit dem Grundwerkstoff sprunghaft ändert.

Ein weiterer Wert, die kritische Last L_{c1}, gibt die Last an, bei der ein erster Riss auftritt. Jedoch ist diese Stelle aufgrund der begrenzten Bildqualität der Aufnahmen am Lichtmikroskop nur schwer erkennbar. Da sich zudem das Risswachstum der abgeschiedenen a-C:H-Funktionsschichten auf Basis der mit dem Rockwell-C-Test bestimmten Haftungsklasse bewerten und vergleichen lässt, wird die kritische Last L_{c1} hier nicht berücksichtigt.

In einem ersten Schritt erfolgt ein Vergleich der Schichthaftung zum Grundwerkstoff in Abhängigkeit des Abscheideprozesses der Haftschicht. Diese wird entweder durch Magnetronsputtern oder durch Vakuumlichtbogenverdampfen auf den Proben appliziert. Bild 47 stellt die kritischen Lasten für diese beiden Schichtsysteme gegenüber.

Das Schichtsystem mit der gearcten Chrom-Haftschicht weist einen etwas niedrigeren L_{c2}-Wert auf als das Schichtsystem mit der gesputterten Chrom-Haftschicht, jedoch liegt der L_{c3}-Wert etwa 30 % höher.

Grundsätzlich besitzen gearcte Schichtoberflächen eine relativ hohe Rauheit aufgrund von sich bildenden Droplets, was in Konsequenz in einem etwas niedrigeren L_{c2}-Wert resultiert, da die oberen Zwischen- und Funktionsschichten nicht homogen aufgetragen werden. Da zudem die Zwischenschicht lediglich eine Schichtdicke von ein paar Hundert Nanometern aufweist, kann es vorkommen, dass diese dünne Zwischenschicht lokal nicht kontinuierlich ist.

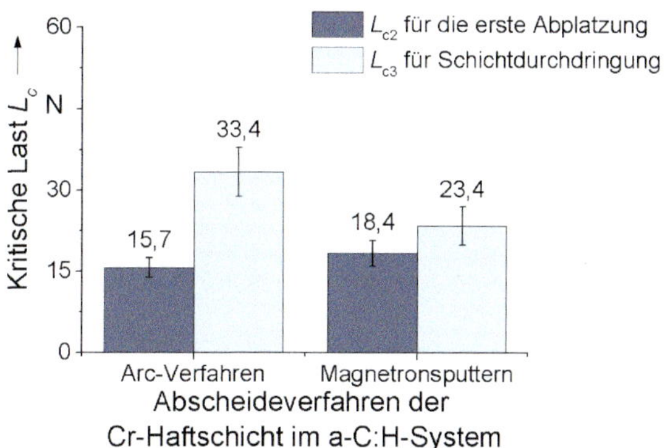

Bild 47: Kritische Lasten L_{c2} und L_{c3} der a-C:H-Schichtsysteme mit durch Magnetronsputtern oder Vakuumlichtbogenverdampfen (Arc-Verfahren) hergestellten Chrom-Haftschichten.

Interessant ist auch der hohe L_{c3}-Wert, der für eine sehr gute Haftung der Chromschicht zum Stahlgrundwerkstoff spricht. Dies ist auf den hohe Ionisationsgrad beim Vakuum Arc-Prozess [Mat14] und die daraus resultierende hohe kinetische Energie der Chromteilchen unter der Anlegung von Substratbiasspannung zurückzuführen. Die während der Schichtabscheidung stattfindende Ionenimplantation führt zu einer weiteren Erhöhung der Haftung zwischen Schicht und Substrat.

Zur Untersuchung, inwieweit die kritischen Lasten L_{c2} und L_{c3} von der Abscheidezeit oder der Konzentration des reaktiven Gases beeinflusst werden, stellt Bild 48 die gemessenen Lasten in Abhängigkeit dieser beiden Einflussgrößen dar. Hierbei handelt es sich um Schichtsysteme mit gesputterten Cr-Haftschichten.

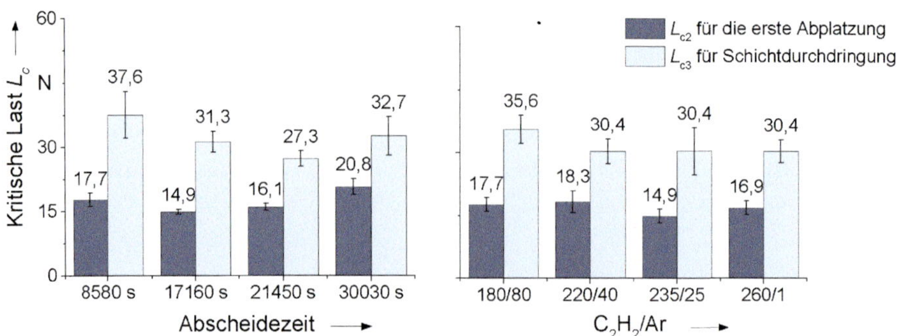

Bild 48: Kritische Lasten L_{c2} und L_{c3} der a-C:H-Schichtsysteme in Abhängigkeit der Abscheidezeit und des C_2H_2/Ar-Verhältnisses mit den gesputterten Cr-Haftschichten.

Auf Basis dieses Diagramms lässt sich keine eindeutige Tendenz, beziehungsweise Korrelation, zwischen der Abscheidezeit und den kritischen Lasten erkennen. Die dickste a-C:H-Schicht mit einer Abscheidezeit von 30030 s verfügt über den höchsten L_{c2}-Wert und einen relativen hohen L_{c3}-Wert. Die Variation von C_2H_2/Ar zeigt keinen wesentlichen Einfluss auf die L_{c2}- und L_{c3}-Werte.

Betrachtet man die kritischen Stellen in den mikroskopischen Aufnahmen in Bild 49, genauer, so lässt sich dennoch ein Unterschied zwischen den dünneren und den dickeren a-C:H-Schichten identifizieren. Bei den dünnen Funktionsschichten tauchen Abplatzungen eher vereinzelt auf, wohingegen sich bei den dicken Schichten ein eher kontinuierliches Schadensbild zeigt. An den Stellen, wo die L_{c3}-Werte auszuwerten sind, ist die gleiche Tendenz erkennbar: die dicke Schicht zeigte höhere Schadensflächen trotz eines ähnlichen L_{c3}-Wertes. Dies bedeutet, dass eine hohe elastische Energie in der dicken Schicht vorhanden sein muss. Diese führt bei Überschreitung einer kritischen Beanspruchung der Schicht zu großflächigen Schäden, auch innerhalb dieser kurzen Belastungszeit.

In der praktischen Anwendung darf beim Applizieren einer dickeren Schicht die kritische Beanspruchung keinesfalls überschritten werden, da es in diesem Fall zu großflächigem Verschleiß und gegebenenfalls zum sofortigen Ausfall des beschichteten Werkzeugs kommen kann. Nachteilig sind auch die dabei erzeugten großen losen Partikel, die zwischen Grund- und Gegenkörpern im tribologischen System „mitgeführt werden" können.

Das C_2H_2/Ar-Verhältnis zeigt auch unter dem Mikroskop keinen ausgeprägten Einfluss auf die kritischen Lasten sowie auf die Schadensbilder und -formen.

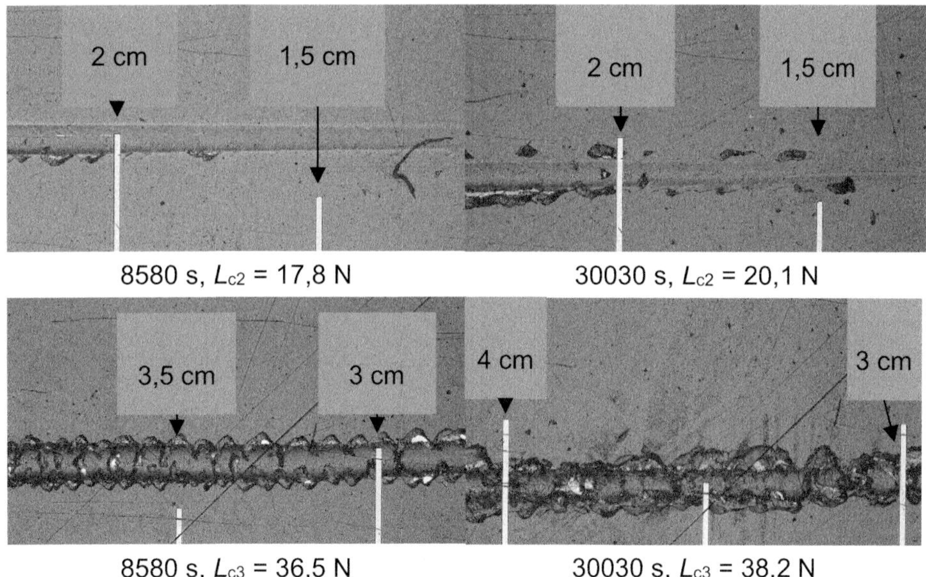

Bild 49: Die kritischen Stellen der Schichten mit Abscheidezeiten zwischen 8580 s und 30030 s. (Einheit der Maßlinien: mm, 1 mm ≙ 10 N).

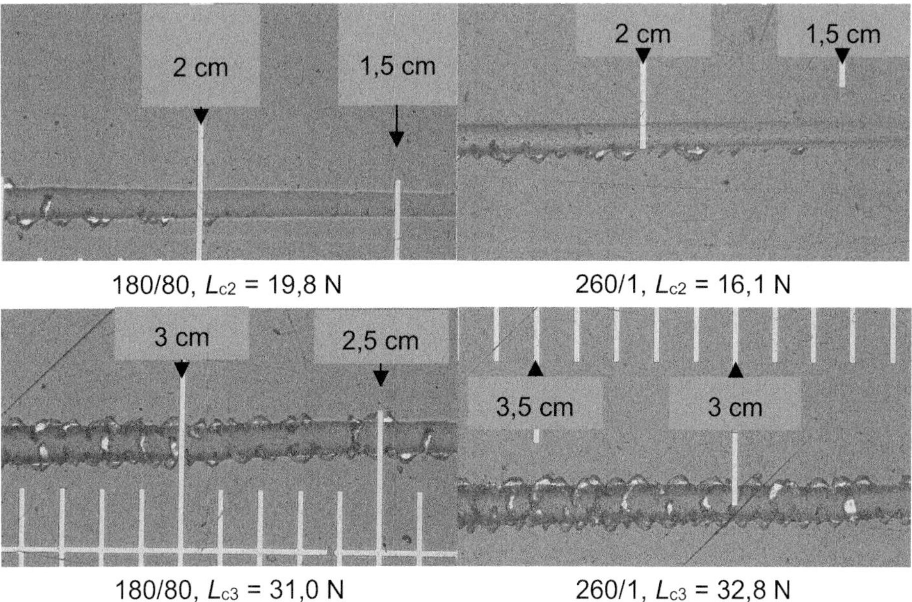

Bild 50: Die kritischen Stellen der bei einem C_2H_2/Ar von 180/80 oder 260/1 abgeschiedenen Schichten (Einheit der Maßlinien: mm, 1 mm ≙ 10 N).

5.4 Mikrohärte und Eindringmodul

Dieser Abschnitt befasst sich mit den mechanischen Eigenschaften der a-C:H Funktionsschichten in Abhängigkeit der Schichtdicke und der Abscheideatmosphäre. Unter Berücksichtigung der Bückle-Regel und der Realisierung einer geringen Standardabweichung sowie einer hohen Reproduzierbarkeit sind alle Schichtsysteme mit gesputterten Chromhaftschichten zu versehen, weil ihre erzeugten Oberflächen gleichmäßig sind. Die anschließend ermittelten Härte- und Eindringmodulwerte sind nachfolgend in Abhängigkeit der variierten Parameter dargestellt.

Wie Bild 51 zeigt, sinkt sowohl die Härte als auch der Eindringmodul mit steigender Abscheidezeit beziehungsweise Schichtdicke, wohingegen die Konzentration des reaktiven Gases lediglich einen geringen Einfluss auf die mechanischen Eigenschaften der erzeugten Funktionsschichten ausübt.

Die Gasmischung zeigt dabei lediglich einen geringen Einfluss auf die resultierenden mechanischen Eigenschaften dieser Schichten. Erst bei einer sehr hohen Konzentration an Acetylen sinken die Härte und der Eindringmodul leicht ab. Wird die vergleichsweise hohe Standardabweichung mitberücksichtigt, so ist dieser Effekt jedoch nicht signifikant.

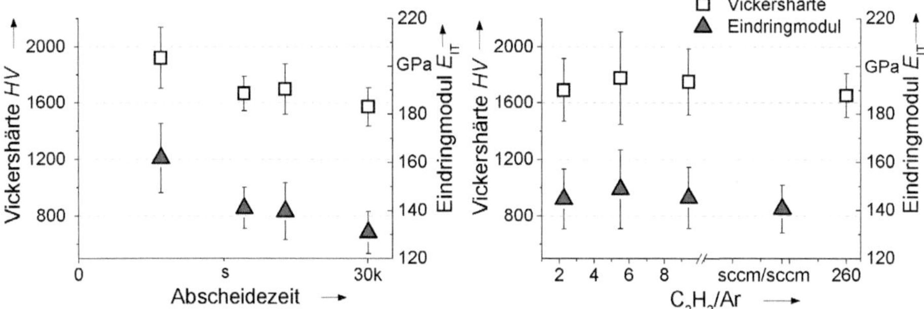

Bild 51: Vickershärte HV und Eindringmodul E_{IT} der a-C:H-Schichten in Abhängigkeit der Abscheidezeit beziehungsweise der Abscheideatmosphäre.

5.5 Intrinsische Spannung

Wie im Abschnitt 4.4.3 erläutert, sind die intrinsischen Spannungen der zu untersuchenden Schichten nach der Stoneyschen Gleichung zu ermitteln [Jans]. Dies erfordert die Abscheidung die einzelnen Schichtlagen auf Siliziumwafern. Die Kontur der beschichteten und dadurch verformten Siliziumwafer lässt sich mithilfe eines Multisensor-Koordinatenmessgeräts erfassen. Die gemessenen Profillinien werden mit Gleichung (19) und n=9 gefittet.

$$z(x) = A + B_1 * x + B_2 * x^2 + B_3 * x^3 + \cdots B_n * x^n \quad (19)$$

Der Biegeradius über den Mittelpunkt der Siliziumkreise ergibt sich aus Gleichung (20).

$$\text{Biegeradius r} = \frac{\left[1 + \left(\frac{dz}{dx}\right)^2\right]^{3/2}}{\left|\frac{d^2z}{dx^2}\right|} \quad (20)$$

Aus der Kombination der Gleichungen (19) und (20) ergibt sich Gleichung (21)

$$\text{Biegeradius r} = \frac{[1 + (B_1 + 2 * B_2 + 3 * B_3 * x \ldots + n * B_n * x^{n-1})^2]^{3/2}}{|6 * B_3 \ldots + n * (n-1) * B_n * x^{n-2}|} \quad (21)$$

Der Verfahrweg der x-Achse lässt sich so einstellen, dass sich der Mittelpunkt der Waferscheibe an der Stelle (0,0) befindet. Dies vereinfacht Gleichung (21) zu Gleichung (22).

$$\text{Biegeradius r} = \frac{[1 + (B_1 + 2 * B_2)^2]^{3/2}}{|6 * B_3|} \quad (22)$$

Die Profillinie eines unbeschichteten Siliziumwafers über den Mittelpunkt der Waferscheibe kann als Gerade angenommen werden. Somit ist der Biegeradius r_u unendlich groß und dessen Kehrwert $1/r_u$ Null.

Die Schichtdicke und die Waferdicke werden mittels REM-Aufnahmen des Querschnitts des Schicht-Wafer-Systems bestimmt. Außerdem sind für die Berechnung noch der Elastizitätsmodul von Silizium (100) von 130,2 GPa und die Querdehnzahl von amorphen Kohlenstoffschichten von 0,2 [Günt] erforderlich. Im Folgenden sind die Ergebnisse zu den jeweiligen Parametern aufgezeigt.

5.5.1 Biegeradien

Die verwendeten Siliziumwafer verfügen an einer Seite der Mantelfläche über eine Abflachung (Fachbegriff: *flat*). Für die Messungen am Multisensor-Koordinatenmessgerät wird eine Messstrecke definiert, welche auf der Kreisfläche, senkrecht zu dieser flachen Kante und durch den Mittelpunkt des Wafers verläuft. Da das Koordinatenmessgerät über eine sehr hohe Auflösung von 1 nm verfügt, ist eine einzige Messung je Wafer ausreichend.

Um diese Messstrecke am Messgerät präzise anfahren zu können, ist zuerst die Einmessung des Siliziumwafers erforderlich. Hierzu werden Koordinaten des Außenkreises und der flachen Kante ermittelt. Wie Bild 52 darstellt, werden für die Bestimmung des Kreises zwölf Punkte rund um die Außenkontur manuell ausgewählt. Die Linie der abgeflachten Kante wird mit fünf Punkten ermittelt. Die Erfassung von weniger Punkten auf dem Kreisumfang ist nicht ausreichend und kann abhängig von der Position der Punkte zu hohen Abweichungen führen. Bei der gewählten Anzahl von zwölf Messpunkten ergeben sich gut reproduzierbare Ergebnisse. Sind die Kreiskontur und die flache Kante bestimmt, so ist auch der Verfahrweg eindeutig festgelegt.

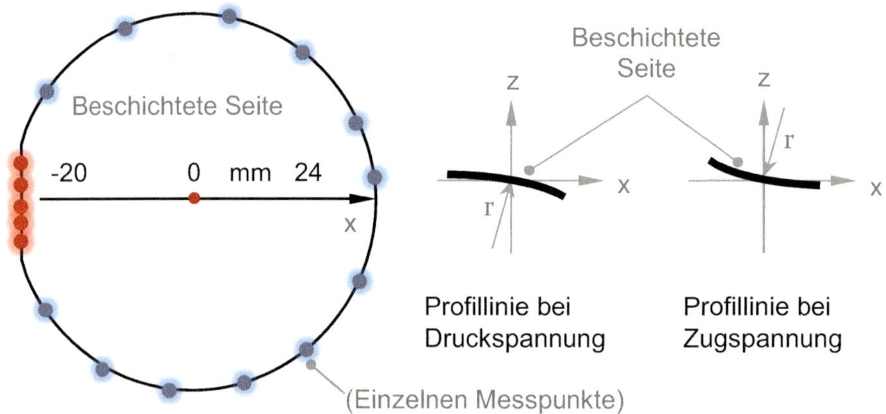

Bild 52: Verfahrweg der Scannadel entlang der x-Achse bei der Konturerfassung und Beispiele für Profillinien bei Druck- und Zugspannungen.

Bei Druckspannungen innerhalb der Schicht ergibt sich eine leicht konvexe Kurve, Zugspannungen führen zu einer konkaven Kurve. Dies ist beispielhaft in Bild 52 dargestellt. Um bei der Messung eventuell vorhandene Unregelmäßigkeiten der Beschichtung im Randbereich des Siliziumwafers außen vorzulassen, fließen lediglich die Messdaten von -20 bis 20 mm in die Auswertung ein.

Auf Basis einer Referenzmessung des Biegeradius eines unbeschichteten Siliziumwafers ergibt sich ein Referenz-Biegeradius von 18,3 Meter. Alle Messwerte an beschichteten Proben, die oberhalb dieses Referenzwertes liegen, werden als „flach“ angesehen und nicht für die Spannungsberechnung herangezogen. Als flach eingestufte Proben deuten darauf hin, dass sich der Wafer durch die Beschichtung kaum verformt hat. In diesem Fall sollte die Schichtprobe dicker abgeschieden werden, ein dünnerer Wafer verwendet werden oder ein Wafer aus einem anderen Werkstoff eingesetzt werden.

Für die Auswertung der Messergebnisse werden die Biegeradien der jeweiligen Schichtlage(n) in Abhängigkeit des zu untersuchenden Parameters gegenübergestellt. Aus den Profilmessdaten ist zu entnommen: der mit dem gearcten Cr beschichtete Siliziumwafer wies eine konvexe Form auf, während ein unbeschichteter Wafer flach ist. So ist eine Druckspannung in der Schicht gegenüber dem Wafer entstanden. Das mit dem gesputterte Cr beschichtete Siliziumwafer zeigte hingegen eine konkave Form auf. Bild 52 hat bereits die entsprechenden Spannungszustände dargestellt. Bild 53 zeigt die Spannungswerte von den gearcten und gesputterten Cr-Schichten auf dem Siliziumwafer. Der gemessene Biegeradius des Schicht-Wafer-Systems beträgt etwa 7 m. Die gesputterte Cr-Schicht führt zu einem ähnlichen Biegeradius von 7,1 m.

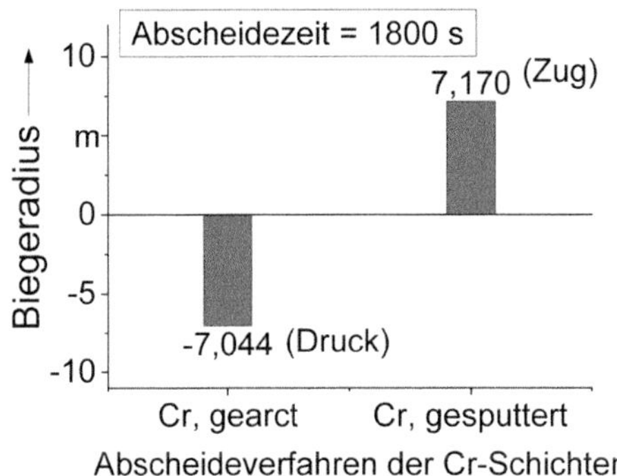

Bild 53: Biegeradien von Cr-Schichten mit verschiedenen Abscheideverfahren.

Zusätzlich erfolgt eine separate Abscheidung von WC- oder a-C:H:W-Schichten, die im gesamten a-C:H-Schichtsystem jeweils als Zwischen- oder Übergangsschichten fungieren. Dies dient zur Untersuchung, ob diese beiden Schichten selbst hohe Eigenspannungen aufweisen und in Konsequenz die Spannungszustände und die Haftung des gesamten a-C:H-Schichtsystems beeinflussen. Auf Basis der Messungen der Biegeradien lässt sich feststellen, dass in beiden Fällen, auch bei verlängerten Abscheidezeiten von 7200 s, Biegeradien größer als 18 m vorliegen, was dem Zustand eines unbeschichteten Wafers entspricht und somit nicht für einen auftretenden Einfluss spricht.

Bild 54 zeigt die gemessenen Biegeradien der a-C:H-Schichten bei variierter Abscheidezeit und Acetylen-Konzentration. Mit zunehmender Abscheidezeit von 4290 s bis 8580 s, beziehungsweise der dadurch wachsenden Schichtdicke, ist ein absinkender Biegeradius von 2,1 m auf 1,4 m zu beobachten. Bei einem weiteren Anstieg der Abscheidezeit auf 10725 s lässt sich ein leichter Anstieg erkennen. Dies ist auf eine teilweise Delamination der dicken a-C:H-Schicht zurückzuführen, was in Bild 39 zu sehen ist. Bei der Abscheidezeit von 12870 s war kein kontinuierlicher Schichtauftrag mehr auf dem Substrat möglich, weshalb dieser Versuch nicht in die Auswertung einfließt.

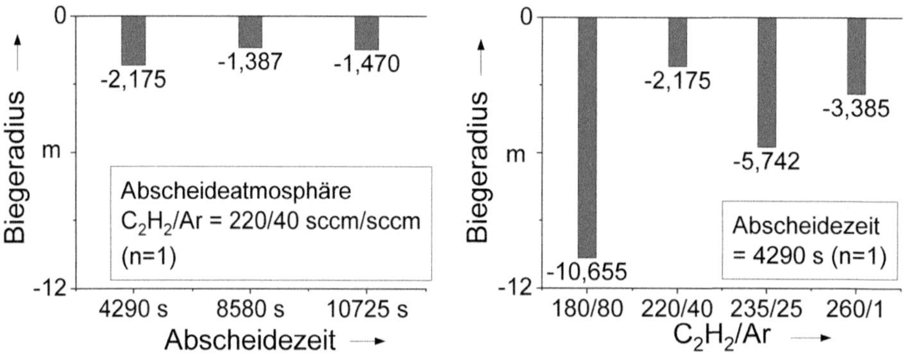

Bild 54: Biegeradien der a-C:H-Schichten von verschiedenen Abscheidezeiten und C_2H_2-Konzentration. Bei allen a-C:H-Schichten handelt es sich um Druckspannungen (hier mit Minus gezeigt).

Bei steigender Acetylen-Konzentration lässt sich eine sinkende Tendenz des Biegeradius mit stärkerer Verformung nach der Beschichtung erkennen. Dabei ist neben dem Einfluss der Gaskonzentration auch die resultierende Dicke der Schichtlage zu berücksichtigen, da eine geringe Schichtdicke bei einer vergleichbaren Schichtart weniger Verformungen aufweist. Diesen Einfluss diskutiert Abschnitt 5.5.2 genauer.

Aus den Messergebnissen der Biegeradien lässt sich schließen, dass der Spannungszustand des a-C:H-Schichtsystems stark von der Cr-Haftschicht und der a-C:H-Funktionsschicht abhängt. Dünne WC-Zwischenschichten und a-C:H:W-Übergangsschichten beeinflussen das gesamte Schichtsystem hinsichtlich der Schichtspannung kaum. Die Applikation einer WC- oder a-C:H:W-Schichtlage ist folglich eher unter dem Aspekt des Werkstoffübergangs zu sehen, da beide Schichtlagen zu einer höheren Schichthaftung führen, die mit einer Schichtarchitektur ohne Zwischen- oder Übergangslagen nicht erreicht wird. Für die Aufbringung einer a-C:H-Funktionsschicht auf Stahlsubstrat mithilfe des CVD-Verfahrens lassen sich diese Zwischen- oder Übergangsschichten ohnehin nicht einsparen.

5.5.2 Schichtdicken und Waferdicken

Für die genaue Berechnung der Spannungen in einem Schichtsystem ist die Kenntnis der Schicht- und Substratdicke erforderlich. Dieser Abschnitt dokumentiert deshalb die angefertigten Querschnitt-Schliffbilder der untersuchten Schicht-Substrat-Systeme und vergleicht die hieraus ermittelten Schicht- und Waferdicken.

Bild 55 zeigt eine REM-Aufnahme eines solchen Querschnitts eines Schichtsystems mit einer gearcten Cr-Haftschicht, einer a-C:H-Funktionsschicht sowie sämtlichen Zwischenschichten. Dieses Schichtsystem mit gearcter Cr-Haftschicht ließ sich erfolgreich auf dem Si-Wafer abscheiden. Das System mit gesputterter Cr-Haftschicht hingegen löste sich bereits kurz nach der Herstellung aufgrund von Pulverbildung wieder vom Substrat, weshalb keine vergleichbare Präparation dieser Probe möglich war.

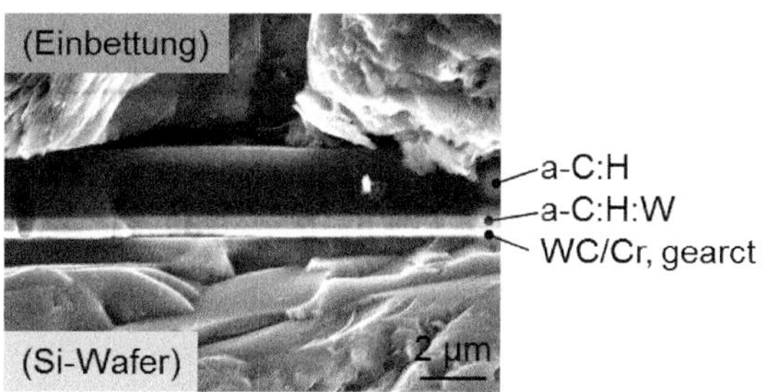

Bild 55: Mikroskopische Aufnahme des Cr,gearct/WC/a-C:H:W/a-C:H-Schichtsystems.

In Bild 56 sind mikroskopische Aufnahmen von Cr-Schichten zu sehen, welche bei einer Abscheidezeit von 1800 s jeweils mittels Vakuumlichtbogenverdampfen (Arcen) oder Magnetronsputtern hergestellt wurden. Es fällt auf, dass die gearcte Cr-Schicht ungleichmäßig auf der Substratoberfläche verteilt ist, wohingegen die gesputterte Cr-Schicht vergleichsweise homogen erscheint. Erwähnenswert ist auch in diesem Fall, dass sich die gesputterte Cr-Schicht durch die Einbettung oder die mechanische Behandlung der Probe teilweise vom Substrat ablöste, wohingegen die gearcte Cr-Schicht deutlich besser auf dem Substrat haften blieb.

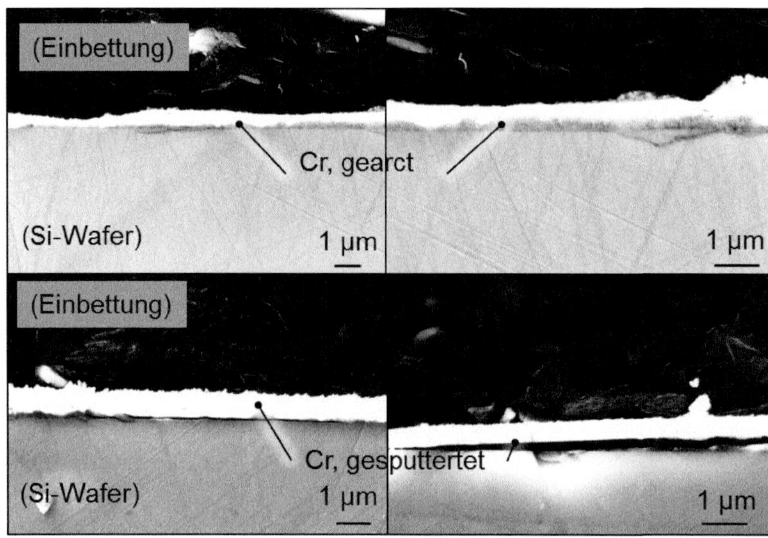

Bild 56: Mikroskopische Aufnahmen von mittels Vakuumlichtbogenverdampfen (Probe 431-1) oder Magnetronsputtern (Probe 431-2) hergestellten Cr-Schichten.

In Bild 57 sind exemplarisch zwei REM-Aufnahmen von mit unterschiedlichen Abscheidezeiten erzeugten a-C:H-Schichten zu sehen. Die weiteren, mit Abscheidezeiten über 10725 Sekunden beschichteten Wafer wurden aufgrund der in Bild 57 bereits dargestellten inhomogenen Oberfläche und der hohen Fehlerdichte nicht präpariert und vermessen.

Bild 57: Mikroskopische Aufnahmen der bei Abscheidezeiten von 4290 Sekunden und 8580 Sekunden abgeschiedenen a-C:H-Schichten.

Die bei variierten Acetylen-Argon-Gasmischungen abgeschiedenen, nach der gleichen Methode präparierten und anschließend gemessenen a-C:H-Schichten, ähneln im Ergebnis den in Bild 57 dargestellten Schichten. Sie unterschieden sich lediglich in den Schichtdicken. Zur Untersuchung der strukturellen Unterschiede erweisen sich REM-Aufnahmen folglich als nicht ausreichend, da sich alle Proben in ihrer elementaren Zusammensetzung stark ähneln.

In Bild 58 und Bild 59 sind die gemessenen Schichtdicken in Abhängigkeit der Waferdicke sowie des Abscheideverfahrens zu sehen. Der dargestellte Wert der Schichtdicke entspricht dabei dem Mittelwert aus mindestens zehn Messungen. Laut Hersteller verfügen die eingesetzten Siliziumwafer über eine durchschnittliche Dicke von 279 µm ± 25 µm. Dennoch wurde die genaue Dicke jedes Wafers kontrolliert. Hierzu wurden mindestens drei Messwiederholungen je Siliziumwafer festgelegt, da diese gleichmäßig und mit eng gefertigter Toleranz geliefert wurden.

In Bild 58, das die Schichtdicken der Cr-Schichten in Abhängigkeit des Abscheideverfahrens gegenüberstellt, lässt sich erkennen, dass die gearcte Cr-Schicht bei gleicher Abscheidezeit eine höhere Abscheiderate aufweist als die gesputterte Cr-Schicht. Wie es schon Bild 56 vermuten lässt, zeigt die ungleichmäßige gearcte Cr-Schicht eine höhere Standardabweichung als die gesputterte Cr-Schicht.

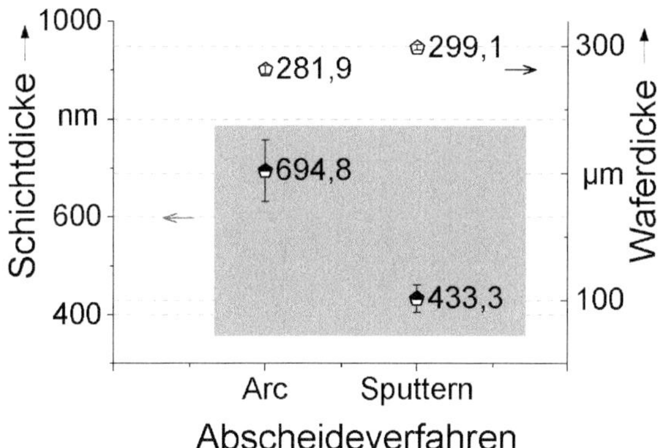

Bild 58: Schichtdicken der Cr-Schichten in Abhängigkeit des Abscheideverfahrens und der gemessenen Waferdicken.

Bild 59 fasst die gemessenen Schichtdicken der abgeschiedenen a-C:H-Schichten für verschiedene Abscheidezeiten (links) sowie Acetylen-Konzentrationen (rechts) zusammen. Hierbei lässt sich im linken Diagramm eine Zunahme der Schichtdicke proportional zur Abscheidezeit erkennen. Die Schichtdicke der a-C:H-Schicht nimmt im rechten Diagramm zuerst mit der C_2H_2-Konzentration von C_2H_2/Ar = 180/80 bis 220/40 sccm/sccm stark zu und danach wieder stark ab. Bei einer nahezu reinen C_2H_2-Atmosphäre ergibt sich eine sehr niedrige Abscheiderate.

Für die Spannungsberechnung ist in die Gleichung nach Stoney die Annahme $1/R_u \approx 0$ einzusetzen, was einem theoretisch unendlich großen Biegeradius R_u des unbeschichteten Wafers entspricht:

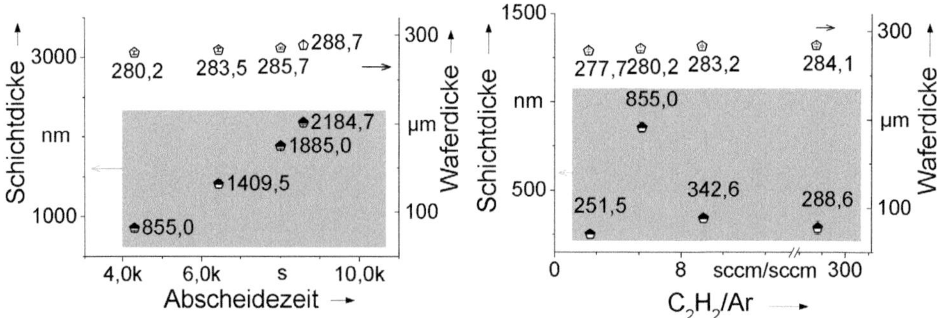

Bild 59: Schichtdicken der a-C:H-Schichten in Abhängigkeit der Abscheidezeit und der Acetylen-Konzentration sowie der gemessenen Waferdicken.

$$\text{Schichtspannung } \sigma = \frac{1}{6} \cdot \frac{1}{R_b} \cdot \frac{E_{Sub}}{(1 - v_{Sub})} \cdot \frac{h^2}{d} \tag{23}$$

Dabei ist für Rb der Biegeradius des beschichteten Wafers (siehe Abschnitt 5.5.1), für E_{Sub} der Elastizitätsmodul des Wafers mit Kristallrichtung <100> von 130,2 GPa, für vSub die Querdehnzahl des Wafers von 0,287, für h die Waferdicke und für d die Schichtdicke (siehe Abschnitt 5.5.2) einzusetzen.

Die Spannungszustände der Cr-Schichten sind in Abhängigkeit des Abscheideverfahrens in Bild 60 dargestellt. Auffällig ist hierbei, dass die Spannungen der mittels Magnetronsputtern generierten Cr-Schicht ein anderes Vorzeichen besitzen als die Spannungen der gearcten Cr-Schicht. Dies ist auf die Unterschiede im Wachstumsvorgang zwischen den beiden Abscheideverfahren zurückzuführen. Dies deckt sich mit den Ergebnissen aus [Yang], welche ebenfalls unterschiedliche bevorzugte Wachstumsrichtungen von kristallinen Strukturen bei mittels Vakuumverdampfen beziehungsweise Magnetronsputtern erzeugten Titanschichten dokumentieren.

Bild 61 zeigt REM-Aufnahmen von einer gesputterten Chromschicht bei einer verlängerten Abscheidezeit von 5 Stunden auf dem Si-Wafer. Durch den dadurch entstehenden dicken Schichtauftrag wird deutlich, dass die gesputterte Chromschicht über stängelförmige Strukturen verfügt. Bei dieser Art von Struktur wächst die Schicht entlang der Dickenrichtung. Dabei bilden sich Hohlräume zwischen einzelnen Stängeln, insbesondere im oberen Schichtbereich. Der untere Schichtbereich erscheint noch weitgehend fehlerfrei. Nach der Schichtabscheidung zieht sich der obere Schichtbereich aufgrund dieser vorhandenen Hohlräume zwischen den

Stängeln zusammen, wodurch die beobachteten Zugspannungen im Schicht-Wafer-System entstehen.

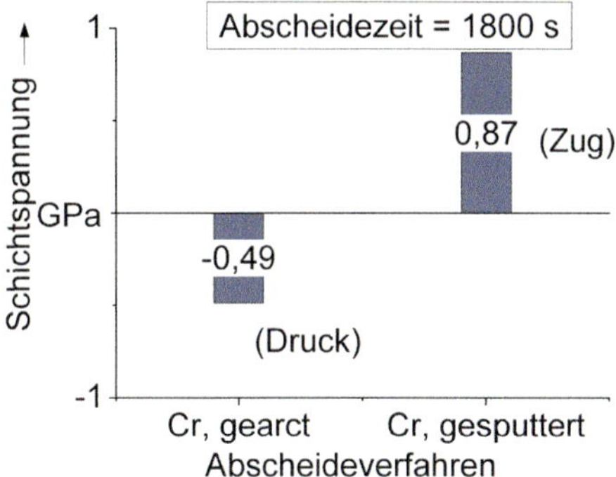

Bild 60: Spannungszustände der Cr-Schichten in Abhängigkeit der Abscheidetechnologie.

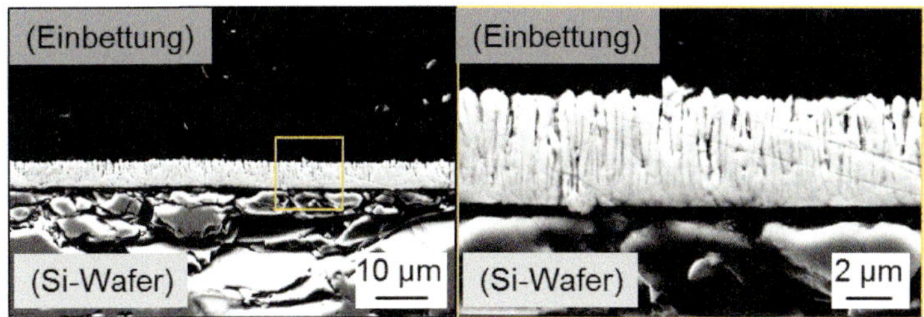

Bild 61: REM-Bilder von gesputterter Cr-Schicht mit verlängerter Abscheidezeit von 5 Stunden.

Bild 62 stellt die Schichtspannungen der a-C:H-Schichten in Abhängigkeit der Abscheidezeit (links) sowie der C_2H_2-Konzentration (rechts) gegenüber. Die Tatsache, dass sich die Spannung mit steigender Abscheidezeit beziehungsweise der damit verbundenen höheren Schichtdicke reduziert, deutet auf eine ungleichmäßige Schichtstruktur in Dickenrichtung hin.

Aufgrund der schlechten Leitfähigkeit amorpher Kohlenstoffschichten verändert sich der Ladungszustand der zu beschichtenden Oberfläche, was dazu führt, dass sich abgeschiedene Atomlagen mit zunehmender Schichtdicke nur noch „lose" miteinander verbinden. Durch die Anlegung von bipolarer Spannung kann die Ladungssituation des Schicht-Substrat-Systems ändern und gewissermaßen „leitfähig" machen. Jedoch es kann zur Änderung des abgeschiedenen Ergebnisses führen, da sowohl positive als auch negative geladenen Teilchen auf dem Substrat kondensiert werden. Ab einer bestimmten Schichtdicke wächst die Funktionsschicht letztlich nicht mehr wesentlich weiter, da Elektronen nur noch schlecht in die Substratoberfläche gelangen können und die Oberfläche somit kaum noch geladen wird.

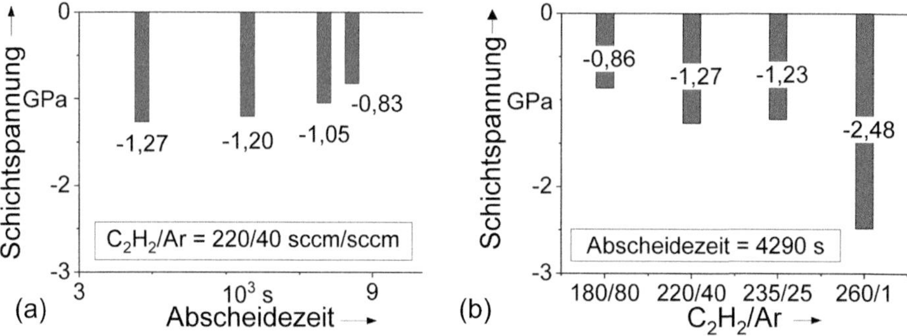

Bild 62: Spannungszustände der a-C:H-Schichten in Abhängigkeit der Abscheidezeit und der C_2H_2-Konzentration.

Eine Erhöhung der Acetylen-Konzentration führt grundsätzlich zu einer Steigerung der Schichtspannung. Bei einer nahezu reinen C_2H_2-Atmosphäre entsteht eine dicht geordnete Schichtstruktur aus C-Atomen, jedoch mit hohen Spannungen. Da sich das Argon aus der Reaktionsgasmischung ebenfalls in der Schicht anreichert [Cons], baut sich bei einer niedrigen C_2H_2-Konzentration von C_2H_2/Ar = 180/80 sccm/sccm hingegen ein spannungsarmes Atomnetzwerk auf. Da die Argonatome über höhere Atomradius und -masse als die Kohlenstoffatome verfügt [Rya], sind die chemischen Bindungen im C-H-Netzwerk teilweise unterbrochen und vor allem bauen Ar- und C-Atome keine chemische Bindung miteinander auf.

Bei mittleren C_2H_2-Konzentrationen lässt sich jedoch keine eindeutige Tendenz erkennen, was vermutlich auf diese wechselwirkende Funktion des Argons zurückzuführen ist. Einerseits begünstigt eine gewisse Menge von Argon die Bildung von C-H-Radikalen und beschleunigt somit das Schichtwachstum. Andererseits lagert sich eine geringe Menge an Argon in der Schicht ab, was zu einer Reduzierung der Schichtspannung beiträgt. Ein optimales Argon-Verhältnis, bei dem die Schicht gut wächst und gleichzeitig über eine niedrige Spannung verfügt, befindet sich somit im mittleren Bereich.

5.6 Raman-Spektroskopie

Die Raman-Spektroskopie ist das Mittel der Wahl für eine schnelle und zerstörungsfreie Analyse der strukturellen Merkmale der verschiedenen amorphen Kohlenstoffschichten. Zwar lässt die Raman-Spektroskopie keine quantitative Bestimmung der sp^2- und sp^3- Anteile zu, jedoch lassen sich Rückschlüsse über die „Unordentlichkeit“ der sp^2-Bindungen und das Vorhandensein des sp^3-Anteils aus den charakteristischen Peaks ziehen. Diese Informationen ergeben sich aus der Position und der Höhe (Intensität) der Peaks sowie aus der Breite bei halber Höhe.

Dabei spielt der für die Raman-Spektroskopie eingesetzte Laser ebenfalls eine wichtige Rolle. Nach [Sais, Wad] erhöht sichtbares Laserlicht die Empfindlichkeit für sp^2-hybridisierte Bindungen um das 50- bis 230-fache, da die Photonen des sichtbaren Laserlichts bevorzugt die Pi-Bindung der sp^2-Hybridorbitale anregen, wohingegen sich mit UV-Laserlicht der sp^3-Anteil über einen T-Peak im Bereich von 1050 cm^{-1} bis 1200 cm^{-1} gut detektieren lässt. In [Gilk2] wird hingegen empfohlen, sowohl die kettenförmigen als auch die ringförmigen sp^2-Bindungen mit einem UV-Laser mit einer Lichtwellenlänge von 244 nm zu ermitteln.

Bild 63 zeigt exemplarisch die mit einem 325 nm Laser gemessenen Raman-Spektren einer tetraedrischen amorphen Kohlenstoffschicht (ta-C) mit hohem sp^3-Anteil sowie einer Referenz a-C:H Schicht.

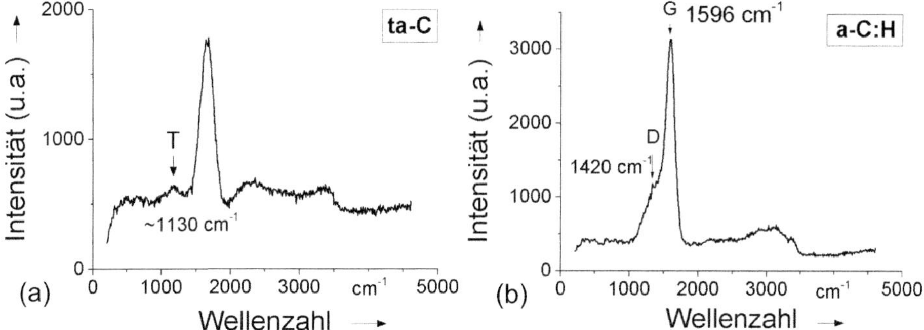

Bild 63: Raman-Spektren von ta-C und a-C:H mittels eines 325 nm UV-Lasers.

Bild 64 veranschaulicht die anzuwendende Methode zur Auswertung der gemessenen Spektren am Beispiel einer a-C:H Probe. Durch die sogenannte Gausssche Peakflächen-Anpassung lassen sich Parameter wie das Flächenverhältnis A_D/A_G des D- und G-Peaks, die Halbwertsbreite $FWHM_G$ sowie die Position Pos_G des G-Peaks berechnen. Die Auswertung dieser drei Parameter liefert Informationen über das sp^2/sp^3-Verhältnis sowie die Korngröße der sp^2-Kristalle. Ein hoher Wert für das Verhältnis A_D/A_G entspricht einer feinen Korngröße L_a der sp^2-Cluster [Fe20] bei einem niedrigen sp^3-Anteil [Tuin]. Eine hohe Position des G-Peaks korreliert mit einem niedrigen sp^3-Anteil.

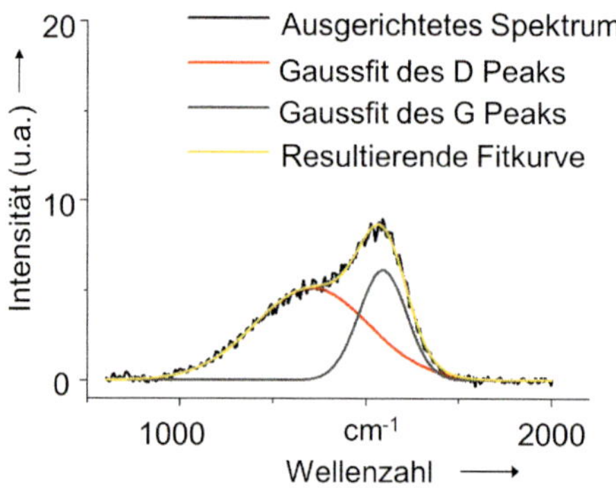

Bild 64: Raman-Spektrum einer a-C:H-Schicht mit Gauss-Anpassung.

Die berechneten Parameter der Raman-Spektren der a-C:H Proben werden nachfolgend in Abhängigkeit der Abscheidezeiten verglichen. Hierzu listet Tabelle 10 diese Parameter sowie die Lichtwellenlängen der eingesetzten Laser auf. Für die Messungen kommen ein UV-Laser (325 nm), ein roter Laser (633 nm) sowie ein grüner Laser (532 nm) zum Einsatz. Die Messungen mit dem grünen Laser wurden jeweils dreimal wiederholt.

Generell lassen sich aus den in Tabelle 9 aufgeführten Raman-Parametern die Rückschlüsse ziehen, dass das Flächenverhältniss A_D/A_G des D- und G-Peaks mit der Erhöhung der Abscheidezeit von 8580 s bis 30030 s steigt, die Peakbreite $FWHM_G$ sinkt und sich die Position des G-Peaks um 10 cm^{-1} nach hinten verschiebt. Bei Verwendung des Grünlasers ist diese Tendenz deutlicher zu erkennen als mit den anderen Lasern.

Tabelle 10: Raman-Parameter in Abhängigkeit der Abscheidezeit.

Laser	**Abscheide-zeit**	A_D/A_G	$FWHM_G$	Pos_G
↓	Sekunde	-	cm^{-1}	cm^{-1}
325 nm (UV) n=1	8580	1,02	139,12	1596,92
	17160	1,00	137,49	1598,53
	21450	1,08	134,31	1598,06
	30030	1,07	133,49	1596,20
532 nm (grün) n=3	8580	2,43(±0,09)	140,75(±0,27)	1551,47(±0,82)
	17160	3,09(±0,36)	126,09(±6,87)	1558,91(±3,86)
	21450	3,77(±0,25)	112,06(±4,41)	1566,15(±2,55)
	30030	3,43(±0,26)	117,64(±5,70)	1561,97(±3,24)

633 nm (rot) n=1	8580	1,28	191,86	1524,89
	17160	1,22	195,83	1525,63
	21450	1,34	189,30	1531,60
	30030	1,33	191,55	1529,08

Demzufolge verfügen dicke a-C:H-Schichten über eine erhöhte Unordentlichkeit des sp^2-Anteils in Form von aromatischen Ringen. Nach Tuinstra und Koenig [Tuin], sind kleinere Korngrößen L_a der sp^2-Cluster bei einem steigenden Intensitätsverhältnis, was im Fall der Gaussschen Peakanpassung äquivalent zum Flächenverhältnis A_D/A_G ist, zu erwarten.

Wie Abschnitt 5.4 zeigt, sinken die Härte und der Eindringmodul mit steigender Abscheidezeit. Die mittels Grünlaser ermittelten Flächenverhältnisse A_D/A_G bestätigen diese Tendenz. Nach [Fe20] besitzen dicke a-C:H-Schichten ein höheres Flächenverhältnis A_D/A_G, was mit einen relativen niedrigen sp^3-Anteil verknüpft wird.

Tabelle 11 fasst die Raman-Parameter in Abhängigkeit des C_2H_2/Ar Verhältnisses zusammen. Hierbei ist jedoch keine ausgeprägte Korrelation zwischen der C_2H_2-Konzentration und den Raman-Parametern festzustellen.

Die Raman-Spektroskopie eignet sich zur schnellen Abklärung der strukturellen Bindungen amorpher Kohlenstoffschichten. Unter Verwendung der Gleichungen (1) und (2) lassen sich dann die sp^3-Anteile der a-C:H-Schichten für die variierten Abscheidezeiten und C_2H_2/Ar-Verhältnisse berechnen. Für die Berechnung von *Disp(G)* kommen dabei die mittels UV- und Grünlaser ermittelten Raman-Parameter zum Einsatz. Tabelle 12 fasst die Berechnungsergebnisse zusammen.

Tabelle 11: Raman-Parameter in Abhängigkeit der Gaskonzentration.

Laser	**C_2H_2/Ar**	**A_D/A_G**	**$FWHM_G$**	**Pos_G**
↓	sccm/sccm	-	cm^{-1}	cm^{-1}
325 nm (UV) n=1	180/80	1,15	134,15	1594,49
	220/40	1,10	134,56	1589,91
	235/25	1,09	135,24	1597,97
	260/1	1,10	135,46	1599,36
532 nm	180/80	2,31(±0,03)	144,37(±0,64)	1549,42(±0,32)
	220/40	2,43(±0,09)	140,75(±0,27)	1551,47(±0,82)

(grün) n=3	235/25	2,35(±0,05)	141,64(±1,91)	1551,06(±0,36)
	260/1	2,53(±0,13)	137,96(±3,44)	1552,75(±1,65)
633 nm (rot) n=1	180/80	1,59	184,96	1534,32
	220/40	1,41	191,70	1532,75
	235/25	1,48	188,51	1531,26
	260/1	1,52	187,92	1534,31

Die auf diese Weise ermittelten sp^3-Anteile der a-C:H-Schichten liegen im Bereich von 32 % bis 50 %. Auch unter Berücksichtigung des Standardfehlers von 6 % lässt sich eine Reduzierung des sp^3-Anteils mit steigender Abscheidezeit beobachten. Die Variation der Gaskonzentration führt hingegen nicht zu einer wesentlichen Veränderung des sp^3-Anteils.

Tabelle 12: Berechnete sp^3-Anteile der a-C:H-Schichten bei variierten Abscheidezeiten und Acetylen-Konzentrationen nach CUI [Cui].

C_2H_2/Ar	sp^3 Anteil	Abscheidezeit	sp^3 Anteil
sccm/sccm	% ± 6%	Sekunde	% ± 6%
180/80	47%	8580	48%
220/40	39%	17160	41%
235/25	50%	21450	32%
260/1	49%	30030	34%

Aus den aufgezeigten Ergebnissen lässt sich eine ausgeprägte Korrelation zwischen der Abscheidezeit und der resultierenden Schichtstruktur ableiten. Hieraus ist zu schlussfolgern, dass die dickere Schicht selbst unter ansonsten gleichen Abscheidebedingungen über andere Strukturen verfügt als eine dünnere Schicht.

In [Zem] wird der strukturelle Unterschied der wasserstofffreien amorphen Kohlenstoffschichten (a-C) in der Abhängikgeit von Dicke untersucht und festgestellt, dass der sp^2-Anteil sich eher im oberflächnahen Bereich der Schicht befindet, wohingegen der sp^3-Anteil eher im unteren Bereich der Schicht liegt. Dies erklärt, warum amorphe Kohlenstoffschicht ungleichmäßig in Dickenrichtung wächst und sich strukturell von substratnahen bis schichtoberflächenahen Bereichen verändert. Dies stimmen mit den Ergebnissen in Tabelle 12 überein: mit steigender Schichtdicke sinken die durch Ramanspektroskopie gemessenen und gerechneten sp^3-Anteile, weil der sp^3-Anteil sich eher am substratnahen Bereich befindet.

5.7 Verschleißbeständigkeit

Dieser Abschnitt vergleicht die Verschleißbeständigkeit von a-C:H-Schichten in Abhängigkeit der Abscheidebedingungen. Zur Untersuchung der Versagensformen und der Verschleißbeständigkeit wird eine Keramikkugel unterschiedlich oft über die gleiche Stelle gerieben. Bild 65 stellt die auf diese Weise entstandenen Reibspuren für verschiedene C_2H_2/Ar-Verhältnisse dar. Hierbei fällt auf, dass die Schicht mit einem C_2H_2/Ar-Verhältnis von 180/80 sccm/sccm die niedrigste Verschleißbeständigkeit besitzt und die Oberfläche bereits nach einmaligem Reiben gegen die Keramikkugel Schädigungen aufweist. An den restlichen Proben treten hingegen kaum Beschädigungen der Oberflächen auf. Die mit einem C_2H_2/Ar-Verhältnis von 235/25 sccm/sccm abgeschiedene Schichtvariante weist in dieser Gegenüberstellung die höchste Verschleißbeständigkeit auf.

Bild 66 stellt die mit verschiedenen Abscheidezeiten erzeugten Verschleißspuren dar. Es zeigt sich, dass dicke a-C:H-Schichten allgemein eine schlechtere Verschleißbeständigkeit aufweisen. Nach dreimaliger beziehungsweise fünfmaliger Beanspruchung der bei Abscheidezeiten von 21450 s und 30030 s abgeschiedenen Proben tritt bereits deutliches Schichtversagen auf, weshalb auf die Tests mit höheren Lastzyklen verzichtet wurde.

Die mittlere dicke Variante, die mit der Abscheidezeit von 17160 s abgeschieden ist, zeigt die höchste Beständigkeit gegen eine derartige Gleitbeanspruchung auf. Selbst nach zehnfacher Beanspruchung derselben Stelle sind kaum Beschädigungen sichtbar.

Für die unter dem Lichtmikroskop sichtbaren Verschleißspuren erfolgen weitere Untersuchungen am Rasterelektronenmikroskop, um die wesentlichen Verschleißmechanismen zu identifizieren. Bild 67 stellt nach mehrmaliger Beanspruchung erzeugte REM-Aufnahmen dar, da die Verschleißspuren bei geringerer Zyklenzahl teilweise kaum zu erkennen sind.

Bild 67 (a) identifiziert das Risswachstum als den initialen Verschleißmechanismus. Diese Rissbildung führt in Konsequenz zu schuppenförmigen Defekten, wie sie in Bild 67 (b) zu sehen sind. Diese Defekte entstehen durch die Ablösung des Schichtmaterials zwischen zwei Rissen vom Substrat oder von den unteren Schichtenlagen. Wie Bild 67 (c) verdeutlicht, lagern sich im weiteren Verlauf in diesen Defekten lose Verschleißpartikel des Gegenkörpers ab. Eine weitere Abtragung des Schichtmaterials führt nur zur Bildung von Riefen, wie in Bild 67 (d) zu sehen. Im schlimmsten

Fall resultiert dies in einer großflächigen (siehe Bild 67 [e]) oder sogar kompletten Schichtabplatzung.

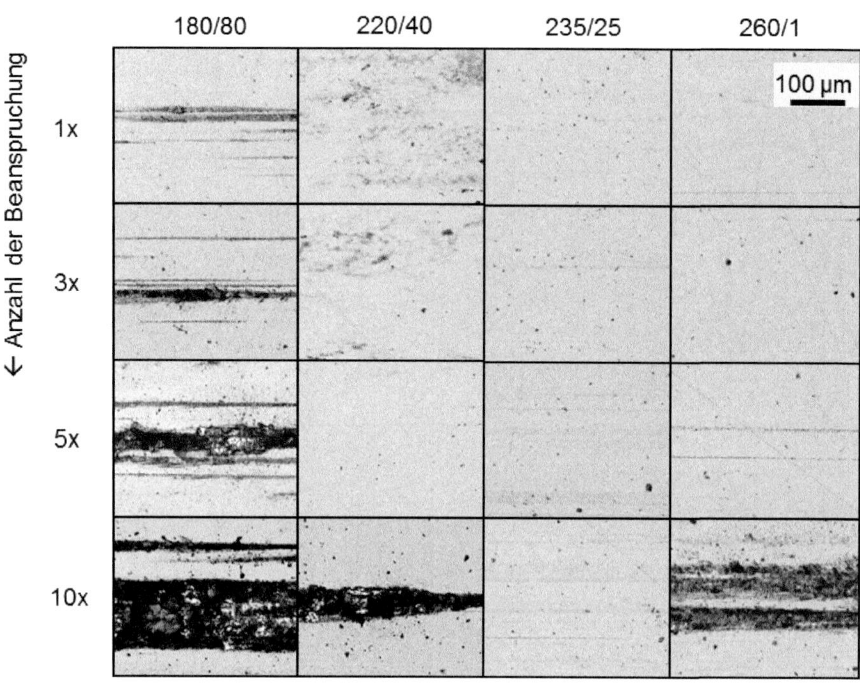

Bild 65: Mikroskopische Aufnahmen von Reibspuren auf a-C:H-Oberflächen bei ein- bis mehrmaliger Beanspruchung mit einer Si_3N_4-Kugel (Ø4 mm) bei 200 N Last und unterschiedlichen C_2H_2/Ar-Verhältnissen.

Da also das Versagen von a-C:H Schichten durch Rissbildung initiiert wird, lässt sich das Fazit ziehen, dass es zur Verlängerung der Lebensdauer einer a-C:H-Schicht sinnvoll ist, das Risswachstum zu verzögern oder gänzlich zu vermeiden.

Damit wird der kritische Spannungsintensitätsfaktor, beziehungsweise die Risszähigkeit K_{IC} [Rös] zum maßgeblichen Werkstoffparameter. Dieser beschreibt den Widerstand gegen ein kontinuierliches Risswachstum und liegt für a-C:H in der Regel im Bereich von 1 - 2 MPa$\sqrt{m}$. Der genaue Wert ist abhängig von den getroffenen Modellannahmen, den gewählten Auswertungsansätzen und den berücksichtigten Schichteigenspannungen [Scha]. Siliziumkarbid besitzt beispielsweise einen K_{IC}-Wert von 3 - 5 MPa$\sqrt{m}$, bei Metallen liegt der Wert sogar noch höher.

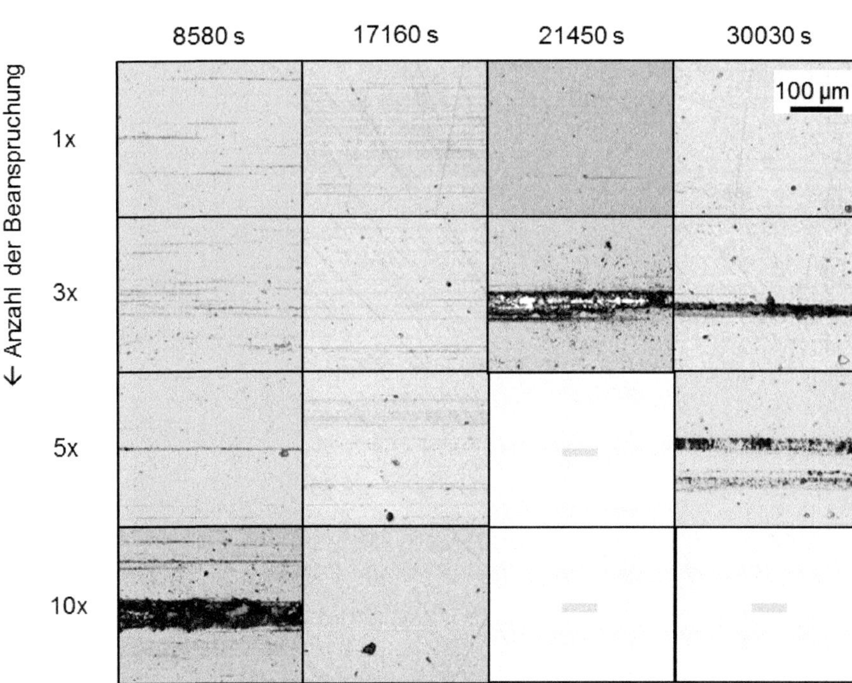

Bild 66: Mikroskopische Aufnahmen von Reibspuren auf a-C:H-Oberflächen bei einmaliger oder mehrmaliger Beanspruchung mit einer Si_3N_4-Kugel (Ø4 mm) bei 200 N Last und unterschiedlichen Abscheidezeiten.

Auf Basis dieser Untersuchungen zur Verschleißbeständigkeit der verschiedenen a-C:H-Schichtoberflächen ist das Fazit zu ziehen, dass das mittlere C_2H_2/Ar-Verhältnis von 235/25 mit einer Abscheidezeit von 17160 Sekunden bei einem a-C:H-Schichtsystem mit einer gearcten Chromschicht die höchste Verschleißbeständigkeit aufweist. Jedoch besitzt die erzeugte Schichtoberfläche aufgrund von Dropletbildung eine ungleichmäßige Struktur und eine hohe Anzahl an Defekten. Ein Nachpolieren der Oberfläche ist somit in diesem Fall unverzichtbar.

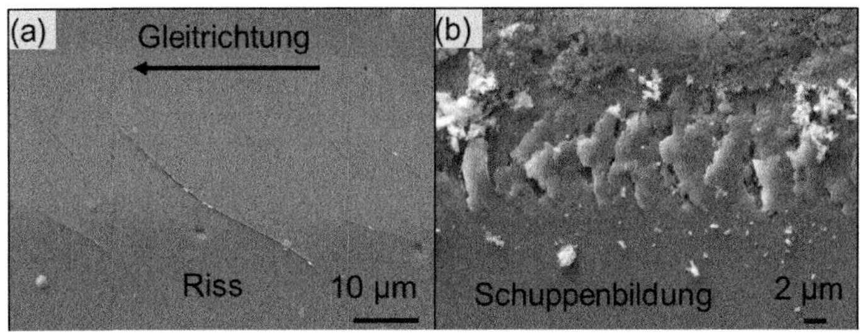

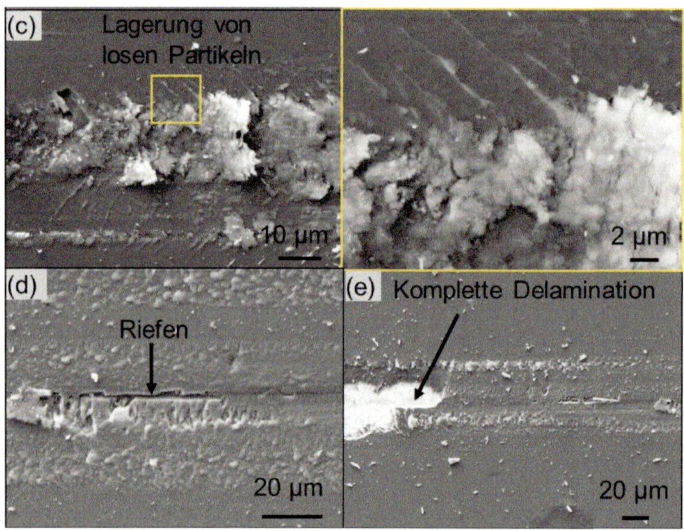

Bild 67: REM-Untersuchungen zum Verschleißmechanismus von mit Keramikkugeln beanspruchten a-C:H-Schichten mit unterschiedlichen Abscheidezeiten t und Zyklenzahlen n: (a) Risse (t = 8580 s, n = 10), (b) Schuppenbildung (t = 30030 s, n = 5), (c) Ablagerung von losen Si_3N_4-Partikeln (t = 8580 s, n = 10), (d) Riefenbildung (t = 21450 s, n = 3), (e) großflächige Schichtdelamination (t = 21450 s, n = 3).

6 Zusammenfassung und Ausblick

Hintergrund dieser Arbeit war zum einen die Notwendigkeit aufgrund der begrenzter Ressourcen, ein schmierstofffreier Tiefziehprozess zu realisieren, zum anderen aber auch die Qualitätssicherung des auf der Werkzeugoberfläche aufgebrachten Schichtsystems, welches zu einem stabilen und effizienten Einsatzverhalten beiträgt. Die Arbeit untersucht a-C:H-Schichtsysteme mit verschiedenen Designs, beziehungsweise Abscheideparametern hinsichtlich ihrer Schichteigenschaften und ihrer Verschleißbeständigkeit. Dabei wird in dieser Arbeit das Ziel gesetzt, die Verschleißbeständigkeit unter trockenen Gleitbedingungen zu erhöhen und damit die Lebensdauer für den Anwendungsfall eines trockenen Tiefziehprozesses zu verlängern.

Dass a-C:H Schichtsysteme die hierzu erforderlichen niedrigen trockenen Reibungszahlen gegenüber Aluminiumlegierungen und Stahlblechwerkstoffen von 0,13 besitzen, wurde bereits in [Hen] anhand von zahlreichen Streifenziehversuchen gezeigt.

Um nun auch die Verschleißbeständigkeit dieser Schichtsysteme zu optimieren, verfolgt diese Arbeit zwei definierte Teilziele: Das erste Teilziel ist die Erhöhung der Schichtqualität durch eine Reduzierung der Oberflächenrauheit und eine Verbesserung der Schichthaftung auf dem Substrat. Damit verbessert sich die Gebrauchsdauer von Werkzeugen oder anderen Wirkoberflächen in trockenen tribologischen Gleitkontakten. Das zweite Teilziel ist die Identifikation der Versagensmechanismen und der Lebensdauer durch eine geeignete Modifikation der a-C:H Funktionsschichten.

Für das Erreichen des ersten Ziels wurde die Abscheidetechnologie der Chromhaftschicht verändert, da die übliche Herstellung der Chromhaftschicht durch Vakuumlichtbogenverdampfen zahlreiche Droplets und damit raue Oberflächen erzeugt. Durch Magnetronsputtern lässt sich eine glattere Oberfläche erzeugen und damit der Widerstand bei trockener Gleitbewegung erheblich reduzieren.

Ein a-C:H-Schichtsystem mit gesputterter Chromhaftschicht verfügt zwar über eine glatte und homogene Oberfläche, jedoch ergibt sich im Gegenzug eine nicht ausreichende Haftung der a-C:H-Funktionsschicht auf dem Stahlsubstrat. Dies ist auf die Bildung kolumnarer Strukturen zurückzuführen, was ein allgemein bei gesputterten Schichten vorkommendes Phänomen ist. Die im Rahmen dieser Arbeit auf Siliziumwafer gesputterten Cr-Schichten verfügen über Zugspannungen, wohingegen die erzeugten a-C:H-Schichten Druckeigenspannungen aufweisen. Anhand von REM-Aufnahmen von außerordentlich dicken Chromschichten zeigt die vorliegende Arbeit auf, dass dicke gesputterte Chromschichten mehr Defekte in Form von Hohlräumen in Dickenrichtung aufweisen als gearcte Chromschichten.

In der Anwendung zeigt das a-C:H-Schichtsystem mit gearcter Chromhaftschicht eine hohe Haftung auf dem Stahlsubstrat. Jedoch muss die im Beschichtungsprozess entstandene raue Oberfläche vor dem Einsatz durch mechanisches Polieren behandelt werden, was in der Industrie bereits ein gängiger Arbeitsschritt ist.

Obwohl die Dicke der Funktionsschicht kaum zu einer niedrigeren Reibung beiträgt und nur bedingt die Verschleißbeständigkeit verbessert, ist die technische Herstellbarkeit dickerer a-C:H-Funktionslagen in der Industrie von großem Interesse. Dicke Funktionsschichten sind beispielsweise erwünscht, wenn abrasiver Verschleiß als Versagensmechanismus erwartet wird. Aufgrund der vorhandenen Druckeigenspannungen in der a-C:H-Lage besitzen diese Schichten jedoch eine kritische Schichtdicke. Überschreitet die Schichtdicke diesen Wert, wird die in der Schicht gespeicherte Energie in Form von Rissausbreitung freigesetzt.

Im zweiten Teil dieser Arbeit erfolgt eine Modifikation der a-C:H-Lage durch die Erhöhung der Abscheidezeit und die Variierung der Reaktionsgasatmosphäre. Mit zunehmender Abscheidezeit und der damit steigenden Schichtdicke nehmen die Schichthärte und der Eindringmodul ab. Es stellt sich heraus, dass die Schichthaftung mit steigender Abscheidezeit schlechter wird, was sich durch größer werdende Abplatzungen im Rockwell-C-Eindrucktest zeigt. Die Schichthaftung ist dabei stark vom Produktionsverfahren der Chromhaftschicht abhängig.

Anhand von Ritztests stellt die vorliegende Arbeit eine sinkende Tendenz von L_{c3} mit steigender Abscheidezeit heraus. Anhand von Raman-Untersuchungen der a-C:H-Schichten lässt sich auch Änderung der Schichtstrukturen mit steigender Schichtdicke feststellen. Dickere Schichtsysteme verfügen in der Regel über einen geringeren sp^3-Anteil und eine höhere Korngröße der sp^2-Cluster. Dies erklärt die sinkende Härte und den niedrigeren Eindringmodul.

Die Variierung der Gasatmosphäre anhand des C_2H_2/Ar-Verhältnisses wirkt sich ebenfalls auf die Schichthaftung aus. Die mit C_2H_2/Ar = 260/1 sccm/sccm hergestellte Schichtvariante erreicht beim Rockwell C-Eindruckstest im Vergleich die höchste Haftungsklasse. Die Schichtvariante mit C_2H_2/Ar = 180/80 sccm/sccm verfügt über einen besonders hohen L_{c3}-Wert. Eine weitere Erhöhung des Argon-Anteils verändert die L_{c3}- und L_{c2}-Werte jedoch kaum noch.

Mit steigendem C_2H_2/Ar-Verhältnis nimmt auch die Schichtspannung zu. Die mechanischen Eigenschaften der a-C:H-Schichten sind jedoch nur in geringem Maße durch die Variation der Gasatmosphäre beeinflusst. Die Schichtvariante bei C_2H_2/Ar = 220/40 sccm/sccm erreicht eine etwas höhere Härte und einen leicht höheren Eindringmodul. Unter Berücksichtigung der hohen Standardabweichung lässt sich dieser Einfluss jedoch nicht eindeutig statistisch belegen. Auch auf die Raman-Parameter übt eine Veränderung des Gasverhältnisses nur einen geringen Einfluss aus.

Damit lässt sich aus den durchgeführten Untersuchungen schließen, dass sich die Veränderung der Gasatmosphäre in der Gesamtheit nur gering auf die Schichteigenschaften auswirkt und keine eindeutige Korrelation zwischen den Gasverhältnissen und den mechanischen Eigenschaften sowie der Schichthaftung festzustellen ist.

Die im Rahmen dieser Arbeit erzeugten Proben werden mithilfe eines modifizierten Ritztesters mit einer Si_3N_4-Keramikkugel als Indenter bezüglich ihrer Verschleißbeständigkeit untersucht. Entgegen den Erwartungen – dicke Schicht beim Verschleiß positiv wirkt – stellen sich dicke Schichten als besonders schlecht geeignet hinsichtlich mehrfacher Gleitbeanspruchung an derselben Stelle aus. Der Grund liegt darin, dass der abrasive Verschleiß in diesem Anwendungsfall keinen dominanten Mechanismus darstellt. Die dicke Schicht versagt durch Rissfortsetzung aufgrund vorhandener Wachstumsfehler, bevor sie komplett durch den Gegenkörper abgerieben ist. Schichten mit geringen bis mittleren Schichtdicken mit Abscheidezeiten bis 17160 Sekunden eignen sich hierfür besser und halten auch fünfmaliges oder sogar zehnmaliges Gleiten gut aus. Die Schichtvariante mit einem C_2H_2 zu Ar Verhältnis von 235/25 sccm/sccm erreicht in den Untersuchungen die höchste Verschleißbeständigkeit mit unbeschädigter Oberfläche nach zehnfachem Gleiten.

In Tabelle 13 sind die in dieser Arbeit untersuchten Parameter hinsichtlich des Schichtdesigns und der Schichtcharakteristik abschließend zusammengefasst. Bild 68 gibt ein Prozessfenster, wo es eine hohe Verschleißbeständigkeit durch mehrfache trockene Gleitbeanspruchung zu finden ist.

Tabelle 13: Einfluss des Schichtdesigns – (a) Abscheideverfahren der Cr-schichten und (b) Schichtdicke und Abscheideatmosphäre – auf die Schichteigenschaften und -merkmale.

(a) Abscheideverfahren der Cr	**Magnetron-sputtern**	**Vakuumarcen**
… als Haftschicht im Schichtsystem auf dem Stahlsubstrat		
Haftungsklasse des a-C:H-Schichtsystems	▼	▲
L_{c2}-Wert nach Ritztest	▲	▼
L_{c3}-Wert nach Ritztest	▼	▲
…als Einschicht auf dem Si-Wafer		
Rauheit	▼	▲
Residuale Spannung	▼	▲

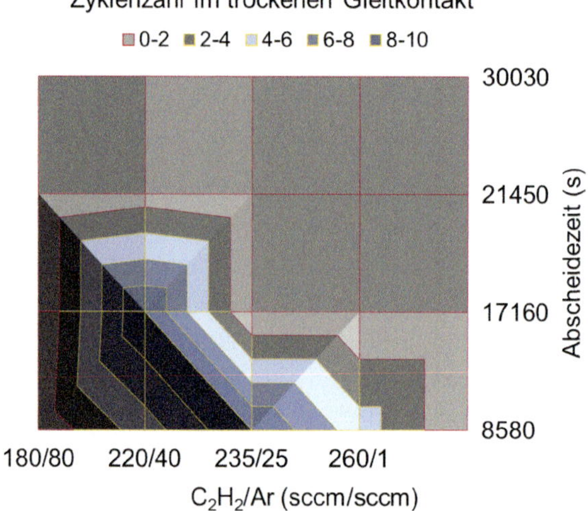

Bild 68: Prozessfenster für die Herstellung eines a-C:H-Schichtsystemes mit hohen Verschleißbeständigkeit bezüglich der Abscheidezeit und -atmosphäre.

In zukünftigen Schritten des Forschungsvorhabens ist das im Rahmen dieser Arbeit gefundene Schichtsystem auf einem Werkzeug zu applizieren und in Umformprozessen hinsichtlich der tatsächlich zu erwartenden Lebensdauer zu evaluieren. Unter Berücksichtigung des Herstellungsaufwands und der Kosten ist ein geeignetes Schichtrezept speziell für trockene Umformprozesse festzulegen. Ebenfalls sollte untersucht werden, inwieweit sich die chemischen Bindungen in der a-C:H-Schichtlage gezielt einstellen lassen, um so den Einfluss auf die Reibungszahl und die Verschleißbeständigkeit bewusst zu steuern. Außerdem besteht noch weiteres Optimierungspotenzial bei der Schichtarchitektur. So lassen sich möglicherweise bestimmte Schichteigenschaften noch gezielter anpassen, ohne dabei die oberste a-C:H Schicht und damit die Reibbedingungen zu verändern.

7 Summary and outlook

The background of this work is, on the one hand, the necessity to realize a lubricant-free deep-drawing process, on the other hand, the quality assurance of the coating system that was applied on the forming tool surface, which contributes to stable and efficient service behavior. In this work, the hydrogenated amorphous carbon coating systems (a-C:H) with modified design and deposition parameters were investigated in the aspect of studying coating properties and their tribological behavior. The aim was to increase the wear resistance of the coated tools under dry sliding conditions. Thus, the service life of the coated forming tools in the dry deep drawing process is prolonged.

The coefficient of friction of the a-C:H coating systems against aluminum alloys and other sheet materials was 0,13, which has been aimed in [Hen] using strip drawing tests.

To increase the wear resistance of the coating systems on forming tools, two subordinated goals had to be achieved. Firstly, the coating quality had to be enhanced, or interpreted more precisely, reducing the surface asperities and enhancing the coating adhesion to the substrate, so that the roughness peaks on tool surface interlocks less into the ductile metal sheets with long service life. Secondly, the a-C:H functional layers were modified, in order to identify the factors that influence the service life and dominant failure mechanisms of the coated tools under dry sliding contacts.

To enhance the coating adhesion strength to substrates, the deposition technology of the chromium (Cr) adhesive layers was modified. In the industry, the chromium adhesive layers were usually produced by vacuum arc evaporation. For the high adhesion strength to the substrate, a step of ion implantation into the substrate was introduced prior to depositing of Cr layer. The arc evaporated Cr layers lead to rough coating surfaces due to formation of droplets. Coatings by magnetron sputtering has general a smooth surface with less roughness tips and thus, the resistance during dry sliding moves can be reduced. The a-C:H coating systems with sputtered Cr adhesive layer have generally smooth and homogeneous surfaces, but with low adhesive strength to the steel substrates. The reason was the columnar structures of the sputtered Cr layer, as many other sputtered layers have similar columnar structures. The sputtered Cr layers on silicon wafers had showed tensile stress, while the a-C:H single layers had compressive residual stress. It was shown in the SEM images, that the thick Cr layer by sputtering more defects in the form of cavities in the thickness direction. The a-C:H coating systems with acred Cr adhesive layer had high adhesion strength to the steel substrates. The resulted rough coating surface must be post-treated by mechanical polishing before application, which was already a common work step in the industry: first coating and then mechanically post-treating.

Although a thick coating may hardly contribute to low friction, the question was always posed, whether the a-C:H functional layer could technically be deposited thicker in the case of abrasive wear. Due to the compressive residual stress and defects in the a-C:H coating from the depositing process, the coating had a critical thickness, over which it adheres not enough to the steel substrate. If this value is exceeded, the elastic energy stored in the coating between and in the layers had to be released in the form of crack propagation. In the second part of this work, the a-C:H functional layer was deposited in different thickness by increasing the deposition time. With increasing deposition time and the resulted growing thickness, the hardness (*HV*) and the modulus of indentation (E_{IT}) decreased. Coating adhesion to the steel substrate was strongly dependent on the Cr adhesive layer. It was observed that the adhesion strength of the whole a-C:H coating system reduced with increasing thickness, since the amount of cracking around the indent was getting higher.

In the scratch test a downward tendency was shown for the critical load corresponding to total exposure of the substrate (L_{c3}) as the deposition time increased from 8580 to 21450 seconds. It was found from the Raman spectra that the structures changed in the thickness direction as the coating grew. The thick variant had a relatively lower fraction of the sp^3 bonded carbon atoms, with an increasing grain size of the sp^2 cluster. This well explained the decreasing hardness and modulus of indentation. In addition, the deposition gas atmosphere of the a-C:H coating was varied, in order to investigate the effect of reactive gas on chemical structures of the deposited a-C:H coatings. The background was that the tribological behavior under dry sliding condition was strongly associated with the chemical structures.

By varying the reactive atmosphere during the PECVD process in C_2H_2/Ar, the adhesion strength changed. The a-C:H variant deposited under flow ratio of C_2H_2/Ar = 260/1 had the highest adhesion class according to Rockwell C-indentation test. The coating variant deposited at the gas ratio of 180/80 had a particularly high L_{C3} value. If the ratio raised further, the two critical loads of L_{c2} and L_{c3}, each for first delamination and the substrate exposure, were changed very little. With the increasing C_2H_2/Ar ratio from 180/80 to 260/1 sccm/sccm, the residual stress increased. The mechanical properties of the a-C:H coatings were slightly or hardly influenced by varying deposition gas atmosphere. The coating variant deposited at C_2H_2/Ar of 220/40 sccm/sccm achieved slightly higher hardness and modulus of indentation than other coating variants. With consideration of the high standard deviations of the mechanical properties for the amorphous carbon coatings, no pronounced influence could be determined. The Raman parameters were also hardly influenced by changing the gas ratio. From the above results, the concentration of the reactive gas in acetylene to argon ratio had little effect on the coating properties. No clear correlation between reactive gas atmosphere and layer adhesion was shown.

The produced coating variants were evaluated in regard to their wear resistance in sliding contact using a modified scratch test rig with a ceramic ball indenter. The coating system with thick a-C:H functional layer did not withstand multiple slides well. Coating systems with a low to medium a-C:H layer thickness of a deposition time of 17,160 seconds had high wear resistance against multiple sliding until 5 to 10 times. The coating variant deposited in the gas atmosphere of C_2H_2/Ar = 235/25 sccm/sccm achieved the highest wear resistance without noticeable surface damage after 10 times sliding. The results obtained in this work regarding the coating design and their characteristics were summarized in Tabelle 14.

Tabelle 14: Influences of coating designs – (a) deposition technologies of the chromium layer and (b) deposition time as well as gas atmosphere for a-C:H functional layer – on the coating properties.

(a) Deposition technology of Cr	**mangetron-sputter**	**vacuum evaporation**
... as adhesion layer in the coating system on steel substrate		
Adhesion classe of the a-C:H coating system	▼	▲
L_{c2} according to scratch test	▲	▼
L_{c3} according to scratch test	▼	▲
...as single layer on silicon wafer		
Roughness	▼	▲
Residual stress	▼	▲

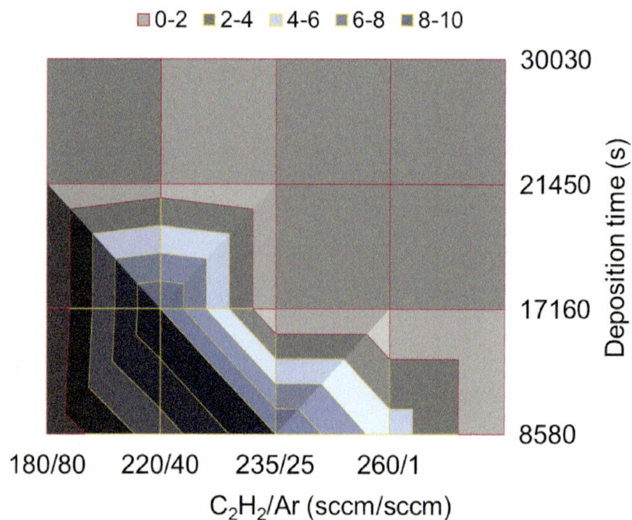

Bild 69: Process window for depositing a-C:H coating systems with high wear resistance regarding to gas atmosphere and deposition time.

In the next steps, the coating system on the tool surface is to be evaluated in the real forming process in regard to its service life. With considering of the manufacturing technologies and costs, a suitable coating design is desired for the dry forming process. It is possible to adjust the chemical bonds in the a-C:H coating and to control its influence on the coefficient of friction and wear resistance. In addition, there is still potential in the coating architecture to adapt the specific coating properties without changing the top a-C:H functional layer and thus tailored adjusting the friction conditions.

Literaturverzeichnis

[Ago] D'AGOSTINO, R.; FAVIA, P.; OEHR, C.; WERTHEIMER, M. R.: Plasma Processes and Polymers: 16th International Symposium on Plasma Chemistry Taormina, Italy June 22-27, 2003. Wiley, 2006.

[Aim21] AIMAN, Y.; AZMAN, N.; SYAHRULLAIL, S., Tribological Applications of Composite Materials, Springer 2021, S. 71-97.

[Ala20] ALLAIN, M. M.; HAYDEN, D.; JULIANO, D.; RUZIC, D. N.: Characterization of magnetron-sputtered partially ionized deposition as a function of metal and gas species. Journal of Vacuum Science & Technology a-Vacuum Surfaces and Films (2000) Nr. 18, S. 797-801.

[And]ANDERSEN, H. H.; BAY, H. L., Sputtering by particle bombardment I, Springer 1981, S. 145-218.

[Ball] BALLUTAUD, D.; JOMARD, F.; KOCINIEWSKI, T.; RZEPKA, E.; GIRARD, H.; SAADA, S.: Sp3/sp2 character of the carbon and hydrogen configuration in micro-and nanocrystalline diamond. Diamond Related Materials (2008) Nr. 17, S. 451-456.

[Bar] BARENBLATT, G. I.: The mathematical theory of equilibrium cracks in brittle fracture. Advances in applied mechanics (1962) Nr. 7, S. 55-129.

[Bart]BARTZ, W. J.; BARNERT, L.: Tribologie und Schmierung bei der Massivumformung. Expert-Verlag GmbH, 2004.

[Bat00] BATTISTON, G.; GERBASI, R.; GREGORI, A.; PORCHIA, M.; CATTARIN, S.; RIZZI, G.: PECVD of amorphous TiO2 thin films: effect of growth temperature and plasma gas composition. Thin Solid Films (2000) Nr. 371, S. 126-131.

[Bay] BAY, N.; AZUSHIMA, A.; GROCHE, P.; ISHIBASHI, I.; MERKLEIN, M.; MORISHITA, M.; NAKAMURA, T.; SCHMID, S.; YOSHIDA, M.: Environmentally benign tribo-systems for metal forming. CIRP annals (2010) Nr. 59, S. 760-780.

[Bell06] BELL, M. S.; LACERDA, R. G.; TEO, K. B.; MILNE, W. I.: Characterisation of the growth mechanism during PECVD of multiwalled carbon nanotubes. Carbon (2006), S. 77-93.

[Bli] BLIEDTNER, J.; GRÄFE, G.: Optiktechnologie: Grundlagen - Verfahren - Anwendungen - Beispiele. Fachbuchverl. Leipzig im Carl-Hanser-Verlag, 2010.

[Boll60] BOLLMANN, W.; SPREADBOROUGH, J.: Action of graphite as a lubricant. Nature (1960) Nr. 186, S. 29-30.

[Bouz] BOUZAKIS, K.-D.; HADJIYIANNIS, S.; SKORDARIS, G.; MIRISIDIS, I.; MICHAILIDIS, N.; EFSTATHIOU, K.; PAVLIDOU, E.; ERKENS, G.; CREMER, R.; RAMBADT, S.: The effect of coating thickness, mechanical strength and hardness properties on the milling performance of PVD coated cemented carbides inserts. Surface and Coatings Technology (2004) Nr. 177, S. 657-664.

[Bowd] BOWDEN, F. P.: Friction. Nature (1950) Nr. 166, S. 330-334.

[Bru] BRUNE, D.; HELLBORG, R.; WHITLOW, H. J.; HUNDERI, O.: Surface characterization: a user's sourcebook. John Wiley & Sons, 2008.

[Büt] BÜTTGENBACH, S.: Mikrosystemtechnik: Vom Transistor zum Biochip. Springer, 2016.

[Bz10] BOBZIN, K.; BAGCIVAN, N.; EWERING, M.; GOEBBELS, N. A.; WEIß, R.; WARNKE, C., Umweltverträgliche Tribosysteme, Springer 2010, S. 83-136.

[Bz13]BOBZIN, K.: Oberflachentechnik fur den Maschinenbau. John Wiley & Sons, 2013.

[Cho]CHOPRA, K. L.; KAUR, I.: Thin film phenomena. McGraw-hill New York, 1969.

[Conc] CONCEIÇÃO, K.; DE ANDRADE, V. M.; TRAVA-AIROLDI, V.; CAPOTE, G.: High antibacterial properties of DLC film doped with nanodiamond. Surface and Coatings Technology (2019) Nr. 375, S. 395-401.

[Cons] CONSTABLE, C.; LEWIS, D.; YARWOOD, J.; MÜNZ, W.-D.: Raman microscopic studies of residual and applied stress in PVD hard ceramic coatings and correlation with X-ray diffraction (XRD) measurements. Surface and Coatings Technology (2004) Nr. 184, S. 291-297.

[Coud] COUDERC, P.; CATHERINE, Y.: Structure and physical properties of plasma-grown amorphous hydrogenated carbon films. Thin Solid Films (1987) Nr. 146, S. 93-107.

[Cui] CUI, W.; LAI, Q.; ZHANG, L.; WANG, F.: Quantitative measurements of sp3 content in DLC films with Raman spectroscopy. (2010) Nr. 205, S. 1995-1999.

[Cuong] CUONG, N.; TAHARA, M.; YAMAUCHI, N.; SONE, T.: Diamond-like carbon films deposited on polymers by plasma-enhanced chemical vapor deposition. Surface and Coatings Technology (2003) Nr. 174, S. 1024-1028.

[Czh] CZICHOS, H.; HABIG, K.-H.: Tribologie-Handbuch: Tribometrie, Tribomaterialien, Tribotechnik. Springer-Verlag, 2010.

[Diet]DIETRICH, J., Praxis der Umformtechnik, Springer 2018, S. 161-215.

[DIN485] DIN EN 485-2: Aluminium und Aluminiumlegierungen - Bänder, Bleche und Platten - Teil 2: Mechanische Eigenschaften. Berlin: Beuth.

[DIN573] DIN EN 573-3: Aluminium und Aluminiumlegierungen - Chemische Zusammensetzung und Form von Halbzeug - Teil 3: Chemische Zusammensetzung und Erzeugnisformen. Berlin: Beuth.

[DIN4288] DIN EN ISO 4288: Geometrische Produktspezifikation (GPS) - Oberflächenbeschaffenheit: Tastschnittverfahren - Regeln und Verfahren für die Beurteilung der Oberflächenbeschaffenheit. Berlin: Beuth.

[DIN4855] DIN 4855: 2015-09: Kohlenstoffschichten - DLC-Schichten - Beschreibung der Schichtarchitektur. Berlin: Beuth.

[DIN4856] DIN 4856: Kohlenstoffschichten und andere Hartstoffschichten - Rockwell-Eindringprüfung zur Bewertung der Haftung. Berlin: Beuth.

[DIN4957] DIN EN ISO 4957: Werkzeugstähle. Berlin: Beuth.

[DIN8584] DIN 8584-3: Fertigungsverfahren Zugdruckumformen - Teil 3: Tiefziehen; Einordnung, Unterteilung, Begriffe. Berlin: Beuth.

[DIN10130] DIN EN 10130: Kaltgewalzte Flacherzeugnisse aus weichen Stählen zum Kaltumformen - Technische Lieferbedingungen. Berlin: Beuth.

[DIN14577] DIN EN ISO 14577-1: Metallische Werkstoffe - Instrumentierte Eindringprüfung zur Bestimmung der Härte und anderer Werkstoffparameter. Berlin: Beuth.

[DIN20502] DIN EN ISO 20502: Hochleistungskeramik - Bestimmung der Haftung von keramischen Schichten mit dem Ritztest. Berlin: Beuth.

[DIN26423] DIN EN ISO 26423: 2016-11-00: Hochleistungskeramik - Bestimmung der Schichtdicke mit dem Kalottenschleifverfahren. Berlin: Beuth.

[DIN28400]DIN 28400-1: Vakuumtechnik; Benennung und Definitionen; Allgemeine Benennungen. Berlin: Beuth.

[Dng]DONG, Y.; ZHENG, K.; FERNANDEZ, J.; LI, X.; DONG, H.; LIN, J.: Experimental investigations on hot forming of AA6082 using advanced plasma nitrocarburised and CAPVD WC: C coated tools. Journal of Materials Processing Technology (2017) Nr. 240, S. 190-199.

[Dobr] DOBRZAŃSKI, L. A.; PAKUŁA, D.; KŘIŽ, A.; SOKOVIĆ, M.; KOPAČ, J.: Tribological properties of the PVD and CVD coatings deposited onto the nitride tool ceramics. Journal of Materials Processing Technology (2006) Nr. 175, S. 179-185.

[Dobz] DOBRENIZKI, L.; TREMMEL, S.; WARTZACK, S.; HOFFMANN, D.; BRÖGELMANN, T.; BOBZIN, K.; BAGCIVAN, N.; MUSAYEV, Y.; HOSENFELDT, T.: Efficiency improvement in automobile bucket tappet/camshaft contacts by DLC coatings–Influence of engine oil, temperature and camshaft speed. Surface and Coatings Technology (2016) Nr. 308, S. 360-373.

[Donn3] DONNET, C.; ERDEMIR, A.: Tribology of diamond-like carbon films: fundamentals and applications. Springer Science & Business Media, 2007.

[Eichl] EICHLER, H. J.; EICHLER, J.: Laser: Bauformen, Strahlführung, Anwendungen. Springer-Verlag, 2015.

[Enke] ENKE, K.: Minderung von Reibung und Verschleiß von Bauteilen aus Aluminium mit diamantähnlichen Kohlenstoffschichten (DLC). Materialwissenschaft Und Werkstofftechnik (1997) Nr. 28, S. 520-523.

[Evan] EVANS, A.; HUTCHINSON, J.: On the mechanics of delamination and spalling in compressed films. International Journal of Solids Structures (1984) Nr. 20, S. 455-466.

[Fe20] FERRARI, A. C.; ROBERTSON, J.: Interpretation of Raman spectra of disordered and amorphous carbon. Physical Review B (2000) Nr. 61, S. 14095.

[Fe21]FERRARI, A.; ROBERTSON, J.: Resonant Raman spectroscopy of disordered, amorphous, and diamondlike carbon. Physical Review B (2001) Nr. 64, S. 075414.

[Frib] FRIEDBACHER, G.; BUBERT, H.: Surface and Thin Film Analysis: A Compendium of Principles, Instrumentation, and Applications. John Wiley & Sons, 2011.

[Fried] FRIEDRICH, H. E.: Leichtbau in der Fahrzeugtechnik. Springer-Verlag, 2017.

[Fu17] FU, K.; CHANG, L.; YE, L.; YIN, Y.: Thickness-dependent fracture behaviour of amorphous carbon films on a PEEK substrate under nanoindentation. Vacuum (2017) Nr. 144, S. 107-115.

[Fu18] FUKUMASU, N.; BERNARDES, C.; RAMIREZ, M.; TRAVA-AIROLDI, V.; SOUZA, R.; MACHADO, I.: Local transformation of amorphous hydrogenated carbon coating induced by high contact pressure. Tribology International (2018) Nr. 124, S. 200-208.

[GaoG] GAO, G.; MIKULSKI, P. T.; HARRISON, J. A. J. J. o. t. A. C. S.: Molecular-scale tribology of amorphous carbon coatings: effects of film thickness, adhesion, and long-range interactions. (2002) Nr. 124, S. 7202-7209.

[Gilk1] GILKES, K.; SANDS, H.; BATCHELDER, D.; MILNE, W.; ROBERTSON, J.: Direct observation of sp3 bonding in tetrahedral amorphous carbon UV Raman spectroscopy. Journal of non-crystalline solids (1998) Nr. 227, S. 612-616.

[Gilk2] GILKES, K.; SANDS, H.; BATCHELDER, D.; ROBERTSON, J.; MILNE, W.: Direct observation of sp 3 bonding in tetrahedral amorphous carbon using ultraviolet Raman spectroscopy. Applied Physics Letters (1997) Nr. 70, S. 1980-1982.

[Goll] GOLLER, R.; TORRI, P.; BAKER, M.; GILMORE, R.; GISSLER, W.: The deposition of low-friction TiN–MoSx hard coatings by a combined arc evaporation and magnetron sputter process. Surface and Coatings Technology (1999) Nr. 120, S. 453-457.

[Günt] GÜNTHER, M.: Harte amorphe wasserstoffhaltige Kohlenstoffschichten mittels mittelfrequenzgepulster Plasmaentladungen: Prozesscharakterisierung und Schichteigenschaften. Dissertation, Technische Universität Chemnitz, 2012.

[Haf1] HAEFER, R. A.: Oberflächen- und Dünnschicht-Technologie: Teil I: Beschichtungen von Oberflächen. Springer Berlin Heidelberg, 2013.

[Haf2] HAEFER, R. A.: Oberflächen-und Dünnschicht-Technologie: Teil I: Beschichtungen von Oberflächen. Springer-Verlag, 2013.

[Häfn] HÄFNER, T.; HEBERLE, J.; HAUTMANN, H.; ZHAO, R.; TENNER, J.; TREMMEL, S.; MERKLEIN, M.; SCHMIDT, M.: Effect of picosecond laser based modifications of amorphous carbon coatings on lubricant-free tribological systems. Journal of Laser Micro Nanoengineering (2017) Nr. 12, S. 132.

[Hars] HARSHA, P. K. S. K. S. S.: Principles of Vapor Deposition of Thin Films. Elsevier Science, 2005.

[Hash] HASHMI, S.: Comprehensive Materials Finishing. Elsevier Science, 2016.

[Hass] HASSELBRUCH, H.; HERRMANN, M.; MEHNER, A.; KUHFUSS, B.; ZOCH, H.-W.: Incremental dry forging-Interaction of W-DLC coatings and surface structures for rotary swaging tools. Procedia Manufacturing (2017) Nr. 8, S. 541-548.

[Hatt09] HATTORI, H.; FUKUSHIMA, H.; YOSHII, Y.; NAKAMUTA, H.; IWASE, M.; KITADE, K.: Proposal of a high rigidity and high speed rotating mechanism using a new concept hydrodynamic bearing in X-Ray tube for high speed computed tomography. Journal of Advanced Mechanical Design, Systems, and Manufacturing (2009) Nr. 3, S. 105-114.

[Hau] HAUERT, R.: A review of modified DLC coatings for biological applications. Diamond Related Materials (2003) Nr. 12, S. 583-589.

[Heit] HEITLER, W.: Die Bindungsenergien der Kohlenwasserstoffe. Helvetica Chimica Acta (1955) Nr. 38, S. 5-15.

[Hen] HENNEBERG, J.; ROTHAMMER, B.; ZHAO, R.; VORNDRAN, M.; TENNER, J.; KRACHENFELS, K.; HÄFNER, T.; TREMMEL, S.; SCHMIDT, M.; MERKLEIN, M.: Analysis of tribological behavior of surface modifications for a dry deep drawing process. Dry Metal Forming Open Access Journal (2019) Nr. 5, S. 013-024.

[Hetz] HETZNER, H.: Systematische Entwicklung amorpher Kohlenstoffschichten unter Berücksichtigung der Anforderungen der Blechmassivumformung. Dissertation, Friedrich-Alexander-Universität Erlangen-Nürnberg, 2014.

[Holm] HOLMBERG, K.; MATTHEWS, A.: Coatings tribology: properties, mechanisms, techniques and applications in surface engineering. Elsevier, 2009.

[Hua03] HUANG, W.; WANG, X.; SHENG, M.; XU, L.; STUBHAN, F.; LUO, L.; FENG, T.; WANG, X.; ZHANG, F.; ZOU, S.: Low temperature PECVD SiNx films applied in OLED packaging. Materials Science and Engineering: B (2003) Nr. 98, S. 248-254.

[Huan] HUANG, Z.; SUN, Y.; BELL, T.: Friction behaviour of TiN, CrN and (TiAl) N coatings. Wear (1994) Nr. 173, S. 13-20.

[Hüh] HÜHNS, T.: Charakterisierung und Auslegung der Grenzschicht PVD-beschichteter Schneidkeramiken. Fraunhofer-Verlag, 2010.

[Inje] INJETI, S. S.; ANNABATTULA, R. K.: Extending Stoney's equation to thin, elastically anisotropic substrates and bilayer films. Thin Solid Films (2016) Nr. 598, S. 252-259.

[Jang]JANG, Y.-J.; KIM, G. T.; KANG, Y.-J.; KIM, D.-S.; KIM, J.-K.: A study on thick coatings of tetrahedral amorphous carbon deposited by filtered cathode vacuum arc plasma. Journal of Materials Research (2016) Nr. 31, S. 1957-1963.

[Jans]JANSSEN, G. C.; ABDALLA, M. M.; VAN KEULEN, F.; PUJADA, B. R.; VAN VENROOY, B.: Celebrating the 100th anniversary of the Stoney equation for film stress: Developments from polycrystalline steel strips to single crystal silicon wafers. Thin Solid Films (2009) Nr. 517, S. 1858-1867.

[Javo]JAVOR-SANDER, M.: Beschichtung von Funktionsflächen im Arc-PVD-Prozess. Carl Hanser Verlag, 1995.

[John] JOHNSON, D.: LubricationTribology, Lubricants and Additives. IntechOpen, 2018.

[Jous1] JOUSTEN, K.: Handbuch Vakuumtechnik. Springer-Verlag, 2018.

[Jous2] JOUSTEN, K.; JITSCHIN, W.; SHARIPOV, F.; LACHENMANN, R.: Wutz Handbuch Vakuumtechnik. Vieweg+Teubner Verlag, 2009.

[Kalv] KALVIUS, G. M.: Physik IV: Physik der Atome, Moleküle und Kerne-Wärmestatistik. Walter de Gruyter, 2010.

[Kim]KIM, D.; FISCHER, T.; GALLOIS, B.: The effects of oxygen and humidity on friction and wear of diamond-like carbon films. Surface Coatings Technology (1991) Nr. 49, S. 537-542.

[Kloc] KLOCKE, F.: Fertigungsverfahren 4: Umformen. Springer Berlin Heidelberg, 2018.

[Klok1] KLOKHOLM, E.: Delamination and fracture of thin films. IBM journal of research development (1987) Nr. 31, S. 585-591.

[Kön]KÖNIG, W.: Fertigungsverfahren 4: Umformen. Springer Berlin Heidelberg, 2006.

[Krz04] KRZANOWSKI, J. E.; ENDRINO, J.; NAINAPARAMPIL, J.; ZABINSKI, J.: Composite coatings incorporating solid lubricant phases. Journal of materials engineering and performance (2004) Nr. 13, S. 439-444.

[Kum21] KUMAR, R.; ANTONOV, M.: Self-lubricating materials for extreme temperature tribo-applications. Materials Today: Proceedings (2021) Nr. 44, S. 4583-4589.

[Kunz] KUNZE, T.; A, M.; STUCKY, T.; BÖTTCHER, F.; ROCH, T.; BROSIUS, A.; LASAGNI, A.: Tribological Optimization of Dry Forming Tools. Dry Metal Forming Open Access Journal (2016) Nr. 2, S. 078-082.

[Laeg] LAEGREID, N.; WEHNER, G.: Sputtering yields of metals for Ar+ and Ne+ ions with energies from 50 to 600 eV. Journal of Applied Physics (1961) Nr. 32, S. 365-369.

[Lake] LAKE, M. K., Medizintechnik, Springer 2009, S. 879-896.

[Liang13]LIANG, H.; BU, Y.; ZHANG, J.; CAO, Z.; LIANG, A.: Graphene oxide film as solid lubricant. ACS applied materials & interfaces (2013) Nr. 5, S. 6369-6375.

[Man08] MANKELEVICH, Y. A.; MAY, P.: New insights into the mechanism of CVD diamond growth: Single crystal diamond in MW PECVD reactors. Diamond and Related Materials (2008) Nr. 17, S. 1021-1028.

[Mang] MANG, T.; DRESEL, W.: Lubricants and lubrication. John Wiley & Sons, 2007.

[Mar] MARIN, E.; LANZUTTI, A.; NAKAMURA, M.; ZANOCCO, M.; ZHU, W.; PEZZOTTI, G.; ANDREATTA, F.: Corrosion and scratch resistance of DLC coatings applied on chromium molybdenum steel. Surface and Coatings Technology (2019) Nr. 378, S. 124944.

[Mar03] MARQUES, F.; LACERDA, R.; CHAMPI, A.; STOLOJAN, V.; COX, D.; SILVA, S.: Thermal expansion coefficient of hydrogenated amorphous carbon. Applied Physics Letters (2003) Nr. 83, S. 3099-3101.

[Mar20] MARIAN, M.; TREMMEL, S.; WARTZACK, S.; SONG, G.; WANG, B.; YU, J.; ROSENKRANZ, A.: Mxene nanosheets as an emerging solid lubricant for machine elements–Towards increased energy efficiency and service life. Applied Surface Science (2020) Nr. 523, S. 146503.

[Mat14] MATTOX, D. M.: Handbook of Physical Vapor Deposition (PVD) Processing. Elsevier Science, 2014.

[Mat84] MATSUNAMI, N.; YAMAMURA, Y.; ITIKAWA, Y.; ITOH, N.; KAZUMATA, Y.; MIYAGAWA, S.; MORITA, K.; SHIMIZU, R.; TAWARA, H.: Energy dependence of the ion-induced sputtering yields of monatomic solids. Atomic data nuclear data tables (1984) Nr. 31, S. 1-80.

[Mat93] MATTHES, B.; BROSZEIT, E.; KLOOS, K.: Konturengetreue PVD-Beschichtung bei niedrigen Temperaturen zur Erhöhung des Verschleißwiderstandes von Werkzeugen der Blechumformung. Materialwissenschaft Und Werkstofftechnik (1993) Nr. 24, S. 142-151.

[Mat98] MATTOX, D. M.: Handbook of physical vapor deposition (PVD) processing: film formation, adhesion, surface preparation and contamination control. (1998), S. 262, 363, 484.

[Me15] MERKLEIN, M.; SCHMIDT, M.; TREMMEL, S.; WARTZACK, S.; ANDREAS, K.; HÄFNER, T.; ZHAO, R.; STEINER, J.: Investigation of tribological systems for dry deep drawing by tailored surfaces. Dry Metal Forming Open Access Journal (2015) Nr. 1, S. 42-56.

[Me16] MERKLEIN, M.; SCHMIDT, M.; TREMMEL, S.; ANDREAS, K.; HÄFNER, T.; ZHAO, R.; STEINER, J.: Tailored modifications of amorphous carbon based coatings for dry deep drawing. Dry Metal Forming Open Access Journal (2016) Nr. 2, S. 025-039.

[Men] MENZ, W.; PAUL, O.: Mikrosystemtechnik für Ingenieure. John Wiley & Sons, 2012.

[Mesc] MESCHEDE, D.: Gerthsen Physik. Springer Berlin Heidelberg, 2015.

[Mess] MESSIER, R.; GIRI, A. P.; ROY, R. A.: Revised Structure Zone Model for Thin-Film Physical Structure. Journal of Vacuum Science & Technology a-Vacuum Surfaces and Films (1984) Nr. 2, S. 500-503.

[Mey03] MEYYAPPAN, M.; DELZEIT, L.; CASSELL, A.; HASH, D.: Carbon nanotube growth by PECVD: a review. Plasma sources science and technology (2003) Nr. 12, S. 205.

[Mor]MORLOK, O.: Die Kombination von Plasmanitrierung und plasmagestützter Schichtabscheidung aus der Gasphase (PACVD) in einem Verfahrensablauf. Springer Berlin Heidelberg, 2013.

[Mov] MOVCHAN, B.; DEMCHISHIN, A.: Structure and properties of thick condensates of nickel, titanium, tungsten, aluminum oxides, and zirconium dioxide in vacuum. Physics of Metals and Metallography (1969), S.

[Mün] W.-D., M.; LEWIS, D.; HOVSEPIAN, P. E.; SCHÖNJAHN, C.; EHIASARIAN, A.; SMITH, I.: Industrial scale manufactured superlattice hard PVD coatings. Surface Engineering (2001) Nr. 17, S. 15-27.

[Nos] NOSE, M.; KAWABATA, T.; KHAMSEH, S.; MATSUDA, K.; FUJII, K.; IKENO, S.; CHIOU, W.-A.: Microstructure and properties of TiAlN/aC nanocomposite coatings prepared by reactive sputtering. Materials transactions (2010), S. 0912280974-0912280974.

[Oer] OERTEL JR, H.; BÖHLE, M.; REVIOL, T.: Strömungsmechanik: Grundlagen-Grundgleichungen-Lösungsmethoden-Softwarebeispiele. Springer-Verlag, 2011.

[Oho1] OHRING, M.: Materials science of thin films. Elsevier, 2001.

[Oku15] OKUBO, H.; TSUBOI, R.; SASAKI, S.: Frictional properties of DLC films in low-pressure hydrogen conditions. Wear (2015) Nr. 340, S. 2-8.

[Ond94] ONDRACEK, G.: Werkstoffkunde: Leitfaden für Studium und Praxis. expert verlag, 1994.

[Par] PARK, S. J.; KIM, J.-K.; LEE, K.-R.; KO, D.-H.: Humidity dependence of the tribological behavior of diamond-like carbon films against steel ball. Diamond Related Materials (2003) Nr. 12, S. 1517-1523.

[Pau] PAULEAU, Y., Tribology of diamond-like carbon films, Springer 2008, S. 102-136.

[Paul] PAULING, L.: The nature of the chemical bond. Application of results obtained from the quantum mechanics and from a theory of paramagnetic susceptibility to the structure of molecules. Journal of the American Chemical Society (1931) Nr. 53, S. 1367-1400.

[Pic94] PICKRELL, D. J.; KLINE, K. A.; TAYLOR, R. E.: Thermal-Expansion of Polycrystalline Diamond Produced by Chemical-Vapor-Deposition. Applied Physics Letters (1994) Nr. 64, S. 2353-2355.

[Pie] PIERSON, H. O.: Handbook of Chemical Vapor Deposition, 2nd Edition: Principles, Technology and Applications. Elsevier Science, 1999.

[Pla] PLATON, F.; FOURNIER, P.; ROUXEL, S.: Tribological behaviour of DLC coatings compared to different materials used in hip joint prostheses. Wear (2001) Nr. 250, S. 227-236.

[Pop] POPOV, V. L.: Kontaktmechanik und Reibung: Ein Lehr- und Anwendungsbuch von der Nanotribologie bis zur numerischen Simulation. Springer Berlin Heidelberg, 2009.

[Pra] PRAWER, S.; NUGENT, K.; LIFSHITZ, Y.; LEMPERT, G.; GROSSMAN, E.; KULIK, J.; AVIGAL, I.; KALISH, R.: Systematic variation of the Raman spectra of DLC films as a function of sp2: sp3 composition. Diamond Related Materials (1996) Nr. 5, S. 433-438.

[Pry00] PRYCE LEWIS, H. G.; EDELL, D. J.; GLEASON, K. K.: Pulsed-PECVD films from hexamethylcyclotrisiloxane for use as insulating biomaterials. Chemistry of Materials (2000) Nr. 12, S. 3488-3494.

[Pur] PUREZA, J.; LACERDA, M.; DE OLIVEIRA, A.; FRAGALLI, J.; ZANON, R.: Enhancing accuracy to Stoney equation. Applied Surface Science (2009) Nr. 255, S. 6426-6428.

[Qi] QI, J.; CHAN, C.; BELLO, I.; LEE, C.; LEE, S.; LUO, J.; WEN, S.: Film thickness effects on mechanical and tribological properties of nitrogenated diamond-like carbon films. Surface and Coatings Technology (2001) Nr. 145, S. 38-43.

[Rb04] RAABE, D.: Einfluß der Rauheit metallischer Oberflächen auf Reibung und Rückfederung. Düsseldorf: MPI für Eisenforschung GmbH 2004.

[Ron] RONKAINEN, H.; HOLMBERG, K., Tribology of diamond-like carbon films, Springer 2008, S. 155-200.

[Ronk01] RONKAINEN, H.; VARJUS, S.; KOSKINEN, J.; HOLMBERG, K.: Differentiating the tribological performance of hydrogenated and hydrogen-free DLC coatings. Wear (2001) Nr. 249, S. 260-266.

[Rös] RÖSLER, J.; HARDERS, H.; BÄKER, M., Mechanisches Verhalten der Werkstoffe, Springer 2016, S. 339-390.

[Rot] ROTHER, B.; VETTER, J.: Plasmabeschichtungsverfahren und Hartstoffschichten. Wiley, 2003.

[Rou] ROUHANI, M.; HONG, F. C.-N.; JENG, Y.-R.: In-situ thermal stability analysis of amorphous carbon films with different sp3 content. Carbon (2018) Nr. 130, S. 401-409.

[Rya] RYAN, L.; NORRIS, R.: Cambridge International AS and A Level Chemistry Coursebook with CD-ROM. Cambridge University Press, 2014.

[Saie] SAILE, V.; WALLRABE, U.; TABATA, O.; KORVINK, J. G.: LIGA and its Applications. WILEY-VCH, 2008.

[Sais] SAILS, S. R.; GARDINER, D. J.; BOWDEN, M.; SAVAGE, J.; RODWAY, D.: Monitoring the quality of diamond films using Raman spectra excited at 514.5 nm and 633 nm. Diamond Related Materials (1996) Nr. 5, S. 589-591.

[Sal] SALVADORI, M.; MARTINS, D.; CATTANI, M.: DLC coating roughness as a function of film thickness. Surface and Coatings Technology (2006) Nr. 200, S. 5119-5122.

[San] NICOLE, S.: Dotierungsabhängigkeit des elastischen Verhaltens von Silizium. Dissertation, Rheinischen Friedrich-Wilhelms-Universität Bonn, 2009.

[Sar18] SARTORI, S.; GHIOTTI, A.; BRUSCHI, S.: Solid lubricant-assisted minimum quantity lubrication and cooling strategies to improve Ti6Al4V machinability in finishing turning. Tribology International (2018) Nr. 118, S. 287-294.

[Scha] SCHAUFLER, J.: Mikrostrukturell basierte Untersuchungen zum Verformungs- und Schädigungsverhalten von wasserstoffhaltigen amorphen Kohlenstoffschichten. Dissertation, Friedrich-Alexander-Universität Erlangen-Nürnberg, 2013.

[Scher] SHERMAN, A.: Chemical vapor deposition for microelectronics: principles, technology, and applications. United States, 1987.

[Schr] SCHRADER, T.: Grundlegende Untersuchungen zur Verschleißcharakterisierung beschichteter Kaltmassivumformwerkzeuge. Dissertation, Friedrich-Alexander-Universität Erlangen-Nürnberg, 2016.

[Scht] SCHULTRICH, B.: Beschichtungsverfahren: 10 Vakuumbogen-Abscheidung 2. (2007) Nr. 19, S. 34-35.

[Schz] SCHULZ, H.; SCHEIBE, H.-J.; SIEMROTH, P.; SCHULTRICH, B.: Pulsed arc deposition of super-hard amorphous carbon films. Applied Physics A (2004) Nr. 78, S. 675-679.

[Shan] SHANFIELD, S.; WOLFSON, R.: Ion beam synthesis of cubic boron nitride. Journal of Vacuum Science & Technology A: Vacuum, Surfaces, and Films (1983) Nr. 1, S. 323-325.

[Shim] SHIMOZUMA, M.; KITAMORI, K.; OHNO, H.; HASEGAWA, H.; TAGASHIRA, H.: Room temperature deposition of silicon nitride films using very low frequency (50Hz) plasma CVD. Journal of electronic materials (1985) Nr. 14, S. 573-586.

[Sieg] SIEGERT, K.: Blechumformung: Verfahren, Werkzeuge und Maschinen. Springer Berlin Heidelberg, 2015.

[Sigm] SIGMUND, P.; OLIVA, A.; FALCONE, G.: Sputtering of Multicomponent Materials - Elements of a Theory. Nuclear Instruments & Methods in Physics Research (1982) Nr. 194, S. 541-548.

[Silv03] SILVA, R.; SILVA, S.: Properties of amorphous carbon. Iet, 2003.

[Silv98] SILVA, S.; ROBERTSON, J.; MILNE, W. I.: Amorphous Carbon: State Of The Art-Proceedings Of The 1st International Specialist Meeting On Amorphous Carbon (Smac'97). World Scientific, 1998.

[Sin] SIN, D.-C.; KEI, H.-L.; MIAO, X., Coatings for Biomedical Applications, Elsevier 2012, S. 264-283.

[Siu] SIU, J. H.; LI, L. K.: An investigation of the effect of surface roughness and coating thickness on the friction and wear behaviour of a commercial MoS2-metal coating on AISI 400C steel. Wear (2000) Nr. 237, S. 283-287.

[Spö02] SPÖRL, R.: Einfluss des Gefüges auf mechanische Festigkeit und dielektrische Eigenschaften von CVD Diamant. FZKA, 2002.

[Stae] STAEVES, J.: Beurteilung der Topografie von Blechen im Hinblick auf die Reibung bei der Umformung. Dissertation, Technische Universität Darmstadt, 1998.

[Ste04] STEINMANN, M.; MÜLLER, A.; MEERKAMM, H.: A new type of tribological coating for machine elements based on carbon, molybdenum disulphide and titanium diboride. Tribology International (2004) Nr. 37, S. 879-885.

[Stei] STEINER, J.; HÄFNER, T.; ZHAO, R.; ANDREAS, K.; SCHMIDT, M.; TREMMEL, S.; MERKLEIN, M.: Analysis of tool-sided surface modifications for dry deep drawing of deep drawing steel and aluminum alloys in a model process. Dry Metal Forming Open Access Journal (2017) Nr. 3, S. 30-40.

[Steih] STEINHILPER, W.; RÖPER, R.: Maschinen- und Konstruktionselemente 3: Elastische Elemente, Federn Achsen und Wellen Dichtungstechnik Reibung, Schmierung, Lagerungen. Springer Berlin Heidelberg, 2013.

[Su] SU, Y.; LI, Z.; LI, L.; WANG, J.; GAO, H.; WANG, G.: Cutting performance of micro-textured polycrystalline diamond tool in dry cutting. Journal of Manufacturing Processes (2017) Nr. 27, S. 1-7.

[Tai] TAI, F.; TYAN, S.: Correlation between ID/ IG ratio from visible raman spectra and sp2/sp3 ratio from XPS spectra of annealed hydrogenated DLC film. Materials transactions (2006) Nr. 47, S. 1847-1852.

[Tam] TAMOR, M. A.; VASSELL, W.: Raman "fingerprinting"of amorphous carbon films. Journal of Applied Physics (1994) Nr. 76, S. 3823-3830.

[Tenn] TENNER, J.: Realisierung schmierstofffreier Tiefziehprozesse durch maßgeschneiderte Werkzeugoberflächen. Dissertation, Friedrich-Alexander-Universität Erlangen-Nürnberg, 2019.

[Th74] THORNTON, J. A.: Influence of apparatus geometry and deposition conditions on the structure and topography of thick sputtered coatings. (1974) Nr. 11, S. 666-670.

[Th75] THORNTON, J. A.: Influence of Substrate Temperature and Deposition Rate on Structure of Thick Sputtered Cu Coatings. Journal of Vacuum Science & Technology (1975) Nr. 12, S. 830-835.

[Tuin] TUINSTRA, F.; KOENIG, J. L.: Raman spectrum of graphite. The Journal of chemical physics (1970) Nr. 53, S. 1126-1130.

[Umlf] UMLAUF, G.; ZAHEDI, E.; WÖRZ, C.; BARZ, J.; LIEWALD, M.; GRAF, T.; TOVAR, G. E. M.: Grundlagenuntersuchungen zur Herstellung von Lasermikrobohrungen in Stahl und dem Ausströmverhalten von CO2 als Trockenschmiermedium. Dry Metal Forming Open Access Journal (2016) Nr. 2, S. 018-049.

[VDI2840] VDI 2840: Kohlenstoffschichten - Grundlagen, Schichttypen und Eigenschaften. Berlin: Beuth.

[Vier17] VIERNEUSEL, B.: Verschleiß- und feuchteresistente MoS2-Festschmierstoffschichten für den Gleit- und Wälzkontakt. Dissertation, Friedrich-Alexander-Universität Erlangen-Nürnberg, 2017.

[Vö08] VÖLKLEIN, F.; ZETTERER, T.: Praxiswissen Mikrosystemtechnik: Grundlagen-Technologien-Anwendungen. Springer-Verlag, 2008.

[Vö13] VÖLKLEIN, F.; ZETTERER, T.: Einführung in die Mikrosystemtechnik: Grundlagen und Praxisbeispiele. Springer-Verlag, 2013.

[Vog] VOGEL, R.; TAMMANN, G.: Über die Umwandlung von Diamant in Graphit. (1909) Nr. 69, S. 598-602.

[Voll]VOLLERTSEN, F.; SCHMIDT, F.: Dry metal forming: definition, chances and challenges. International Journal of Precision Engineering and Manufacturing-Green Technology (2014) Nr. 1, S. 59-62.

[Wa15] WANG, J.; CAO, Z.; PAN, F.; WANG, F.; LIANG, A.; ZHANG, J.: Tuning of the microstructure, mechanical and tribological properties of aC: H films by bias voltage of high frequency unipolar pulse. Applied Surface Science (2015) Nr. 356, S. 695-700.

[Wa98] WANG, J.; SUGIMURA, Y.; EVANS, A.; TREDWAY, W.: The mechanical performance of DLC films on steel substrates. Thin Solid Films (1998) Nr. 325, S. 163-174.

[Wad] WADA, N.; GACZI, P.; SOLIN, S.: "Diamond-like" 3-fold coordinated amorphous carbon. Journal of non-crystalline solids (1980) Nr. 35, S. 543-548.

[Wag11] WAGNER, C.: Entwicklung von Verfahrenskonzepten zur Herstellung von Metallchalkogeniden. Dissertation, Montanuniversität Leoben, 2011.

[Wan17] WAN, H.; JIA, Y.; YE, Y.; XU, H.; CUI, H.; CHEN, L.; ZHOU, H.; CHEN, J.: Tribological behavior of polyimide/epoxy resin-polytetrafluoroethylene bonded solid lubricant coatings filled with in situ-synthesized silver nanoparticles. Progress in Organic Coatings (2017) Nr. 106, S. 111-118.

[Wein] VON WEINGRABER, H.; ABOU-ALY, M.: Handbuch Technische Oberflächen: Typologie, Messung und Gebrauchsverhalten. Vieweg+Teubner Verlag, 2013.

[Wol]WOLF-MICHAEL, G.: Untersuchungen zum reaktiven Pulsmagnetronsputtern von ITO von metallischen Targets. Dissertation, Technische Universität Ilmenau, 2006.

[Wra]WRANA, C.: Polymerphysik: Eine physikalische Beschreibung von Elastomeren und ihren anwendungsrelevanten Eigenschaften. Springer-Verlag Berlin Heidelberg, 2014.

[Wß10] WEIßBACH, W.: Werkstoffkunde: Strukturen, Eigenschaften, Prüfung. Springer-Verlag, 2010.

[Wß18] WEIßBACH, W.; DAHMS, M.; JAROSCHEK, C.: Werkstoffe und ihre Anwendungen. Springer, 2018.

[Xia] XIA, W.; FU, L.; ENGQVIST, H.: Critical cracking thickness of calcium phosphates biomimetic coating: Verification via a Singh-Tirumkudulu model. Ceramics International (2017) Nr. 43, S. 15729-15734.

[Xiang21] XIANG, D.; TAN, X.; SUI, X.; HE, J.; CHEN, C.; HAO, J.; LIAO, Z.; LIU, W.: Comparative study on microstructure, bio-tribological behavior and cytocompatibility of Cr-doped amorphous carbon films for Co–Cr–Mo artificial lumbar disc. Tribology International (2021) Nr. 155, S. 106760.

[Xu] XU, N.; TSANG, S. H.; TEO, E. H. T.; WANG, X.; NG, C. M.; KANG TAY, B.: Effect of initial sp3 content on bonding structure evolution of amorphous carbon upon pulsed laser annealing. Diamond Related Materials (2012) Nr. 30, S. 48-52.

[Yam] YAMAMOTO, K.; MATSUKADO, K.: Effect of hydrogenated DLC coating hardness on the tribological properties under water lubrication. Tribology International (2006) Nr. 39, S. 1609-1614.

[Yang] YANG, C.; JIANG, B.; LIU, Z.; HAO, J.; FENG, L.: Structure and properties of Ti films deposited by dc magnetron sputtering, pulsed dc magnetron sputtering and cathodic arc evaporation. Surface and Coatings Technology (2016) Nr. 304, S. 51-56.

[YanJ] YAN, J.: Micro and Nano Fabrication Technology. Springer Singapore, 2018.

[YanX] YAN, X. T.; XU, Y.: Chemical Vapour Deposition: An Integrated Engineering Design for Advanced Materials. Springer London, 2010.

[Yilk] YILKIRAN, D.; ALMOHALLAMI, A.; WULFF, D.; HÜBNER, S.; VUCETIC, M.; MAIER, H. J.; BEHRENS, B.-A.: New specimen design for wear investigations in dry sheet metal forming. Dry Metal Forming Open Access Journal (2016) Nr. 2, S. 062–066.

[Yim] YIM, W.; PAFF, R.: Thermal expansion of AlN, sapphire, and silicon. Journal of Applied Physics (1974) Nr. 45, S. 1456-1457.

[Zee] ZEECK, A.; GROND, S.; PAPASTAVROU, I.; ZEECK, S. C.: Chemie für Mediziner. Urban & Fischer, 2017.

[Zem] ZEMEK, J.; HOUDKOVA, J.; JIRICEK, P.; JELINEK, M.: Surface and in-depth distribution of sp2 and sp3 coordinated carbon atoms in diamond-like carbon films modified by argon ion beam bombardment during growth. Carbon (2018) Nr. 134, S. 71-79.

[ZhM] ZHAO, M.-H.; FU, R.; LU, D.; ZHANG, T.-Y.: Critical thickness for cracking of Pb (Zro. 53Tio. 47) O3 thin films deposited on Pt/Ti/Si (100) substrates. Acta Materialia (2002) Nr. 50, S. 4241-4254.

[Zoc] ZOCH, H.-W.: Handbuch Wärmebehandeln und Beschichten. Carl Hanser Verlag GmbH Co KG, 2015.

Verzeichnis promotionsbezogener, eigener Publikationen

[P1] Hetzner, H.; Zhao, R.; Tremmel, S.; Wartzack, S.: *Tribological adjustment of tungsten-modified hydrogenated amorphous carbon coatings by adaption of the deposition parameters.* In: *Proceedings - 10th International Conference THE "A" Coatings* (2013), S. 39–49

[P2] Zhao, R.; Weikert, T.; Tremmel, S.; Wartzack, S.: *Untersuchung des tribologischen Verhaltens wolframmodifizierter amorpher Kohlenstoffschichten (a-C:H:W) bei systematischer Variation der Biasspannung und des Argonflusses während des Beschichtungsprozesses.* In: 55. *Tribologie-Fachtagung: Reibung, Schmierung und Verschleiß* (2014), S. 32/1–32/10

[P3] Merklein, M.; Schmidt, M.; Wartzack, S.; Tremmel, S.; Andreas K.; Häfner, T.; Zhao, R.; Steiner, J.: *Development and Evaluation of Tool Sided Surface Modifications for Dry Deep Drawing of Steel and Aluminum Alloys.* In: *Dry Metal Forming Open Access Journal (DMFOAJ)* 1 (2015), S. 113–120

[P4] Merklein, M.; Schmidt, M.; Tremmel, S.; Wartzack, S.; Andreas K.; Häfner, T.; Zhao, R.; Steiner, J.: *Investigation of Tribological Systems for Dry Deep Drawing by Tailored Surfaces.* In: *Dry Metal Forming Open Access Journal (DMFOAJ)* 1 (2015), S. 42–56

[P5] Zhao, R.; Weikert, T.; Tremmel, S.; Wartzack, S.: *Tribological behaviour of tungsten doped hydrogenated amorphous carbon coatings deposited under various bias voltages and argon flows.* In: *Proceeding 11th Coatings Science International (COSI)* (2015), S. 140–144

[P6] Zhao, R.; Weikert, T.; Tremmel, S.; Wartzack, S.: *Tribologisches Einsatzverhalten von diamantähnlichen Kohlenstoffschichten (DLC) auf Werkzeugstahl gegenüber Stahl- und Aluminiumblechwerkstoffen für Trockentiefziehprozesse.* In: *56. Tribologie-Fachtagung* (2015), S. 25/1–25/10

[P7] Steiner, J.; Zhao, R.; Tremmel, S.; Merklein, M.: *Investigation of Tribological Behavior of Carbon Coatings in Dry Sheet Metal Forming.* In: *Proceedings 12th International Conference THE "A" Coatings* (2016), S. 153–160

[P8] Zhao, R.; Steiner, J.; Andreas, K.; Merklein, M.; Tremmel, S.: *Investigation of Tribological Behaviour of a C:H Coatings for Dry Deep Drawing of Aluminium Alloys.* In: *The 17th Nordic Symposium on Tribology - NORDTRIB* (2016), S. 145

[P9] Zhao, R.; Tremmel, S.: *PVD-/PECVD-DLC Thin Coatings as a Potential Solution for Tailored Friction Conditions for Dry Sheet Metal Forming Tools.* In: *Proceedings 12th International Conference THE "A" Coatings* (2016), S. 193–200

[P10] Merklein, M.; Schmidt, M.; Tremmel, S.; Andreas, K.; Häfner, T.; Zhao, R.; Steiner, J.: *Tailored modifications of amorphous carbon based coatings for dry deep drawing.* In: *Dry Metal Forming Open Access Journal (DMFOAJ)* 2 (2016), S. 25–39

[P11] Zhao, R.; Tremmel, S.: *Tribologisches Einsatzverhalten von diamantähnlichen Kohlenstoffschichten (DLC) auf Werkzeugstahl gegenüber Stahl- und Aluminiumblechwerkstoffen für Trockentiefziehprozesse.* In: *Tribologie und Schmierungstechnik* (2016), S. 35–42

[P12] Steiner, J.; Häfner, T.; Zhao, R.; Andreas, K.; Schmidt, M.; Tremmel, S.; Merklein, M.: *Analysis of tool-sided surface modifications for dry deep drawing of deep drawing steel and aluminum alloys in a model process.* In: *Dry Metal Forming Open Access Journal (DMFOAJ)* 3 (2017), S. 30–40

[P13] Häfner, T.; Heberle, J.; Hautmann, H.; Zhao, R.; Tenner, J.; Tremmel, S.; Merklein, M.: *Effect of picosecond laser based modifications of amorphous carbon coatings on lubricant-free tribological systems.* In: *Journal of Laser Micro Nanoengineering (JLMN)* 12 (2017), Nr.2, S. 132–140

[P14] Zhao, R.; Steiner, J.; Andreas, K.; Merklein, M.; Tremmel, S.: *Investigation of tribological behaviour of a-C:H coatings for dry deep drawing of aluminium alloys.* In: *Tribology International (Tribol. Int)* (2018), Nr.118, S. 484–490

[P15] Tenner, J.; Häfner, T.; Rothammer, B.; Krachenfels, K.; Zhao, R.; Schmidt, M.; Tremmel, S.: *Influence of laser generated micro textured coated tool surfaces on dry deep drawing processes.* In: *Dry Metal Forming Open Access Journal (DMFOAJ)* 4 (2018), S. 35–46

[P16] Henneberg, J.; Rothammer, B.; Zhao, R.; Vorndran, M.; Tenner, J.; Krachenfels, K.; Häfner, T.; Tremmel, S.; Schmidt, M.; Merklein, M.: *Analysis of tribological behavior of surface modifications for a dry deep drawing process.* In: *Dry Metal Forming Open Access Journal (DMFOAJ)* 5 (2019), S. 13–24

[P17] Krachenfels, K.; Rothammer, B.; Zhao, R.; Tremmel, S.; Merklein, M.: *Influence of varying sheet material properties on dry deep drawing process.* In: *IOP Conference Series: Materials Science and Engineering* 651 (2019), S. 1–8

[P18] Rothammer, B.; Zhao, R.; Krachenfels, K.; Merklein, M.; Tremmel, S.: *Investigation of the tribological performance of a C:H coating systems by modifying adhesive layer for application in dry deep drawing.* In: *Proceedings of the International Tribology Conference Sendai* (2019)

[P19] Henneberg, J.; Rothammer, B.; Zhao, R.; Vorndran, M.; Tenner, J.; Krachenfels, K.; Häfner, T.; Tremmel, S.; Schmidt, M.; Merklein, M.: *Lubricant free forming with tailored tribological conditions.* In: *Dry Metal Forming Open Access Journal (DMFOAJ)* 6 (2020), S. 228–261

Verzeichnis promotionsbezogener, studentischer Arbeiten

[S1] Zlotnik, Denys: *Charakterisierung tribologischer PVD-/PACVD- Beschichtungen für die Blechmassivumformung*. Bachelorarbeit (2014), Erlangen

[S2] Serpil, Sari: *Beurteilung der Adhäsionsneigung amorpher Kohlenstoffschichten gegen metallische Blechwerkstoffe bei der Festkörperreibung*. Bachelorarbeit (2017), Erlangen

[S3] Frühwald, Tobias: *Untersuchung der trockenen tribologischen Verhaltens der metalldortierten amorphen Kohlenstoffschichten*. Bachelorarbeit (2017), Erlangen

[S4] Roth, Dominik: *Optimierung des a-C:H-Schichtsystems hinsichtlich seiner Haftfestigkeit auf dem Substrat*. Bachelorarbeit (2016), Erlangen

[S5] Richter, Johann: *Untersuchung SiO dotierter amorpher Kohlenstoffschichten mittels vollfaktoriellen Versuchsplans*. Bachelorarbeit (2017), Erlangen

[S5] Hupianiuk, Liubou: *Realisierung der Adhäsionskraftmessung von diamantähnlichen Kohlenstoffschichten gegen Aluminiumlegierung mittels AFM*. Bachelorarbeit (2015), Erlangen

[S6] Wigger, Henrik: *Quantitative Bestimmung des sp3-Anteils in amorphen Kohlenstoffschichten mittels Raman-Spektroskopie mit Laserwellenlängen von 532 nm und 633 nm*. Bachelorarbeit (2017), Erlangen

[S7] Feile, Klara: *Untersuchung zur Einstellbarkeit von chemischen Bindungen in amorphen Kohlenstoffschichten*. Bachelorarbeit (2019), Erlangen

[S8] Frühwald, Simon: *Auslegung der systematischen Herstellung von PVD-/PACVD-Dünnschichten mittels statistischer Versuchspläne*. Projektarbeit (2015), Erlangen

[S9] Wang, Youyan: *Auswahl und Bewertung von den tribologischen a-C:H:W-Dünnschichten auf Werkzeugstahl gegenüber Stahlblechwerkstoff für Trockentiefziehprozess*. Projektarbeit (2016), Erlangen

[S10] Su, Fei: *Einflüsse des Chargierverfahrens auf die Eigenschaften von PVD-/PACVD-Dünnschichten*. Projektarbeit (2017), Erlangen

[S11] Kong, Chuijian: *Untersuchung von intrinsischen Spannungen in Mono- und Multilagen-Schichtarchitekturen*. Masterarbeit (2019), Erlangen

[S12] Huang, Chenhui: *Entwicklung eines Konzeptes zur Herstellung einer superharten wasserstoffhaltigen amorphen Kohlenstoffschicht*. Masterarbeit (2016), Erlangen

[S13] Deuringer, Mathias: *Untersuchung des Einflusses der Substratrauheit auf die Haftung von PVD-Beschichtungen mittels eines Prozessmodells*. Masterarbeit (2016), Erlangen

[S14] Jin, Yunqiao: *Analyse der Einflüsse der strukturellen Eigenschaften von amorphen Kohlenstoffschichtsystemen auf das tribologische Verhalten mittels Raman-Spektroskopie*. Masterarbeit (2017), Erlangen

Reihenübersicht

Koordination der Reihe (Stand 2022):
Geschäftsstelle Maschinenbau, Dr.-Ing. Oliver Kreis, www.mb.fau.de/diss/

Im Rahmen der Reihe sind bisher die nachfolgenden Bände erschienen.

Band 1 – 52
Fertigungstechnik – Erlangen
ISSN 1431-6226
Carl Hanser Verlag, München

Band 53 – 307
Fertigungstechnik – Erlangen
ISSN 1431-6226
Meisenbach Verlag, Bamberg

ab Band 308
FAU Studien aus dem Maschinenbau
ISSN 2625-9974
FAU University Press, Erlangen

Die Zugehörigkeit zu den jeweiligen Lehrstühlen ist wie folgt gekennzeichnet:

Lehrstühle:

FAPS	Lehrstuhl für Fertigungsautomatisierung und Produktionssystematik
FMT	Lehrstuhl für Fertigungsmesstechnik
KTmfk	Lehrstuhl für Konstruktionstechnik
LFT	Lehrstuhl für Fertigungstechnologie
LPT	Lehrstuhl für Photonische Technologien
REP	Lehrstuhl für Ressourcen- und Energieeffiziente Produktionsmaschinen

Band 1: Andreas Hemberger
Innovationspotentiale in der rechnerintegrierten Produktion durch wissensbasierte Systeme
FAPS, 208 Seiten, 107 Bilder. 1988.
ISBN 3-446-15234-2.

Band 2: Detlef Classe
Beitrag zur Steigerung der Flexibilität automatisierter Montagesysteme durch Sensorintegration und erweiterte Steuerungskonzepte
FAPS, 194 Seiten, 70 Bilder. 1988.
ISBN 3-446-15529-5.

Band 3: Friedrich-Wilhelm Nolting
Projektierung von Montagesystemen
FAPS, 201 Seiten, 107 Bilder, 1 Tab. 1989.
ISBN 3-446-15541-4.

Band 4: Karsten Schlüter
Nutzungsgradsteigerung von Montagesystemen durch den Einsatz der Simulationstechnik
FAPS, 177 Seiten, 97 Bilder. 1989.
ISBN 3-446-15542-2.

Band 5: Shir-Kuan Lin
Aufbau von Modellen zur Lageregelung von Industrierobotern
FAPS, 168 Seiten, 46 Bilder. 1989.
ISBN 3-446-15546-5.

Band 6: Rudolf Nuss
Untersuchungen zur Bearbeitungsqualität im Fertigungssystem Laserstrahlschneiden
LFT, 206 Seiten, 115 Bilder, 6 Tab. 1989.
ISBN 3-446-15783-2.

Band 7: Wolfgang Scholz
Modell zur datenbankgestützten Planung automatisierter Montageanlagen
FAPS, 194 Seiten, 89 Bilder. 1989.
ISBN 3-446-15825-1.

Band 8: Hans-Jürgen Wißmeier
Beitrag zur Beurteilung des Bruchverhaltens von Hartmetall-Fließpreßmatrizen
LFT, 179 Seiten, 99 Bilder, 9 Tab. 1989.
ISBN 3-446-15921-5.

Band 9: Rainer Eisele
Konzeption und Wirtschaftlichkeit von Planungssystemen in der Produktion
FAPS, 183 Seiten, 86 Bilder. 1990.
ISBN 3-446-16107-4.

Band 10: Rolf Pfeiffer
Technologisch orientierte Montageplanung am Beispiel der Schraubtechnik
FAPS, 216 Seiten, 102 Bilder, 16 Tab. 1990.
ISBN 3-446-16161-9.

Band 11: Herbert Fischer
Verteilte Planungssysteme zur Flexibilitätssteigerung der rechnerintegrierten Teilefertigung
FAPS, 201 Seiten, 82 Bilder. 1990.
ISBN 3-446-16105-8.

Band 12: Gerhard Kleineidam
CAD/CAP: Rechnergestützte Montagefeinplanung
FAPS, 203 Seiten, 107 Bilder. 1990.
ISBN 3-446-16112-0.

Band 13: Frank Vollertsen
Pulvermetallurgische Verarbeitung eines übereutektoiden verschleißfesten Stahls
LFT, XIII u. 217 Seiten, 67 Bilder, 34 Tab. 1990. ISBN 3-446-16133-3.

Band 14: Stephan Biermann
Untersuchungen zur Anlagen- und Prozeßdiagnostik für das Schneiden mit CO2-Hochleistungslasern
LFT, VIII u. 170 Seiten, 93 Bilder, 4 Tab. 1991. ISBN 3-446-16269-0.

Band 15: Uwe Geißler
Material- und Datenfluß in einer flexiblen Blechbearbeitungszelle
LFT, 124 Seiten, 41 Bilder, 7 Tab. 1991. ISBN 3-446-16358-1.

Band 16: Frank Oswald Hake
Entwicklung eines rechnergestützten Diagnosesystems für automatisierte Montagezellen
FAPS, XIV u. 166 Seiten, 77 Bilder. 1991. ISBN 3-446-16428-6.

Band 17: Herbert Reichel
Optimierung der Werkzeugbereitstellung durch rechnergestützte Arbeitsfolgenbestimmung
FAPS, 198 Seiten, 73 Bilder, 2 Tab. 1991. ISBN 3-446-16453-7.

Band 18: Josef Scheller
Modellierung und Einsatz von Softwaresystemen für rechnergeführte Montagezellen
FAPS, 198 Seiten, 65 Bilder. 1991. ISBN 3-446-16454-5.

Band 19: Arnold vom Ende
Untersuchungen zum Biegeumforme mit elastischer Matrize
LFT, 166 Seiten, 55 Bilder, 13 Tab. 1991. ISBN 3-446-16493-6.

Band 20: Joachim Schmid
Beitrag zum automatisierten Bearbeiten von Keramikguß mit Industrierobotern
FAPS, XIV u. 176 Seiten, 111 Bilder, 6 Tab. 1991. ISBN 3-446-16560-6.

Band 21: Egon Sommer
Multiprozessorsteuerung für kooperierende Industrieroboter in Montagezellen
FAPS, 188 Seiten, 102 Bilder. 1991. ISBN 3-446-17062-6.

Band 22: Georg Geyer
Entwicklung problemspezifischer Verfahrensketten in der Montage
FAPS, 192 Seiten, 112 Bilder. 1991. ISBN 3-446-16552-5.

Band 23: Rainer Flohr
Beitrag zur optimalen Verbindungstechnik in der Oberflächenmontage (SMT)
FAPS, 186 Seiten, 79 Bilder. 1991. ISBN 3-446-16568-1.

Band 24: Alfons Rief
Untersuchungen zur Verfahrensfolge Laserstrahlschneiden und -schweißen in der Rohkarosseriefertigung
LFT, VI u. 145 Seiten, 58 Bilder, 5 Tab. 1991. ISBN 3-446-16593-2.

Band 25: Christoph Thim
Rechnerunterstützte Optimierung von Materialflußstrukturen in der Elektronikmontage durch Simulation
FAPS, 188 Seiten, 74 Bilder. 1992.
ISBN 3-446-17118-5.

Band 26: Roland Müller
CO_2 -Laserstrahlschneiden von kurzglasverstärkten Verbundwerkstoffen
LFT, 141 Seiten, 107 Bilder, 4 Tab. 1992.
ISBN 3-446-17104-5.

Band 27: Günther Schäfer
Integrierte Informationsverarbeitung bei der Montageplanung
FAPS, 195 Seiten, 76 Bilder. 1992.
ISBN 3-446-17117-7.

Band 28: Martin Hoffmann
Entwicklung einer CAD/CAM-Prozeßkette für die Herstellung von Blechbiegeteilen
LFT, 149 Seiten, 89 Bilder. 1992.
ISBN 3-446-17154-1.

Band 29: Peter Hoffmann
Verfahrensfolge Laserstrahlschneiden und -schweißen: Prozeßführung und Systemtechnik in der 3D-Laserstrahlbearbeitung von Blechformteilen
LFT, 186 Seiten, 92 Bilder, 10 Tab. 1992.
ISBN 3-446-17153-3.

Band 30: Olaf Schrödel
Flexible Werkstattsteuerung mit objektorientierten Softwarestrukturen
FAPS, 180 Seiten, 84 Bilder. 1992.
ISBN 3-446-17242-4.

Band 31: Hubert Reinisch
Planungs- und Steuerungswerkzeuge zur impliziten Geräteprogrammierung in Roboterzellen
FAPS, XI u. 212 Seiten, 112 Bilder. 1992.
ISBN 3-446-17380-3.

Band 32: Brigitte Bärnreuther
Ein Beitrag zur Bewertung des Kommunikationsverhaltens von Automatisierungsgeräten in flexiblen Produktionszellen
FAPS, XI u. 179 Seiten, 71 Bilder. 1992.
ISBN 3-446-17451-6.

Band 33: Joachim Hutfless
Laserstrahlregelung und Optikdiagnostik in der Strahlführung einer CO_2-Hochleistungslaseranlage
LFT, 175 Seiten, 70 Bilder, 17 Tab. 1993.
ISBN 3-446-17532-6.

Band 34: Uwe Günzel
Entwicklung und Einsatz eines Simulationsverfahrens für operative und strategische Probleme der Produktionsplanung und -steuerung
FAPS, XIV u. 170 Seiten, 66 Bilder, 5 Tab. 1993. ISBN 3-446-17604-7.

Band 35: Bertram Ehmann
Operatives Fertigungscontrolling durch Optimierung auftragsbezogener Bearbeitungsabläufe in der Elektronikfertigung
FAPS, XV u. 167 Seiten, 114 Bilder. 1993.
ISBN 3-446-17658-6.

Band 36: Harald Kolléra
Entwicklung eines benutzerorientierten Werkstattprogrammiersystems für das Laserstrahlschneiden
LFT, 129 Seiten, 66 Bilder, 1 Tab. 1993.
ISBN 3-446-17719-1.

Band 37: Stephanie Abels
Modellierung und Optimierung von Montageanlagen in einem integrierten Simulationssystem
FAPS, 188 Seiten, 88 Bilder. 1993.
ISBN 3-446-17731-0.

Band 38: Robert Schmidt-Hebbel
Laserstrahlbohren durchflußbestimmender Durchgangslöcher
LFT, 145 Seiten, 63 Bilder, 11 Tab. 1993.
ISBN 3-446-17778-7.

Band 39: Norbert Lutz
Oberflächenfeinbearbeitung keramischer Werkstoffe mit XeCl-Excimerlaserstrahlung
LFT, 187 Seiten, 98 Bilder, 29 Tab. 1994.
ISBN 3-446-17970-4.

Band 40: Konrad Grampp
Rechnerunterstützung bei Test und Schulung an Steuerungssoftware von SMD-Bestücklinien
FAPS, 178 Seiten, 88 Bilder. 1995.
ISBN 3-446-18173-3.

Band 41: Martin Koch
Wissensbasierte Unterstützung der Angebotsbearbeitung in der Investitionsgüterindustrie
FAPS, 169 Seiten, 68 Bilder. 1995.
ISBN 3-446-18174-1.

Band 42: Armin Gropp
Anlagen- und Prozeßdiagnostik beim Schneiden mit einem gepulsten Nd:YAG-Laser
LFT, 160 Seiten, 88 Bilder, 7 Tab. 1995.
ISBN 3-446-18241-1.

Band 43: Werner Heckel
Optische 3D-Konturerfassung und on-line Biegewinkelmessung mit dem Lichtschnittverfahren
LFT, 149 Seiten, 43 Bilder, 11 Tab. 1995.
ISBN 3-446-18243-8.

Band 44: Armin Rothhaupt
Modulares Planungssystem zur Optimierung der Elektronikfertigung
FAPS, 180 Seiten, 101 Bilder. 1995.
ISBN 3-446-18307-8.

Band 45: Bernd Zöllner
Adaptive Diagnose in der Elektronikproduktion
FAPS, 195 Seiten, 74 Bilder, 3 Tab. 1995.
ISBN 3-446-18308-6.

Band 46: Bodo Vormann
Beitrag zur automatisierten Handhabungsplanung komplexer Blechbiegeteile
LFT, 126 Seiten, 89 Bilder, 3 Tab. 1995.
ISBN 3-446-18345-0.

Band 47: Peter Schnepf
Zielkostenorientierte Montageplanung
FAPS, 144 Seiten, 75 Bilder. 1995.
ISBN 3-446-18397-3.

Band 48: Rainer Klotzbücher
Konzept zur rechnerintegrierten Materialversorgung in flexiblen Fertigungssystemen
FAPS, 156 Seiten, 62 Bilder. 1995.
ISBN 3-446-18412-0.

Band 49: Wolfgang Greska
Wissensbasierte Analyse und Klassifizierung von Blechteilen
LFT, 144 Seiten, 96 Bilder. 1995.
ISBN 3-446-18462-7.

Band 50: Jörg Franke
Integrierte Entwicklung neuer Produkt- und Produktionstechnologien für räumliche spritzgegossene Schaltungsträger (3-D MID)
FAPS, 196 Seiten, 86 Bilder, 4 Tab. 1995.
ISBN 3-446-18448-1.

Band 51: Franz-Josef Zeller
Sensorplanung und schnelle Sensorregelung für Industrieroboter
FAPS, 190 Seiten, 102 Bilder, 9 Tab. 1995.
ISBN 3-446-18601-8.

Band 52: Michael Solvie
Zeitbehandlung und Multimedia-Unterstützung in Feldkommunikationssystemen
FAPS, 200 Seiten, 87 Bilder, 35 Tab. 1996.
ISBN 3-446-18607-7.

Band 53: Robert Hopperdietzel
Reengineering in der Elektro- und Elektronikindustrie
FAPS, 180 Seiten, 109 Bilder, 1 Tab. 1996.
ISBN 3-87525-070-2.

Band 54: Thomas Rebhahn
Beitrag zur Mikromaterialbearbeitung mit Excimerlasern - Systemkomponenten und Verfahrensoptimierungen
LFT, 148 Seiten, 61 Bilder, 10 Tab. 1996.
ISBN 3-87525-075-3.

Band 55: Henning Hanebuth
Laserstrahlhartlöten mit Zweistrahltechnik
LFT, 157 Seiten, 58 Bilder, 11 Tab. 1996.
ISBN 3-87525-074-5.

Band 56: Uwe Schönherr
Steuerung und Sensordatenintegration für flexible Fertigungszellen mit kooperierenden Robotern
FAPS, 188 Seiten, 116 Bilder, 3 Tab. 1996.
ISBN 3-87525-076-1.

Band 57: Stefan Holzer
Berührungslose Formgebung mit Laserstrahlung
LFT, 162 Seiten, 69 Bilder, 11 Tab. 1996.
ISBN 3-87525-079-6.

Band 58: Markus Schultz
Fertigungsqualität beim 3D-Laserstrahlschweißen von Blechformteilen
LFT, 165 Seiten, 88 Bilder, 9 Tab. 1997.
ISBN 3-87525-080-X.

Band 59: Thomas Krebs
Integration elektromechanischer CA-Anwendungen über einem STEP-Produktmodell
FAPS, 198 Seiten, 58 Bilder, 8 Tab. 1997.
ISBN 3-87525-081-8.

Band 60: Jürgen Sturm
Prozeßintegrierte Qualitätssicherung in der Elektronikproduktion
FAPS, 167 Seiten, 112 Bilder, 5 Tab. 1997.
ISBN 3-87525-082-6.

Band 61: Andreas Brand
Prozesse und Systeme zur Bestückung räumlicher elektronischer Baugruppen (3D-MID)
FAPS, 182 Seiten, 100 Bilder. 1997.
ISBN 3-87525-087-7.

Band 62: Michael Kauf
Regelung der Laserstrahlleistung und der Fokusparameter einer CO2-Hochleistungslaseranlage
LFT, 140 Seiten, 70 Bilder, 5 Tab. 1997.
ISBN 3-87525-083-4.

Band 63: Peter Steinwasser
Modulares Informationsmanagement in der integrierten Produkt- und Prozeßplanung
FAPS, 190 Seiten, 87 Bilder. 1997.
ISBN 3-87525-084-2.

Band 64: Georg Liedl
Integriertes Automatisierungskonzept für den flexiblen Materialfluß in der Elektronikproduktion
FAPS, 196 Seiten, 96 Bilder, 3 Tab. 1997.
ISBN 3-87525-086-9.

Band 65: Andreas Otto
Transiente Prozesse beim Laserstrahlschweißen
LFT, 132 Seiten, 62 Bilder, 1 Tab. 1997.
ISBN 3-87525-089-3.

Band 66: Wolfgang Blöchl
Erweiterte Informationsbereitstellung an offenen CNC-Steuerungen zur Prozeß- und Programmoptimierung
FAPS, 168 Seiten, 96 Bilder. 1997.
ISBN 3-87525-091-5.

Band 67: Klaus-Uwe Wolf
Verbesserte Prozeßführung und Prozeßplanung zur Leistungs- und Qualitätssteigerung beim Spulenwickeln
FAPS, 186 Seiten, 125 Bilder. 1997.
ISBN 3-87525-092-3.

Band 68: Frank Backes
Technologieorientierte Bahnplanung für die 3D-Laserstrahlbearbeitung
LFT, 138 Seiten, 71 Bilder, 2 Tab. 1997.
ISBN 3-87525-093-1.

Band 69: Jürgen Kraus
Laserstrahlumformen von Profilen
LFT, 137 Seiten, 72 Bilder, 8 Tab. 1997.
ISBN 3-87525-094-X.

Band 70: Norbert Neubauer
Adaptive Strahlführungen für CO2-Laseranlagen
LFT, 120 Seiten, 50 Bilder, 3 Tab. 1997.
ISBN 3-87525-095-8.

Band 71: Michael Steber
Prozeßoptimierter Betrieb flexibler Schraubstationen in der automatisierten Montage
FAPS, 168 Seiten, 78 Bilder, 3 Tab. 1997.
ISBN 3-87525-096-6.

Band 72: Markus Pfestorf
Funktionale 3D-Oberflächenkenngrößen in der Umformtechnik
LFT, 162 Seiten, 84 Bilder, 15 Tab. 1997.
ISBN 3-87525-097-4.

Band 73: Volker Franke
Integrierte Planung und Konstruktion von Werkzeugen für die Biegebearbeitung
LFT, 143 Seiten, 81 Bilder. 1998.
ISBN 3-87525-098-2.

Band 74: Herbert Scheller
Automatisierte Demontagesysteme und recyclinggerechte Produktgestaltung elektronischer Baugruppen
FAPS, 184 Seiten, 104 Bilder, 17 Tab. 1998.
ISBN 3-87525-099-0.

Band 75: Arthur Meßner
Kaltmassivumformung metallischer Kleinstteile – Werkstoffverhalten, Wirkflächenreibung, Prozeßauslegung
LFT, 164 Seiten, 92 Bilder, 14 Tab. 1998.
ISBN 3-87525-100-8.

Band 76: Mathias Glasmacher
Prozeß- und Systemtechnik zum Laserstrahl-Mikroschweißen
LFT, 184 Seiten, 104 Bilder, 12 Tab. 1998.
ISBN 3-87525-101-6.

Band 77: Michael Schwind
Zerstörungsfreie Ermittlung mechanischer Eigenschaften von Feinblechen mit dem Wirbelstromverfahren
LFT, 124 Seiten, 68 Bilder, 8 Tab. 1998.
ISBN 3-87525-102-4.

Band 78: Manfred Gerhard
Qualitätssteigerung in der Elektronikproduktion durch Optimierung der Prozeßführung beim Löten komplexer Baugruppen
FAPS, 179 Seiten, 113 Bilder, 7 Tab. 1998.
ISBN 3-87525-103-2.

Band 79: Elke Rauh
Methodische Einbindung der Simulation in die betrieblichen Planungs- und Entscheidungsabläufe
FAPS, 192 Seiten, 114 Bilder, 4 Tab. 1998.
ISBN 3-87525-104-0.

Band 80: Sorin Niederkorn
Meßeinrichtung zur Untersuchung der Wirkflächenreibung bei umformtechnischen Prozessen
LFT, 99 Seiten, 46 Bilder, 6 Tab. 1998.
ISBN 3-87525-105-9.

Band 81: Stefan Schuberth
Regelung der Fokuslage beim Schweißen mit CO_2-Hochleistungslasern unter Einsatz von adaptiven Optiken
LFT, 140 Seiten, 64 Bilder, 3 Tab. 1998.
ISBN 3-87525-106-7.

Band 82: Armando Walter Colombo
Development and Implementation of Hierarchical Control Structures of Flexible Production Systems Using High Level Petri Nets
FAPS, 216 Seiten, 86 Bilder. 1998.
ISBN 3-87525-109-1.

Band 83: Otto Meedt
Effizienzsteigerung bei Demontage und Recycling durch flexible Demontagetechnologien und optimierte Produktgestaltung
FAPS, 186 Seiten, 103 Bilder. 1998.
ISBN 3-87525-108-3.

Band 84: Knuth Götz
Modelle und effiziente Modellbildung zur Qualitätssicherung in der Elektronikproduktion
FAPS, 212 Seiten, 129 Bilder, 24 Tab. 1998.
ISBN 3-87525-112-1.

Band 85: Ralf Luchs
Einsatzmöglichkeiten leitender Klebstoffe zur zuverlässigen Kontaktierung elektronischer Bauelemente in der SMT
FAPS, 176 Seiten, 126 Bilder, 30 Tab. 1998.
ISBN 3-87525-113-7.

Band 86: Frank Pöhlau
Entscheidungsgrundlagen zur Einführung räumlicher spritzgegossener Schaltungsträger (3-D MID)
FAPS, 144 Seiten, 99 Bilder. 1999.
ISBN 3-87525-114-8.

Band 87: Roland T. A. Kals
Fundamentals on the miniaturization of sheet metal working processes
LFT, 128 Seiten, 58 Bilder, 11 Tab. 1999.
ISBN 3-87525-115-6.

Band 88: Gerhard Luhn
Implizites Wissen und technisches Handeln am Beispiel der Elektronikproduktion
FAPS, 252 Seiten, 61 Bilder, 1 Tab. 1999.
ISBN 3-87525-116-4.

Band 89: Axel Sprenger
Adaptives Streckbiegen von Aluminium-Strangpreßprofilen
LFT, 114 Seiten, 63 Bilder, 4 Tab. 1999.
ISBN 3-87525-117-2.

Band 90: Hans-Jörg Pucher
Untersuchungen zur Prozeßfolge Umformen, Bestücken und Laserstrahllöten von Mikrokontakten
LFT, 158 Seiten, 69 Bilder, 9 Tab. 1999.
ISBN 3-87525-119-9.

Band 91: Horst Arnet
Profilbiegen mit kinematischer Gestalterzeugung
LFT, 128 Seiten, 67 Bilder, 7 Tab. 1999.
ISBN 3-87525-120-2.

Band 92: Doris Schubart
Prozeßmodellierung und Technologieentwicklung beim Abtragen mit CO2-Laserstrahlung
LFT, 133 Seiten, 57 Bilder, 13 Tab. 1999.
ISBN 3-87525-122-9.

Band 93: Adrianus L. P. Coremans
Laserstrahlsintern von Metallpulver - Prozeßmodellierung, Systemtechnik, Eigenschaften laserstrahlgesinterter Metallkörper
LFT, 184 Seiten, 108 Bilder, 12 Tab. 1999.
ISBN 3-87525-124-5.

Band 94: Hans-Martin Biehler
Optimierungskonzepte für Qualitätsdatenverarbeitung und Informationsbereitstellung in der Elektronikfertigung
FAPS, 194 Seiten, 105 Bilder. 1999.
ISBN 3-87525-126-1.

Band 95: Wolfgang Becker
Oberflächenausbildung und tribologische Eigenschaften excimerlaserstrahlbearbeiteter Hochleistungskeramiken
LFT, 175 Seiten, 71 Bilder, 3 Tab. 1999.
ISBN 3-87525-127-X.

Band 96: Philipp Hein
Innenhochdruck-Umformen von Blechpaaren: Modellierung, Prozeßauslegung und Prozeßführung
LFT, 129 Seiten, 57 Bilder, 7 Tab. 1999.
ISBN 3-87525-128-8.

Band 97: Gunter Beitinger
Herstellungs- und Prüfverfahren für thermoplastische Schaltungsträger
FAPS, 169 Seiten, 92 Bilder, 20 Tab. 1999.
ISBN 3-87525-129-6.

Band 98: Jürgen Knoblach
Beitrag zur rechnerunterstützten verursachungsgerechten Angebotskalkulation von Blechteilen mit Hilfe wissensbasierter Methoden
LFT, 155 Seiten, 53 Bilder, 26 Tab. 1999.
ISBN 3-87525-130-X.

Band 99: Frank Breitenbach
Bildverarbeitungssystem zur Erfassung der Anschlußgeometrie elektronischer SMT-Bauelemente
LFT, 147 Seiten, 92 Bilder, 12 Tab. 2000.
ISBN 3-87525-131-8.

Band 100: Bernd Falk
Simulationsbasierte Lebensdauervorhersage für Werkzeuge der Kaltmassivumformung
LFT, 134 Seiten, 44 Bilder, 15 Tab. 2000.
ISBN 3-87525-136-9.

Band 101: Wolfgang Schlögl
Integriertes Simulationsdaten-Management für Maschinenentwicklung und Anlagenplanung
FAPS, 169 Seiten, 101 Bilder, 20 Tab. 2000.
ISBN 3-87525-137-7.

Band 102: Christian Hinsel
Ermüdungsbruchversagen hartstoffbeschichteter Werkzeugstähle in der Kaltmassivumformung
LFT, 130 Seiten, 80 Bilder, 14 Tab. 2000.
ISBN 3-87525-138-5.

Band 103: Stefan Bobbert
Simulationsgestützte Prozessauslegung für das Innenhochdruck-Umformen von Blechpaaren
LFT, 123 Seiten, 77 Bilder. 2000.
ISBN 3-87525-145-8.

Band 104: Harald Rottbauer
Modulares Planungswerkzeug zum Produktionsmanagement in der Elektronikproduktion
FAPS, 166 Seiten, 106 Bilder. 2001.
ISBN 3-87525-139-3.

Band 105: Thomas Hennige
Flexible Formgebung von Blechen durch Laserstrahlumformen
LFT, 119 Seiten, 50 Bilder. 2001.
ISBN 3-87525-140-7.

Band 106: Thomas Menzel
Wissensbasierte Methoden für die rechnergestützte Charakterisierung und Bewertung innovativer Fertigungsprozesse
LFT, 152 Seiten, 71 Bilder. 2001.
ISBN 3-87525-142-3.

Band 107: Thomas Stöckel
Kommunikationstechnische Integration der Prozeßebene in Produktionssysteme durch Middleware-Frameworks
FAPS, 147 Seiten, 65 Bilder, 5 Tab. 2001.
ISBN 3-87525-143-1.

Band 108: Frank Pitter
Verfügbarkeitssteigerung von Werkzeugmaschinen durch Einsatz mechatronischer Sensorlösungen
FAPS, 158 Seiten, 131 Bilder, 8 Tab. 2001.
ISBN 3-87525-144-X.

Band 109: Markus Korneli
Integration lokaler CAP-Systeme in einen globalen Fertigungsdatenverbund
FAPS, 121 Seiten, 53 Bilder, 11 Tab. 2001.
ISBN 3-87525-146-6.

Band 110: Burkhard Müller
Laserstrahljustieren mit Excimer-Lasern - Prozeßparameter und Modelle zur Aktorkonstruktion
LFT, 128 Seiten, 36 Bilder, 9 Tab. 2001.
ISBN 3-87525-159-8.

Band 111: Jürgen Göhringer
Integrierte Telediagnose via Internet zum effizienten Service von Produktionssystemen
FAPS, 178 Seiten, 98 Bilder, 5 Tab. 2001.
ISBN 3-87525-147-4.

Band 112: Robert Feuerstein
Qualitäts- und kosteneffiziente Integration neuer Bauelementetechnologien in die Flachbaugruppenfertigung
FAPS, 161 Seiten, 99 Bilder, 10 Tab. 2001.
ISBN 3-87525-151-2.

Band 113: Marcus Reichenberger
Eigenschaften und Einsatzmöglichkeiten alternativer Elektroniklote in der Oberflächenmontage (SMT)
FAPS, 165 Seiten, 97 Bilder, 18 Tab. 2001.
ISBN 3-87525-152-0.

Band 114: Alexander Huber
Justieren vormontierter Systeme mit dem Nd:YAG-Laser unter Einsatz von Aktoren
LFT, 122 Seiten, 58 Bilder, 5 Tab. 2001.
ISBN 3-87525-153-9.

Band 115: Sami Krimi
Analyse und Optimierung von Montagesystemen in der Elektronikproduktion
FAPS, 155 Seiten, 88 Bilder, 3 Tab. 2001.
ISBN 3-87525-157-1.

Band 116: Marion Merklein
Laserstrahlumformen von Aluminiumwerkstoffen - Beeinflussung der Mikrostruktur und der mechanischen Eigenschaften
LFT, 122 Seiten, 65 Bilder, 15 Tab. 2001.
ISBN 3-87525-156-3.

Band 117: Thomas Collisi
Ein informationslogistisches Architekturkonzept zur Akquisition simulationsrelevanter Daten
FAPS, 181 Seiten, 105 Bilder, 7 Tab. 2002.
ISBN 3-87525-164-4.

Band 118: Markus Koch
Rationalisierung und ergonomische Optimierung im Innenausbau durch den Einsatz moderner Automatisierungstechnik
FAPS, 176 Seiten, 98 Bilder, 9 Tab. 2002.
ISBN 3-87525-165-2.

Band 119: Michael Schmidt
Prozeßregelung für das Laserstrahl-Punktschweißen in der Elektronikproduktion
LFT, 152 Seiten, 71 Bilder, 3 Tab. 2002.
ISBN 3-87525-166-0.

Band 120: Nicolas Tiesler
Grundlegende Untersuchungen zum Fließpressen metallischer Kleinstteile
LFT, 126 Seiten, 78 Bilder, 12 Tab. 2002.
ISBN 3-87525-175-X.

Band 121: Lars Pursche
Methoden zur technologieorientierten Programmierung für die 3D-Lasermikrobearbeitung
LFT, 111 Seiten, 39 Bilder, 0 Tab. 2002.
ISBN 3-87525-183-0.

Band 122: Jan-Oliver Brassel
Prozeßkontrolle beim Laserstrahl-Mikroschweißen
LFT, 148 Seiten, 72 Bilder, 12 Tab. 2002.
ISBN 3-87525-181-4.

Band 123: Mark Geisel
Prozeßkontrolle und -steuerung beim Laserstrahlschweißen mit den Methoden der nichtlinearen Dynamik
LFT, 135 Seiten, 46 Bilder, 2 Tab. 2002.
ISBN 3-87525-180-6.

Band 124: Gerd Eßer
Laserstrahlunterstützte Erzeugung metallischer Leiterstrukturen auf Thermoplastsubstraten für die MID-Technik
LFT, 148 Seiten, 60 Bilder, 6 Tab. 2002.
ISBN 3-87525-171-7.

Band 125: Marc Fleckenstein
Qualität laserstrahl-gefügter Mikroverbindungen elektronischer Kontakte
LFT, 159 Seiten, 77 Bilder, 7 Tab. 2002.
ISBN 3-87525-170-9.

Band 126: Stefan Kaufmann
Grundlegende Untersuchungen zum Nd:YAG- Laserstrahlfügen von Silizium für Komponenten der Optoelektronik
LFT, 159 Seiten, 100 Bilder, 6 Tab. 2002.
ISBN 3-87525-172-5.

Band 127: Thomas Fröhlich
Simultanes Löten von Anschlußkontakten elektronischer Bauelemente mit Diodenlaserstrahlung
LFT, 143 Seiten, 75 Bilder, 6 Tab. 2002.
ISBN 3-87525-186-5.

Band 128: Achim Hofmann
Erweiterung der Formgebungsgrenzen beim Umformen von Aluminiumwerkstoffen durch den Einsatz prozessangepasster Platinen
LFT, 113 Seiten, 58 Bilder, 4 Tab. 2002.
ISBN 3-87525-182-2.

Band 129: Ingo Kriebitzsch
3 - D MID Technologie in der Automobilelektronik
FAPS, 129 Seiten, 102 Bilder, 10 Tab. 2002.
ISBN 3-87525-169-5.

Band 130: Thomas Pohl
Fertigungsqualität und Umformbarkeit laserstrahlgeschweißter Formplatinen aus Aluminiumlegierungen
LFT, 133 Seiten, 93 Bilder, 12 Tab. 2002.
ISBN 3-87525-173-3.

Band 131: Matthias Wenk
Entwicklung eines konfigurierbaren Steuerungssystems für die flexible Sensorführung von Industrierobotern
FAPS, 167 Seiten, 85 Bilder, 1 Tab. 2002.
ISBN 3-87525-174-1.

Band 132: Matthias Negendanck
Neue Sensorik und Aktorik für Bearbeitungsköpfe zum Laserstrahlschweißen
LFT, 116 Seiten, 60 Bilder, 14 Tab. 2002.
ISBN 3-87525-184-9.

Band 133: Oliver Kreis
Integrierte Fertigung - Verfahrensintegration durch Innenhochdruck-Umformen, Trennen und Laserstrahlschweißen in einem Werkzeug sowie ihre tele- und multimediale Präsentation
LFT, 167 Seiten, 90 Bilder, 43 Tab. 2002.
ISBN 3-87525-176-8.

Band 134: Stefan Trautner
Technische Umsetzung produktbezogener Instrumente der Umweltpolitik bei Elektro- und Elektronikgeräten
FAPS, 179 Seiten, 92 Bilder, 11 Tab. 2002.
ISBN 3-87525-177-6.

Band 135: Roland Meier
Strategien für einen produktorientierten Einsatz räumlicher spritzgegossener Schaltungsträger (3-D MID)
FAPS, 155 Seiten, 88 Bilder, 14 Tab. 2002.
ISBN 3-87525-178-4.

Band 136: Jürgen Wunderlich
Kostensimulation - Simulationsbasierte Wirtschaftlichkeitsregelung komplexer Produktionssysteme
FAPS, 202 Seiten, 119 Bilder, 17 Tab. 2002.
ISBN 3-87525-179-2.

Band 137: Stefan Novotny
Innenhochdruck-Umformen von Blechen aus Aluminium- und Magnesiumlegierungen bei erhöhter Temperatur
LFT, 132 Seiten, 82 Bilder, 6 Tab. 2002.
ISBN 3-87525-185-7.

Band 138: Andreas Licha
Flexible Montageautomatisierung zur Komplettmontage flächenhafter Produktstrukturen durch kooperierende Industrieroboter
FAPS, 158 Seiten, 87 Bilder, 8 Tab. 2003.
ISBN 3-87525-189-X.

Band 139: Michael Eisenbarth
Beitrag zur Optimierung der Aufbau- und Verbindungstechnik für mechatronische Baugruppen
FAPS, 207 Seiten, 141 Bilder, 9 Tab. 2003.
ISBN 3-87525-190-3.

Band 140: Frank Christoph
Durchgängige simulationsgestützte Planung von Fertigungseinrichtungen der Elektronikproduktion
FAPS, 187 Seiten, 107 Bilder, 9 Tab. 2003.
ISBN 3-87525-191-1.

Band 141: Hinnerk Hagenah
Simulationsbasierte Bestimmung der zu erwartenden Maßhaltigkeit für das Blechbiegen
LFT, 131 Seiten, 36 Bilder, 26 Tab. 2003.
ISBN 3-87525-192-X.

Band 142: Ralf Eckstein
Scherschneiden und Biegen metallischer Kleinstteile - Materialeinfluss und Materialverhalten
LFT, 148 Seiten, 71 Bilder, 19 Tab. 2003.
ISBN 3-87525-193-8.

Band 143: Frank H. Meyer-Pittroff
Excimerlaserstrahlbiegen dünner metallischer Folien mit homogener Lichtlinie
LFT, 138 Seiten, 60 Bilder, 16 Tab. 2003.
ISBN 3-87525-196-2.

Band 144: Andreas Kach
Rechnergestützte Anpassung von Laserstrahlschneidbahnen an Bauteilabweichungen
LFT, 139 Seiten, 69 Bilder, 11 Tab. 2004.
ISBN 3-87525-197-0.

Band 145: Stefan Hierl
System- und Prozeßtechnik für das simultane Löten mit Diodenlaserstrahlung von elektronischen Bauelementen
LFT, 124 Seiten, 66 Bilder, 4 Tab. 2004.
ISBN 3-87525-198-9.

Band 146: Thomas Neudecker
Tribologische Eigenschaften keramischer Blechumformwerkzeuge- Einfluss einer Oberflächenendbearbeitung mittels Excimerlaserstrahlung
LFT, 166 Seiten, 75 Bilder, 26 Tab. 2004.
ISBN 3-87525-200-4.

Band 147: Ulrich Wenger
Prozessoptimierung in der Wickeltechnik durch innovative maschinenbauliche und regelungstechnische Ansätze
FAPS, 132 Seiten, 88 Bilder, 0 Tab. 2004.
ISBN 3-87525-203-9.

Band 148: Stefan Slama
Effizienzsteigerung in der Montage durch marktorientierte Montagestrukturen und erweiterte Mitarbeiterkompetenz
FAPS, 188 Seiten, 125 Bilder, 0 Tab. 2004.
ISBN 3-87525-204-7.

Band 149: Thomas Wurm
Laserstrahljustieren mittels Aktoren-Entwicklung von Konzepten und Methoden für die rechnerunterstützte Modellierung und Optimierung von komplexen Aktorsystemen in der Mikrotechnik
LFT, 122 Seiten, 51 Bilder, 9 Tab. 2004.
ISBN 3-87525-206-3.

Band 150: Martino Celeghini
Wirkmedienbasierte Blechumformung: Grundlagenuntersuchungen zum Einfluss von Werkstoff und Bauteilgeometrie
LFT, 146 Seiten, 77 Bilder, 6 Tab. 2004.
ISBN 3-87525-207-1.

Band 151: Ralph Hohenstein
Entwurf hochdynamischer Sensor- und Regelsysteme für die adaptive Laserbearbeitung
LFT, 282 Seiten, 63 Bilder, 16 Tab. 2004.
ISBN 3-87525-210-1.

Band 152: Angelika Hutterer
Entwicklung prozessüberwachender Regelkreise für flexible Formgebungsprozesse
LFT, 149 Seiten, 57 Bilder, 2 Tab. 2005.
ISBN 3-87525-212-8.

Band 153: Emil Egerer
Massivumformen metallischer Kleinstteile bei erhöhter Prozesstemperatur
LFT, 158 Seiten, 87 Bilder, 10 Tab. 2005.
ISBN 3-87525-213-6.

Band 154: Rüdiger Holzmann
Strategien zur nachhaltigen Optimierung von Qualität und Zuverlässigkeit in der Fertigung hochintegrierter Flachbaugruppen
FAPS, 186 Seiten, 99 Bilder, 19 Tab. 2005.
ISBN 3-87525-217-9.

Band 155: Marco Nock
Biegeumformen mit Elastomerwerkzeugen Modellierung, Prozessauslegung und Abgrenzung des Verfahrens am Beispiel des Rohrbiegens
LFT, 164 Seiten, 85 Bilder, 13 Tab. 2005.
ISBN 3-87525-218-7.

Band 156: Frank Niebling
Qualifizierung einer Prozesskette zum Laserstrahlsintern metallischer Bauteile
LFT, 148 Seiten, 89 Bilder, 3 Tab. 2005.
ISBN 3-87525-219-5.

Band 157: Markus Meiler
Großserientauglichkeit trockenschmierstoffbeschichteter Aluminiumbleche im Presswerk Grundlegende Untersuchungen zur Tribologie, zum Umformverhalten und Bauteilversuche
LFT, 104 Seiten, 57 Bilder, 21 Tab. 2005.
ISBN 3-87525-221-7.

Band 158: Agus Sutanto
Solution Approaches for Planning of Assembly Systems in Three-Dimensional Virtual Environments
FAPS, 169 Seiten, 98 Bilder, 3 Tab. 2005.
ISBN 3-87525-220-9.

Band 159: Matthias Boiger
Hochleistungssysteme für die Fertigung elektronischer Baugruppen auf der Basis flexibler Schaltungsträger
FAPS, 175 Seiten, 111 Bilder, 8 Tab. 2005.
ISBN 3-87525-222-5.

Band 160: Matthias Pitz
Laserunterstütztes Biegen höchstfester Mehrphasenstähle
LFT, 120 Seiten, 73 Bilder, 11 Tab. 2005.
ISBN 3-87525-223-3.

Band 161: Meik Vahl
Beitrag zur gezielten Beeinflussung des Werkstoffflusses beim Innenhochdruck-Umformen von Blechen
LFT, 165 Seiten, 94 Bilder, 15 Tab. 2005.
ISBN 3-87525-224-1.

Band 162: Peter K. Kraus
Plattformstrategien - Realisierung einer varianz- und kostenoptimierten Wertschöpfung
FAPS, 181 Seiten, 95 Bilder, 0 Tab. 2005.
ISBN 3-87525-226-8.

Band 163: Adrienn Cser
Laserstrahlschmelzabtrag - Prozessanalyse und -modellierung
LFT, 146 Seiten, 79 Bilder, 3 Tab. 2005.
ISBN 3-87525-227-6.

Band 164: Markus C. Hahn
Grundlegende Untersuchungen zur Herstellung von Leichtbauverbundstrukturen mit Aluminiumschaumkern
LFT, 143 Seiten, 60 Bilder, 16 Tab. 2005.
ISBN 3-87525-228-4.

Band 165: Gordana Michos
Mechatronische Ansätze zur Optimierung von Vorschubachsen
FAPS, 146 Seiten, 87 Bilder, 17 Tab. 2005.
ISBN 3-87525-230-6.

Band 166: Markus Stark
Auslegung und Fertigung hochpräziser Faser-Kollimator-Arrays
LFT, 158 Seiten, 115 Bilder, 11 Tab. 2005.
ISBN 3-87525-231-4.

Band 167: Yurong Zhou
Kollaboratives Engineering Management in der integrierten virtuellen Entwicklung der Anlagen für die Elektronikproduktion
FAPS, 156 Seiten, 84 Bilder, 6 Tab. 2005.
ISBN 3-87525-232-2.

Band 168: Werner Enser
Neue Formen permanenter und lösbarer elektrischer Kontaktierungen für mechatronische Baugruppen
FAPS, 190 Seiten, 112 Bilder, 5 Tab. 2005.
ISBN 3-87525-233-0.

Band 169: Katrin Melzer
Integrierte Produktpolitik bei elektrischen und elektronischen Geräten zur Optimierung des Product-Life-Cycle
FAPS, 155 Seiten, 91 Bilder, 17 Tab. 2005.
ISBN 3-87525-234-9.

Band 170: Alexander Putz
Grundlegende Untersuchungen zur Erfassung der realen Vorspannung von armierten Kaltfließpresswerkzeugen mittels Ultraschall
LFT, 137 Seiten, 71 Bilder, 15 Tab. 2006.
ISBN 3-87525-237-3.

Band 171: Martin Prechtl
Automatisiertes Schichtverfahren für metallische Folien - System- und Prozesstechnik
LFT, 154 Seiten, 45 Bilder, 7 Tab. 2006.
ISBN 3-87525-238-1.

Band 172: Markus Meidert
Beitrag zur deterministischen Lebensdauerabschätzung von Werkzeugen der Kaltmassivumformung
LFT, 131 Seiten, 78 Bilder, 9 Tab. 2006.
ISBN 3-87525-239-X.

Band 173: Bernd Müller
Robuste, automatisierte Montagesysteme durch adaptive Prozessführung und montageübergreifende Fehlerprävention am Beispiel flächiger Leichtbauteile
FAPS, 147 Seiten, 77 Bilder, 0 Tab. 2006.
ISBN 3-87525-240-3.

Band 174: Alexander Hofmann
Hybrides Laserdurchstrahlschweißen von Kunststoffen
LFT, 136 Seiten, 72 Bilder, 4 Tab. 2006.
ISBN 978-3-87525-243-9.

Band 175: Peter Wölflick
Innovative Substrate und Prozesse mit feinsten Strukturen für bleifreie Mechatronik-Anwendungen
FAPS, 177 Seiten, 148 Bilder, 24 Tab. 2006.
ISBN 978-3-87525-246-0.

Band 176: Attila Komlodi
Detection and Prevention of Hot Cracks during Laser Welding of Aluminium Alloys Using Advanced Simulation Methods
LFT, 155 Seiten, 89 Bilder, 14 Tab. 2006.
ISBN 978-3-87525-248-4.

Band 177: Uwe Popp
Grundlegende Untersuchungen zum Laserstrahlstrukturieren von Kaltmassivumformwerkzeugen
LFT, 140 Seiten, 67 Bilder, 16 Tab. 2006.
ISBN 978-3-87525-249-1.

Band 178: Veit Rückel
Rechnergestützte Ablaufplanung und Bahngenerierung Für kooperierende Industrieroboter
FAPS, 148 Seiten, 75 Bilder, 7 Tab. 2006.
ISBN 978-3-87525-250-7.

Band 179: Manfred Dirscherl
Nicht-thermische Mikrojustiertechnik mittels ultrakurzer Laserpulse
LFT, 154 Seiten, 69 Bilder, 10 Tab. 2007.
ISBN 978-3-87525-251-4.

Band 180: Yong Zhuo
Entwurf eines rechnergestützten integrierten Systems für Konstruktion und Fertigungsplanung räumlicher spritzgegossener Schaltungsträger (3D-MID)
FAPS, 181 Seiten, 95 Bilder, 5 Tab. 2007.
ISBN 978-3-87525-253-8.

Band 181: Stefan Lang
Durchgängige Mitarbeiterinformation zur Steigerung von Effizienz und Prozesssicherheit in der Produktion
FAPS, 172 Seiten, 93 Bilder. 2007.
ISBN 978-3-87525-257-6.

Band 182: Hans-Joachim Krauß
Laserstrahlinduzierte Pyrolyse präkeramischer Polymere
LFT, 171 Seiten, 100 Bilder. 2007.
ISBN 978-3-87525-258-3.

Band 183: Stefan Junker
Technologien und Systemlösungen für die flexibel automatisierte Bestückung permanent erregter Läufer mit oberflächenmontierten Dauermagneten
FAPS, 173 Seiten, 75 Bilder. 2007.
ISBN 978-3-87525-259-0.

Band 184: Rainer Kohlbauer
Wissensbasierte Methoden für die simulationsgestützte Auslegung wirkmedienbasierter Blechumformprozesse
LFT, 135 Seiten, 50 Bilder. 2007.
ISBN 978-3-87525-260-6.

Band 185: Klaus Lamprecht
Wirkmedienbasierte Umformung tiefgezogener Vorformen unter besonderer Berücksichtigung maßgeschneiderter Halbzeuge
LFT, 137 Seiten, 81 Bilder. 2007.
ISBN 978-3-87525-265-1.

Band 186: Bernd Zolleiß
Optimierte Prozesse und Systeme für die Bestückung mechatronischer Baugruppen
FAPS, 180 Seiten, 117 Bilder. 2007.
ISBN 978-3-87525-266-8.

Band 187: Michael Kerausch
Simulationsgestützte Prozessauslegung für das Umformen lokal wärmebehandelter Aluminiumplatinen
LFT, 146 Seiten, 76 Bilder, 7 Tab. 2007.
ISBN 978-3-87525-267-5.

Band 188: Matthias Weber
Unterstützung der Wandlungsfähigkeit von Produktionsanlagen durch innovative Softwaresysteme
FAPS, 183 Seiten, 122 Bilder, 3 Tab. 2007.
ISBN 978-3-87525-269-9.

Band 189: Thomas Frick
Untersuchung der prozessbestimmenden Strahl-Stoff-Wechselwirkungen beim Laserstrahlschweißen von Kunststoffen
LFT, 104 Seiten, 62 Bilder, 8 Tab. 2007.
ISBN 978-3-87525-268-2.

Band 190: Joachim Hecht
Werkstoffcharakterisierung und Prozessauslegung für die wirkmedienbasierte Doppelblech-Umformung von Magnesiumlegierungen
LFT, 107 Seiten, 91 Bilder, 2 Tab. 2007.
ISBN 978-3-87525-270-5.

Band 191: Ralf Völkl
Stochastische Simulation zur Werkzeuglebensdaueroptimierung und Präzisionsfertigung in der Kaltmassivumformung
LFT, 178 Seiten, 75 Bilder, 12 Tab. 2008.
ISBN 978-3-87525-272-9.

Band 192: Massimo Tolazzi
Innenhochdruck-Umformen verstärkter Blech-Rahmenstrukturen
LFT, 164 Seiten, 85 Bilder, 7 Tab. 2008.
ISBN 978-3-87525-273-6.

Band 193: Cornelia Hoff
Untersuchung der Prozesseinflussgrößen beim Presshärten des höchstfesten Vergütungsstahls 22MnB5
LFT, 133 Seiten, 92 Bilder, 5 Tab. 2008.
ISBN 978-3-87525-275-0.

Band 194: Christian Alvarez
Simulationsgestützte Methoden zur effizienten Gestaltung von Lötprozessen in der Elektronikproduktion
FAPS, 149 Seiten, 86 Bilder, 8 Tab. 2008.
ISBN 978-3-87525-277-4.

Band 195: Andreas Kunze
Automatisierte Montage von makromechatronischen Modulen zur flexiblen Integration in hybride Pkw-Bordnetzsysteme
FAPS, 160 Seiten, 90 Bilder, 14 Tab. 2008.
ISBN 978-3-87525-278-1.

Band 196: Wolfgang Hußnätter
Grundlegende Untersuchungen zur experimentellen Ermittlung und zur Modellierung von Fließortkurven bei erhöhten Temperaturen
LFT, 152 Seiten, 73 Bilder, 21 Tab. 2008.
ISBN 978-3-87525-279-8.

Band 197: Thomas Bigl
Entwicklung, angepasste Herstellungsverfahren und erweiterte Qualitätssicherung von einsatzgerechten elektronischen Baugruppen
FAPS, 175 Seiten, 107 Bilder, 14 Tab. 2008.
ISBN 978-3-87525-280-4.

Band 198: Stephan Roth
Grundlegende Untersuchungen zum Excimerlaserstrahl-Abtragen unter Flüssigkeitsfilmen
LFT, 113 Seiten, 47 Bilder, 14 Tab. 2008.
ISBN 978-3-87525-281-1.

Band 199: Artur Giera
Prozesstechnische Untersuchungen zum Rührreibschweißen metallischer Werkstoffe
LFT, 179 Seiten, 104 Bilder, 36 Tab. 2008.
ISBN 978-3-87525-282-8.

Band 200: Jürgen Lechler
Beschreibung und Modellierung des Werkstoffverhaltens von presshärtbaren Bor-Manganstählen
LFT, 154 Seiten, 75 Bilder, 12 Tab. 2009.
ISBN 978-3-87525-286-6.

Band 201: Andreas Blankl
Untersuchungen zur Erhöhung der Prozessrobustheit bei der Innenhochdruck-Umformung von flächigen Halbzeugen mit vor- bzw. nachgeschalteten Laserstrahlfügeoperationen
LFT, 120 Seiten, 68 Bilder, 9 Tab. 2009.
ISBN 978-3-87525-287-3.

Band 202: Andreas Schaller
Modellierung eines nachfrageorientierten Produktionskonzeptes für mobile Telekommunikationsgeräte
FAPS, 120 Seiten, 79 Bilder, 0 Tab. 2009.
ISBN 978-3-87525-289-7.

Band 203: Claudius Schimpf
Optimierung von Zuverlässigkeitsuntersuchungen, Prüfabläufen und Nacharbeitsprozessen in der Elektronikproduktion
FAPS, 162 Seiten, 90 Bilder, 14 Tab. 2009.
ISBN 978-3-87525-290-3.

Band 204: Simon Dietrich
Sensoriken zur Schwerpunktslagebestimmung der optischen Prozessemissionen beim Laserstrahltiefschweißen
LFT, 138 Seiten, 70 Bilder, 5 Tab. 2009.
ISBN 978-3-87525-292-7.

Band 205: Wolfgang Wolf
Entwicklung eines agentenbasierten Steuerungssystems zur Materialflussorganisation im wandelbaren Produktionsumfeld
FAPS, 167 Seiten, 98 Bilder. 2009.
ISBN 978-3-87525-293-4.

Band 206: Steffen Polster
Laserdurchstrahlschweißen transparenter Polymerbauteile
LFT, 160 Seiten, 92 Bilder, 13 Tab. 2009.
ISBN 978-3-87525-294-1.

Band 207: Stephan Manuel Dörfler
Rührreibschweißen von walzplattiertem Halbzeug und Aluminiumblech zur Herstellung flächiger Aluminiumschaum-Sandwich-Verbundstrukturen
LFT, 190 Seiten, 98 Bilder, 5 Tab. 2009.
ISBN 978-3-87525-295-8.

Band 208: Uwe Vogt
Seriennahe Auslegung von Aluminium Tailored Heat Treated Blanks
LFT, 151 Seiten, 68 Bilder, 26 Tab. 2009.
ISBN 978-3-87525-296-5.

Band 209: Till Laumann
Qualitative und quantitative Bewertung der Crashtauglichkeit von höchstfesten Stählen
LFT, 117 Seiten, 69 Bilder, 7 Tab. 2009.
ISBN 978-3-87525-299-6.

Band 210: Alexander Diehl
Größeneffekte bei Biegeprozessen-Entwicklung einer Methodik zur Identifikation und Quantifizierung
LFT, 180 Seiten, 92 Bilder, 12 Tab. 2010.
ISBN 978-3-87525-302-3.

Band 211: Detlev Staud
Effiziente Prozesskettenauslegung für das Umformen lokal wärmebehandelter und geschweißter Aluminiumbleche
LFT, 164 Seiten, 72 Bilder, 12 Tab. 2010.
ISBN 978-3-87525-303-0.

Band 212: Jens Ackermann
Prozesssicherung beim Laserdurchstrahl-schweißen thermoplastischer Kunststoffe
LPT, 129 Seiten, 74 Bilder, 13 Tab. 2010.
ISBN 978-3-87525-305-4.

Band 213: Stephan Weidel
Grundlegende Untersuchungen zum Kontaktzustand zwischen Werkstück und Werkzeug bei umformtechnischen Prozessen unter tribologischen Gesichtspunkten
LFT, 144 Seiten, 67 Bilder, 11 Tab. 2010.
ISBN 978-3-87525-307-8.

Band 214: Stefan Geißdörfer
Entwicklung eines mesoskopischen Modells zur Abbildung von Größeneffekten in der Kaltmassivumformung mit Methoden der FE-Simulation
LFT, 133 Seiten, 83 Bilder, 11 Tab. 2010.
ISBN 978-3-87525-308-5.

Band 215: Christian Matzner
Konzeption produktspezifischer Lösungen zur Robustheitssteigerung elektronischer Systeme gegen die Einwirkung von Betauung im Automobil
FAPS, 165 Seiten, 93 Bilder, 14 Tab. 2010.
ISBN 978-3-87525-309-2.

Band 216: Florian Schüßler
Verbindungs- und Systemtechnik für thermisch hochbeanspruchte und miniaturisierte elektronische Baugruppen
FAPS, 184 Seiten, 93 Bilder, 18 Tab. 2010.
ISBN 978-3-87525-310-8.

Band 217: Massimo Cojutti
Strategien zur Erweiterung der Prozessgrenzen bei der Innhochdruck-Umformung von Rohren und Blechpaaren
LFT, 125 Seiten, 56 Bilder, 9 Tab. 2010.
ISBN 978-3-87525-312-2.

Band 218: Raoul Plettke
Mehrkriterielle Optimierung komplexer Aktorsysteme für das Laserstrahljustieren
LFT, 152 Seiten, 25 Bilder, 3 Tab. 2010.
ISBN 978-3-87525-315-3.

Band 219: Andreas Dobroschke
Flexible Automatisierungslösungen für die Fertigung wickeltechnischer Produkte
FAPS, 184 Seiten, 109 Bilder, 18 Tab. 2011.
ISBN 978-3-87525-317-7.

Band 220: Azhar Zam
Optical Tissue Differentiation for Sensor-Controlled Tissue-Specific Laser Surgery
LPT, 99 Seiten, 45 Bilder, 8 Tab. 2011.
ISBN 978-3-87525-318-4.

Band 221: Michael Rösch
Potenziale und Strategien zur Optimierung des Schablonendruckprozesses in der Elektronikproduktion
FAPS, 192 Seiten, 127 Bilder, 19 Tab. 2011.
ISBN 978-3-87525-319-1.

Band 222: Thomas Rechtenwald
Quasi-isothermes Laserstrahlsintern von Hochtemperatur-Thermoplasten - Eine Betrachtung werkstoff-prozessspezifischer Aspekte am Beispiel PEEK
LPT, 150 Seiten, 62 Bilder, 8 Tab. 2011.
ISBN 978-3-87525-320-7.

Band 223: Daniel Craiovan
Prozesse und Systemlösungen für die SMT-Montage optischer Bauelemente auf Substrate mit integrierten Lichtwellenleitern
FAPS, 165 Seiten, 85 Bilder, 8 Tab. 2011.
ISBN 978-3-87525-324-5.

Band 224: Kay Wagner
Beanspruchungsangepasste Kaltmassivumformwerkzeuge durch lokal optimierte Werkzeugoberflächen
LFT, 147 Seiten, 103 Bilder, 17 Tab. 2011.
ISBN 978-3-87525-325-2.

Band 225: Martin Brandhuber
Verbesserung der Prognosegüte des Versagens von Punktschweißverbindungen bei höchstfesten Stahlgüten
LFT, 155 Seiten, 91 Bilder, 19 Tab. 2011.
ISBN 978-3-87525-327-6.

Band 226: Peter Sebastian Feuser
Ein Ansatz zur Herstellung von pressgehärteten Karosseriekomponenten mit maßgeschneiderten mechanischen Eigenschaften: Temperierte Umformwerkzeuge. Prozessfenster, Prozesssimuation und funktionale Untersuchung
LFT, 195 Seiten, 97 Bilder, 60 Tab. 2012.
ISBN 978-3-87525-328-3.

Band 227: Murat Arbak
Material Adapted Design of Cold Forging Tools Exemplified by Powder Metallurgical Tool Steels and Ceramics
LFT, 109 Seiten, 56 Bilder, 8 Tab. 2012.
ISBN 978-3-87525-330-6.

Band 228: Indra Pitz
Beschleunigte Simulation des Laserstrahlumformens von Aluminiumblechen
LPT, 137 Seiten, 45 Bilder, 27 Tab. 2012.
ISBN 978-3-87525-333-7.

Band 229: Alexander Grimm
Prozessanalyse und -überwachung des Laserstrahlhartlötens mittels optischer Sensorik
LPT, 125 Seiten, 61 Bilder, 5 Tab. 2012.
ISBN 978-3-87525-334-4.

Band 230: Markus Kaupper
Biegen von höhenfesten Stahlblechwerkstoffen - Umformverhalten und Grenzen der Biegbarkeit
LFT, 160 Seiten, 57 Bilder, 10 Tab. 2012.
ISBN 978-3-87525-339-9.

Band 231: Thomas Kroiß
Modellbasierte Prozessauslegung für die Kaltmassivumformung unter Brücksichtigung der Werkzeug- und Pressenauffederung
LFT, 169 Seiten, 50 Bilder, 19 Tab. 2012.
ISBN 978-3-87525-341-2.

Band 232: Christian Goth
Analyse und Optimierung der Entwicklung und Zuverlässigkeit räumlicher Schaltungsträger (3D-MID)
FAPS, 176 Seiten, 102 Bilder, 22 Tab. 2012.
ISBN 978-3-87525-340-5.

Band 233: Christian Ziegler
Ganzheitliche Automatisierung mechatronischer Systeme in der Medizin am Beispiel Strahlentherapie
FAPS, 170 Seiten, 71 Bilder, 19 Tab. 2012.
ISBN 978-3-87525-342-9.

Band 234: Florian Albert
Automatisiertes Laserstrahllöten und -reparaturlöten elektronischer Baugruppen
LPT, 127 Seiten, 78 Bilder, 11 Tab. 2012.
ISBN 978-3-87525-344-3.

Band 235: Thomas Stöhr
Analyse und Beschreibung des mechanischen Werkstoffverhaltens von presshärtbaren Bor-Manganstählen
LFT, 118 Seiten, 74 Bilder, 18 Tab. 2013.
ISBN 978-3-87525-346-7.

Band 236: Christian Kägeler
Prozessdynamik beim Laserstrahlschweißen verzinkter Stahlbleche im Überlappstoß
LPT, 145 Seiten, 80 Bilder, 3 Tab. 2013.
ISBN 978-3-87525-347-4.

Band 237: Andreas Sulzberger
Seriennahe Auslegung der Prozesskette zur wärmeunterstützten Umformung von Aluminiumblechwerkstoffen
LFT, 153 Seiten, 87 Bilder, 17 Tab. 2013.
ISBN 978-3-87525-349-8.

Band 238: Simon Opel
Herstellung prozessangepasster Halbzeuge mit variabler Blechdicke durch die Anwendung von Verfahren der Blechmassivumformung
LFT, 165 Seiten, 108 Bilder, 27 Tab. 2013.
ISBN 978-3-87525-350-4.

Band 239: Rajesh Kanawade
In-vivo Monitoring of Epithelium Vessel and Capillary Density for the Application of Detection of Clinical Shock and Early Signs of Cancer Development
LPT, 124 Seiten, 58 Bilder, 15 Tab. 2013.
ISBN 978-3-87525-351-1.

Band 240: Stephan Busse
Entwicklung und Qualifizierung eines Schneidclinchverfahrens
LFT, 119 Seiten, 86 Bilder, 20 Tab. 2013.
ISBN 978-3-87525-352-8.

Band 241: Karl-Heinz Leitz
Mikro- und Nanostrukturierung mit kurz und ultrakurz gepulster Laserstrahlung
LPT, 154 Seiten, 71 Bilder, 9 Tab. 2013.
ISBN 978-3-87525-355-9.

Band 242: Markus Michl
Webbasierte Ansätze zur ganzheitlichen technischen Diagnose
FAPS, 182 Seiten, 62 Bilder, 20 Tab. 2013.
ISBN 978-3-87525-356-6.

Band 243: Vera Sturm
Einfluss von Chargenschwankungen auf die Verarbeitungsgrenzen von Stahlwerkstoffen
LFT, 113 Seiten, 58 Bilder, 9 Tab. 2013.
ISBN 978-3-87525-357-3.

Band 244: Christian Neudel
Mikrostrukturelle und mechanisch-technologische Eigenschaften widerstandspunktgeschweißter Aluminium-Stahl-Verbindungen für den Fahrzeugbau
LFT, 178 Seiten, 171 Bilder, 31 Tab. 2014.
ISBN 978-3-87525-358-0.

Band 245: Anja Neumann
Konzept zur Beherrschung der Prozessschwankungen im Presswerk
LFT, 162 Seiten, 68 Bilder, 15 Tab. 2014.
ISBN 978-3-87525-360-3.

Band 246: Ulf-Hermann Quentin
Laserbasierte Nanostrukturierung mit optisch positionierten Mikrolinsen
LPT, 137 Seiten, 89 Bilder, 6 Tab. 2014.
ISBN 978-3-87525-361-0.

Band 247: Erik Lamprecht
Der Einfluss der Fertigungsverfahren auf die Wirbelstromverluste von Stator-Einzelzahnblechpaketen für den Einsatz in Hybrid- und Elektrofahrzeugen
FAPS, 148 Seiten, 138 Bilder, 4 Tab. 2014.
ISBN 978-3-87525-362-7.

Band 248: Sebastian Rösel
Wirkmedienbasierte Umformung von Blechhalbzeugen unter Anwendung magnetorheologischer Flüssigkeiten als kombiniertes Wirk- und Dichtmedium
LFT, 148 Seiten, 61 Bilder, 12 Tab. 2014.
ISBN 978-3-87525-363-4.

Band 249: Paul Hippchen
Simulative Prognose der Geometrie indirekt pressgehärteter Karosseriebauteile für die industrielle Anwendung
LFT, 163 Seiten, 89 Bilder, 12 Tab. 2014.
ISBN 978-3-87525-364-1.

Band 250: Martin Zubeil
Versagensprognose bei der Prozess simulation von Biegeumform- und Falzverfahren
LFT, 171 Seiten, 90 Bilder, 5 Tab. 2014.
ISBN 978-3-87525-365-8.

Band 251: Alexander Kühl
Flexible Automatisierung der Statorenmontage mit Hilfe einer universellen ambidexteren Kinematik
FAPS, 142 Seiten, 60 Bilder, 26 Tab. 2014.
ISBN 978-3-87525-367-2.

Band 252: Thomas Albrecht
Optimierte Fertigungstechnologien für Rotoren getriebeintegrierter PM-Synchronmotoren von Hybridfahrzeugen
FAPS, 198 Seiten, 130 Bilder, 38 Tab. 2014.
ISBN 978-3-87525-368-9.

Band 253: Florian Risch
Planning and Production Concepts for Contactless Power Transfer Systems for Electric Vehicles
FAPS, 185 Seiten, 125 Bilder, 13 Tab. 2014.
ISBN 978-3-87525-369-6.

Band 254: Markus Weigl
Laserstrahlschweißen von Mischverbindungen aus austenitischen und ferritischen korrosionsbeständigen Stahlwerkstoffen
LPT, 184 Seiten, 110 Bilder, 6 Tab. 2014.
ISBN 978-3-87525-370-2.

Band 255: Johannes Noneder
Beanspruchungserfassung für die Validierung von FE-Modellen zur Auslegung von Massivumformwerkzeugen
LFT, 161 Seiten, 65 Bilder, 14 Tab. 2014.
ISBN 978-3-87525-371-9.

Band 256: Andreas Reinhardt
Ressourceneffiziente Prozess- und Produktionstechnologie für flexible Schaltungsträger
FAPS, 123 Seiten, 69 Bilder, 19 Tab. 2014.
ISBN 978-3-87525-373-3.

Band 257: Tobias Schmuck
Ein Beitrag zur effizienten Gestaltung globaler Produktions- und Logistiknetzwerke mittels Simulation
FAPS, 151 Seiten, 74 Bilder. 2014.
ISBN 978-3-87525-374-0.

Band 258: Bernd Eichenhüller
Untersuchungen der Effekte und Wechselwirkungen charakteristischer Einflussgrößen auf das Umformverhalten bei Mikroumformprozessen
LFT, 127 Seiten, 29 Bilder, 9 Tab. 2014.
ISBN 978-3-87525-375-7.

Band 259: Felix Lütteke
Vielseitiges autonomes Transportsystem basierend auf Weltmodellerstellung mittels Datenfusion von Deckenkameras und Fahrzeugsensoren
FAPS, 152 Seiten, 54 Bilder, 20 Tab. 2014.
ISBN 978-3-87525-376-4.

Band 260: Martin Grüner
Hochdruck-Blechumformung mit formlos festen Stoffen als Wirkmedium
LFT, 144 Seiten, 66 Bilder, 29 Tab. 2014.
ISBN 978-3-87525-379-5.

Band 261: Christian Brock
Analyse und Regelung des Laserstrahltiefschweißprozesses durch Detektion der Metalldampffackelposition
LPT, 126 Seiten, 65 Bilder, 3 Tab. 2015.
ISBN 978-3-87525-380-1.

Band 262: Peter Vatter
Sensitivitätsanalyse des 3-Rollen-Schubbiegens auf Basis der Finite Elemente Methode
LFT, 145 Seiten, 57 Bilder, 26 Tab. 2015.
ISBN 978-3-87525-381-8.

Band 263: Florian Klämpfl
Planung von Laserbestrahlungen durch simulationsbasierte Optimierung
LPT, 169 Seiten, 78 Bilder, 32 Tab. 2015.
ISBN 978-3-87525-384-9.

Band 264: Matthias Domke
Transiente physikalische Mechanismen bei der Laserablation von dünnen Metallschichten
LPT, 133 Seiten, 43 Bilder, 3 Tab. 2015.
ISBN 978-3-87525-385-6.

Band 265: Johannes Götz
Community-basierte Optimierung des Anlagenengineerings
FAPS, 177 Seiten, 80 Bilder, 30 Tab. 2015.
ISBN 978-3-87525-386-3.

Band 266: Hung Nguyen
Qualifizierung des Potentials von Verfestigungseffekten zur Erweiterung des Umformvermögens aushärtbarer Aluminiumlegierungen
LFT, 137 Seiten, 57 Bilder, 16 Tab. 2015.
ISBN 978-3-87525-387-0.

Band 267: Andreas Kuppert
Erweiterung und Verbesserung von Versuchs- und Auswertetechniken für die Bestimmung von Grenzformänderungskurven
LFT, 138 Seiten, 82 Bilder, 2 Tab. 2015.
ISBN 978-3-87525-388-7.

Band 268: Kathleen Klaus
Erstellung eines Werkstofforientierten Fertigungsprozessfensters zur Steigerung des Formgebungsvermögens von Aluminiumlegierungen unter Anwendung einer zwischengeschalteten Wärmebehandlung
LFT, 154 Seiten, 70 Bilder, 8 Tab. 2015.
ISBN 978-3-87525-391-7.

Band 269: Thomas Svec
Untersuchungen zur Herstellung von funktionsoptimierten Bauteilen im partiellen Presshärtprozess mittels lokal unterschiedlich temperierter Werkzeuge
LFT, 166 Seiten, 87 Bilder, 15 Tab. 2015.
ISBN 978-3-87525-392-4.

Band 270: Tobias Schrader
Grundlegende Untersuchungen zur Verschleißcharakterisierung beschichteter Kaltmassivumformwerkzeuge
LFT, 164 Seiten, 55 Bilder, 11 Tab. 2015.
ISBN 978-3-87525-393-1.

Band 271: Matthäus Brela
Untersuchung von Magnetfeld-Messmethoden zur ganzheitlichen Wertschöpfungsoptimierung und Fehlerdetektion an magnetischen Aktoren
FAPS, 170 Seiten, 97 Bilder, 4 Tab. 2015.
ISBN 978-3-87525-394-8.

Band 272: Michael Wieland
Entwicklung einer Methode zur Prognose adhäsiven Verschleißes an Werkzeugen für das direkte Presshärten
LFT, 156 Seiten, 84 Bilder, 9 Tab. 2015.
ISBN 978-3-87525-395-5.

Band 273: René Schramm
Strukturierte additive Metallisierung durch kaltaktives Atmosphärendruckplasma
FAPS, 136 Seiten, 62 Bilder, 15 Tab. 2015.
ISBN 978-3-87525-396-2.

Band 274: Michael Lechner
Herstellung beanspruchungsangepasster Aluminiumblechhalbzeuge durch eine maßgeschneiderte Variation der Abkühlgeschwindigkeit nach Lösungsglühen
LFT, 136 Seiten, 62 Bilder, 15 Tab. 2015.
ISBN 978-3-87525-397-9.

Band 275: Kolja Andreas
Einfluss der Oberflächenbeschaffenheit auf das Werkzeugeinsatzverhalten beim Kaltfließpressen
LFT, 169 Seiten, 76 Bilder, 4 Tab. 2015.
ISBN 978-3-87525-398-6.

Band 276: Marcus Baum
Laser Consolidation of ITO Nanoparticles for the Generation of Thin Conductive Layers on Transparent Substrates
LPT, 158 Seiten, 75 Bilder, 3 Tab. 2015.
ISBN 978-3-87525-399-3.

Band 277: Thomas Schneider
Umformtechnische Herstellung dünnwandiger Funktionsbauteile aus Feinblech durch Verfahren der Blechmassivumformung
LFT, 188 Seiten, 95 Bilder, 7 Tab. 2015.
ISBN 978-3-87525-401-3.

Band 278: Jochen Merhof
Sematische Modellierung automatisierter Produktionssysteme zur Verbesserung der IT-Integration zwischen Anlagen-Engineering und Steuerungsebene
FAPS, 157 Seiten, 88 Bilder, 8 Tab. 2015.
ISBN 978-3-87525-402-0.

Band 279: Fabian Zöller
Erarbeitung von Grundlagen zur Abbildung des tribologischen Systems in der Umformsimulation
LFT, 126 Seiten, 51 Bilder, 3 Tab. 2016.
ISBN 978-3-87525-403-7.

Band 280: Christian Hezler
Einsatz technologischer Versuche zur Erweiterung der Versagensvorhersage bei Karosseriebauteilen aus höchstfesten Stählen
LFT, 147 Seiten, 63 Bilder, 44 Tab. 2016.
ISBN 978-3-87525-404-4.

Band 281: Jochen Bönig
Integration des Systemverhaltens von Automobil-Hochvoltleitungen in die virtuelle Absicherung durch strukturmechanische Simulation
FAPS, 177 Seiten, 107 Bilder, 17 Tab. 2016.
ISBN 978-3-87525-405-1.

Band 282: Johannes Kohl
Automatisierte Datenerfassung für diskret ereignisorientierte Simulationen in der energieflexibelen Fabrik
FAPS, 160 Seiten, 80 Bilder, 27 Tab. 2016.
ISBN 978-3-87525-406-8.

Band 283: Peter Bechtold
Mikroschockwellenumformung mittels ultrakurzer Laserpulse
LPT, 155 Seiten, 59 Bilder, 10 Tab. 2016.
ISBN 978-3-87525-407-5.

Band 284: Stefan Berger
Laserstrahlschweißen thermoplastischer Kohlenstofffaserverbundwerkstoffe mit spezifischem Zusatzdraht
LPT, 118 Seiten, 68 Bilder, 9 Tab. 2016.
ISBN 978-3-87525-408-2.

Band 285: Martin Bornschlegl
Methods-Energy Measurement - Eine Methode zur Energieplanung für Fügeverfahren im Karosseriebau
FAPS, 136 Seiten, 72 Bilder, 46 Tab. 2016.
ISBN 978-3-87525-409-9.

Band 286: Tobias Rackow
Erweiterung des Unternehmenscontrollings um die Dimension Energie
FAPS, 164 Seiten, 82 Bilder, 29 Tab. 2016.
ISBN 978-3-87525-410-5.

Band 287: Johannes Koch
Grundlegende Untersuchungen zur Herstellung zyklisch-symmetrischer Bauteile mit Nebenformelementen durch Blechmassivumformung
LFT, 125 Seiten, 49 Bilder, 17 Tab. 2016.
ISBN 978-3-87525-411-2.

Band 288: Hans Ulrich Vierzigmann
Beitrag zur Untersuchung der tribologischen Bedingungen in der Blechmassivumformung - Bereitstellung von tribologischen Modellversuchen und Realisierung von Tailored Surfaces
LFT, 174 Seiten, 102 Bilder, 34 Tab. 2016.
ISBN 978-3-87525-412-9.

Band 289: Thomas Senner
Methodik zur virtuellen Absicherung der formgebenden Operation des Nasspressprozesses von Gelege-Mehrschichtverbunden
LFT, 156 Seiten, 96 Bilder, 21 Tab. 2016.
ISBN 978-3-87525-414-3.

Band 290: Sven Kreitlein
Der grundoperationsspezifische Mindestenergiebedarf als Referenzwert zur Bewertung der Energieeffizienz in der Produktion
FAPS, 185 Seiten, 64 Bilder, 30 Tab. 2016.
ISBN 978-3-87525-415-0.

Band 291: Christian Roos
Remote-Laserstrahlschweißen verzinkter Stahlbleche in Kehlnahtgeometrie
LPT, 123 Seiten, 52 Bilder, 0 Tab. 2016.
ISBN 978-3-87525-416-7.

Band 292: Alexander Kahrimanidis
Thermisch unterstützte Umformung von Aluminiumblechen
LFT, 165 Seiten, 103 Bilder, 18 Tab. 2016.
ISBN 978-3-87525-417-4.

Band 293: Jan Tremel
Flexible Systems for Permanent Magnet Assembly and Magnetic Rotor Measurement / Flexible Systeme zur Montage von Permanentmagneten und zur Messung magnetischer Rotoren
FAPS, 152 Seiten, 91 Bilder, 12 Tab. 2016.
ISBN 978-3-87525-419-8.

Band 294: Ioannis Tsoupis
Schädigungs- und Versagensverhalten hochfester Leichtbauwerkstoffe unter Biegebeanspruchung
LFT, 176 Seiten, 51 Bilder, 6 Tab. 2017.
ISBN 978-3-87525-420-4.

Band 295: Sven Hildering
Grundlegende Untersuchungen zum Prozessverhalten von Silizium als Werkzeugwerkstoff für das Mikroscherschneiden metallischer Folien
LFT, 177 Seiten, 74 Bilder, 17 Tab. 2017.
ISBN 978-3-87525-422-8.

Band 296: Sasia Mareike Hertweck
Zeitliche Pulsformung in der Lasermikromaterialbearbeitung – Grundlegende Untersuchungen und Anwendungen
LPT, 146 Seiten, 67 Bilder, 5 Tab. 2017.
ISBN 978-3-87525-423-5.

Band 297: Paryanto
Mechatronic Simulation Approach for the Process Planning of Energy-Efficient Handling Systems
FAPS, 162 Seiten, 86 Bilder, 13 Tab. 2017.
ISBN 978-3-87525-424-2.

Band 298: Peer Stenzel
Großserientaugliche Nadelwickeltechnik für verteilte Wicklungen im Anwendungsfall der E-Traktionsantriebe
FAPS, 239 Seiten, 147 Bilder, 20 Tab. 2017.
ISBN 978-3-87525-425-9.

Band 299: Mario Lušić
Ein Vorgehensmodell zur Erstellung montageführender Werkerinformationssysteme simultan zum Produktentstehungsprozess
FAPS, 174 Seiten, 79 Bilder, 22 Tab. 2017.
ISBN 978-3-87525-426-6.

Band 300: Arnd Buschhaus
Hochpräzise adaptive Steuerung und Regelung robotergeführter Prozesse
FAPS, 202 Seiten, 96 Bilder, 4 Tab. 2017.
ISBN 978-3-87525-427-3.

Band 301: Tobias Laumer
Erzeugung von thermoplastischen Werkstoffverbunden mittels simultanem, intensitätsselektivem Laserstrahlschmelzen
LPT, 140 Seiten, 82 Bilder, 0 Tab. 2017.
ISBN 978-3-87525-428-0.

Band 302: Nora Unger
Untersuchung einer thermisch unterstützten Fertigungskette zur Herstellung umgeformter Bauteile aus der höherfesten Aluminiumlegierung EN AW-7020
LFT, 142 Seiten, 53 Bilder, 8 Tab. 2017.
ISBN 978-3-87525-429-7.

Band 303: Tommaso Stellin
Design of Manufacturing Processes for the Cold Bulk Forming of Small Metal Components from Metal Strip
LFT, 146 Seiten, 67 Bilder, 7 Tab. 2017.
ISBN 978-3-87525-430-3.

Band 304: Bassim Bachy
Experimental Investigation, Modeling, Simulation and Optimization of Molded Interconnect Devices (MID) Based on Laser Direct Structuring (LDS) / Experimentelle Untersuchung, Modellierung, Simulation und Optimierung von Molded Interconnect Devices (MID) basierend auf Laser Direktstrukturierung (LDS)
FAPS, 168 Seiten, 120 Bilder, 26 Tab. 2017.
ISBN 978-3-87525-431-0.

Band 305: Michael Spahr
Automatisierte Kontaktierungsverfahren für flachleiterbasierte Pkw-Bordnetzsysteme
FAPS, 197 Seiten, 98 Bilder, 17 Tab. 2017.
ISBN 978-3-87525-432-7.

Band 306: Sebastian Suttner
Charakterisierung und Modellierung des spannungszustandsabhängigen Werkstoffverhaltens der Magnesiumlegierung AZ31B für die numerische Prozessauslegung
LFT, 150 Seiten, 84 Bilder, 19 Tab. 2017.
ISBN 978-3-87525-433-4.

Band 307: Bhargav Potdar
A reliable methodology to deduce thermo-mechanical flow behaviour of hot stamping steels
LFT, 203 Seiten, 98 Bilder, 27 Tab. 2017.
ISBN 978-3-87525-436-5.

Band 308: Maria Löffler
Steuerung von Blechmassivumformprozessen durch maßgeschneiderte tribologische Systeme
LFT, viii u. 166 Seiten, 90 Bilder, 5 Tab. 2018. ISBN 978-3-96147-133-1.

Band 309: Martin Müller
Untersuchung des kombinierten Trenn- und Umformprozesses beim Fügen artungleicher Werkstoffe mittels Schneidclinchverfahren
LFT, xi u. 149 Seiten, 89 Bilder, 6 Tab. 2018. ISBN: 978-3-96147-135-5.

Band 310: Christopher Kästle
Qualifizierung der Kupfer-Drahtbondtechnologie für integrierte Leistungsmodule in harschen Umgebungsbedingungen
FAPS, xii u. 167 Seiten, 70 Bilder, 18 Tab. 2018. ISBN 978-3-96147-145-4.

Band 311: Daniel Vipavc
Eine Simulationsmethode für das 3-Rollen-Schubbiegen
LFT, xiii u. 121 Seiten, 56 Bilder, 17 Tab. 2018. ISBN 978-3-96147-147-8.

Band 312: Christina Ramer
Arbeitsraumüberwachung und autonome Bahnplanung für ein sicheres und flexibles Roboter-Assistenzsystem in der Fertigung
FAPS, xiv u. 188 Seiten, 57 Bilder, 9 Tab. 2018. ISBN 978-3-96147-153-9.

Band 313: Miriam Rauer
Der Einfluss von Poren auf die Zuverlässigkeit der Lötverbindungen von Hochleistungs-Leuchtdioden
FAPS, xii u. 209 Seiten, 108 Bilder, 21 Tab. 2018. ISBN 978-3-96147-157-7.

Band 314: Felix Tenner
Kamerabasierte Untersuchungen der Schmelze und Gasströmungen beim Laserstrahlschweißen verzinkter Stahlbleche
LPT, xxiii u. 184 Seiten, 94 Bilder, 7 Tab. 2018. ISBN 978-3-96147-160-7.

Band 315: Aarief Syed-Khaja
Diffusion Soldering for High-temperature Packaging of Power Electronics
FAPS, x u. 202 Seiten, 144 Bilder, 32 Tab. 2018. ISBN 978-3-87525-162-1.

Band 316: Adam Schaub
Grundlagenwissenschaftliche Untersuchung der kombinierten Prozesskette aus Umformen und Additive Fertigung
LFT, xi u. 192 Seiten, 72 Bilder, 27 Tab. 2019. ISBN 978-3-96147-166-9.

Band 317: Daniel Gröbel
Herstellung von Nebenformelementen unterschiedlicher Geometrie an Blechen mittels Fließpressverfahren der Blechmassivumformung
LFT, x u. 165 Seiten, 96 Bilder, 13 Tab. 2019. ISBN 978-3-96147-168-3.

Band 318: Philipp Hildenbrand
Entwicklung einer Methodik zur Herstellung von Tailored Blanks mit definierten Halbzeugeigenschaften durch einen Taumelprozess
LFT, ix u. 153 Seiten, 77 Bilder, 4 Tab. 2019. ISBN 978-3-96147-174-4.

Band 319: Tobias Konrad
Simulative Auslegung der Spann- und Fixierkonzepte im Karosserierohbau: Bewertung der Baugruppenmaßhaltigkeit unter Berücksichtigung schwankender Einflussgrößen
LFT, x u. 203 Seiten, 134 Bilder, 32 Tab. 2019. ISBN 978-3-96147-176-8.

Band 320: David Meinel
Architektur applikationsspezifischer Multi-Physics-Simulationskonfiguratoren am Beispiel modularer Triebzüge
FAPS, xii u. 166 Seiten, 82 Bilder, 25 Tab. 2019. ISBN 978-3-96147-184-3.

Band 321: Andrea Zimmermann
Grundlegende Untersuchungen zum Einfluss fertigungsbedingter Eigenschaften auf die Ermüdungsfestigkeit kaltmassivumgeformter Bauteile
LFT, ix u. 160 Seiten, 66 Bilder, 5 Tab. 2019. ISBN 978-3-96147-190-4.

Band 322: Christoph Amann
Simulative Prognose der Geometrie nassgepresster Karosseriebauteile aus Gelege-Mehrschichtverbunden
LFT, xvi u. 169 Seiten, 80 Bilder, 13 Tab. 2019. ISBN 978-3-96147-194-2.

Band 323: Jennifer Tenner
Realisierung schmierstofffreier Tiefziehprozesse durch maßgeschneiderte Werkzeugoberflächen
LFT, x u. 187 Seiten, 68 Bilder, 13 Tab. 2019. ISBN 978-3-96147-196-6.

Band 324: Susan Zöller
Mapping Individual Subjective Values to Product Design
KTmfk, xi u. 223 Seiten, 81 Bilder, 25 Tab.
2019. ISBN 978-3-96147-202-4.

Band 325: Stefan Lutz
Erarbeitung einer Methodik zur semiempirischen Ermittlung der Umwandlungskinetik durchhärtender Wälzlagerstähle für die Wärmebehandlungssimulation
LFT, xiv u. 189 Seiten, 75 Bilder, 32 Tab.
2019. ISBN 978-3-96147-209-3.

Band 326: Tobias Gnibl
Modellbasierte Prozesskettenabbildung rührreibgeschweißter Aluminiumhalbzeuge zur umformtechnischen Herstellung höchstfester Leichtbau-strukturteile
LFT, xii u. 167 Seiten, 68 Bilder, 17 Tab.
2019. ISBN 978-3-96147-217-8.

Band 327: Johannes Bürner
Technisch-wirtschaftliche Optionen zur Lastflexibilisierung durch intelligente elektrische Wärmespeicher
FAPS, xiv u. 233 Seiten, 89 Bilder, 27 Tab.
2019. ISBN 978-3-96147-219-2.

Band 328: Wolfgang Böhm
Verbesserung des Umformverhaltens von mehrlagigen Aluminiumblechwerkstoffen mit ultrafeinkörnigem Gefüge
LFT, ix u. 160 Seiten, 88 Bilder, 14 Tab.
2019. ISBN 978-3-96147-227-7.

Band 329: Stefan Landkammer
Grundsatzuntersuchungen, mathematische Modellierung und Ableitung einer Auslegungsmethodik für Gelenkantriebe nach dem Spinnenbeinprinzip
LFT, xii u. 200 Seiten, 83 Bilder, 13 Tab.
2019. ISBN 978-3-96147-229-1.

Band 330: Stephan Rapp
Pump-Probe-Ellipsometrie zur Messung transienter optischer Materialeigen-schaften bei der Ultrakurzpuls-Lasermaterialbearbeitung
LPT, xi u. 143 Seiten, 49 Bilder, 2 Tab.
2019. ISBN 978-3-96147-235-2.

Band 331: Michael Scholz
Intralogistics Execution System mit integrierten autonomen, servicebasierten Transportentitäten
FAPS, xi u. 195 Seiten, 55 Bilder, 11 Tab.
2019. ISBN 978-3-96147-237-6.

Band 332: Eva Bogner
Strategien der Produktindividualisierung in der produzierenden Industrie im Kontext der Digitalisierung
FAPS, ix u. 201 Seiten, 55 Bilder, 28 Tab.
2019. ISBN 978-3-96147-246-8.

Band 333: Daniel Benjamin Krüger
Ein Ansatz zur CAD-integrierten muskuloskelettalen Analyse der Mensch-Maschine-Interaktion
KTmfk, x u. 217 Seiten, 102 Bilder, 7 Tab.
2019. ISBN 978-3-96147-250-5.

Band 334: Thomas Kuhn
Qualität und Zuverlässigkeit laserdirektstrukturierter mechatronisch integrierter Baugruppen (LDS-MID)
FAPS, ix u. 152 Seiten, 69 Bilder, 12 Tab.
2019. ISBN: 978-3-96147-252-9.

Band 335: Hans Fleischmann
Modellbasierte Zustands- und Prozessüberwachung auf Basis sozio-cyber-physischer Systeme
FAPS, xi u. 214 Seiten, 111 Bilder, 18 Tab.
2019. ISBN: 978-3-96147-256-7.

Band 336: Markus Michalski
Grundlegende Untersuchungen zum Prozess- und Werkstoffverhalten bei schwingungsüberlagerter Umformung
LFT, xii u. 197 Seiten, 93 Bilder, 11 Tab.
2019. ISBN: 978-3-96147-270-3.

Band 337: Markus Brandmeier
Ganzheitliches ontologiebasiertes Wissensmanagement im Umfeld der industriellen Produktion
FAPS, xi u. 255 Seiten, 77 Bilder, 33 Tab.
2020. ISBN: 978-3-96147-275-8.

Band 338: Stephan Purr
Datenerfassung für die Anwendung lernender Algorithmen bei der Herstellung von Blechformteilen
LFT, ix u. 165 Seiten, 48 Bilder, 4 Tab.
2020. ISBN: 978-3-96147-281-9.

Band 339: Christoph Kiener
Kaltfließpressen von gerad- und schrägverzahnten Zahnrädern
LFT, viii u. 151 Seiten, 81 Bilder, 3 Tab.
2020. ISBN 978-3-96147-287-1.

Band 340: Simon Spreng
Numerische, analytische und empirische Modellierung des Heißcrimpprozesses
FAPS, xix u. 204 Seiten, 91 Bilder, 27 Tab.
2020. ISBN 978-3-96147-293-2.

Band 341: Patrik Schwingenschlögl
Erarbeitung eines Prozessverständnisses zur Verbesserung der tribologischen Bedingungen beim Presshärten
LFT, x u. 177 Seiten, 81 Bilder, 8 Tab.
2020. ISBN 978-3-96147-297-0.

Band 342: Emanuela Affronti
Evaluation of failure behaviour of sheet metals
LFT, ix u. 136 Seiten, 57 Bilder, 20 Tab.
2020. ISBN 978-3-96147-303-8.

Band 343: Julia Degner
Grundlegende Untersuchungen zur Herstellung hochfester Aluminiumblechbauteile in einem kombinierten Umform- und Abschreckprozess
LFT, x u. 172 Seiten, 61 Bilder, 9 Tab.
2020. ISBN 978-3-96147-307-6.

Band 344: Maximilian Wagner
Automatische Bahnplanung für die Aufteilung von Prozessbewegungen in synchrone Werkstück- und Werkzeugbewegungen mittels Multi-Roboter-Systemen
FAPS, xxi u. 181 Seiten, 111 Bilder, 15 Tab.
2020. ISBN 978-3-96147-309-0.

Band 345: Stefan Härter
Qualifizierung des Montageprozesses hochminiaturisierter elektronischer Bauelemente
FAPS, ix u. 194 Seiten, 97 Bilder, 28 Tab.
2020. ISBN 978-3-96147-314-4.

Band 346: Toni Donhauser
Ressourcenorientierte Auftragsregelung in einer hybriden Produktion mittels betriebsbegleitender Simulation
FAPS, xix u. 242 Seiten, 97 Bilder, 17 Tab. 2020. ISBN 978-3-96147-316-8.

Band 347: Philipp Amend
Laserbasiertes Schmelzkleben von Thermoplasten mit Metallen
LPT, xv u. 154 Seiten, 67 Bilder. 2020. ISBN 978-3-96147-326-7.

Band 348: Matthias Ehlert
Simulationsunterstützte funktionale Grenzlagenabsicherung
KTmfk, xvi u. 300 Seiten, 101 Bilder, 73 Tab. 2020. ISBN 978-3-96147-328-1.

Band 349: Thomas Sander
Ein Beitrag zur Charakterisierung und Auslegung des Verbundes von Kunststoffsubstraten mit harten Dünnschichten
KTmfk, xiv u. 178 Seiten, 88 Bilder, 21 Tab. 2020. ISBN 978-3-96147-330-4.

Band 350: Florian Pilz
Fließpressen von Verzahnungselementen an Blechen
LFT, x u. 170 Seiten, 103Bilder, 4 Tab. 2020. ISBN 978-3-96147-332-8.

Band 351: Sebastian Josef Katona
Evaluation und Aufbereitung von Produktsimulationen mittels abweichungsbehafteter Geometriemodelle
KTmfk, ix u. 147 Seiten, 73 Bilder, 11 Tab. 2020. ISBN 978-3-96147-336-6.

Band 352: Jürgen Herrmann
Kumulatives Walzplattieren. Bewertung der Umformeigenschaften mehrlagiger Blechwerkstoffe der ausscheidungshärtbaren Legierung AA6014
LFT, x u. 157 Seiten, 64 Bilder, 5 Tab. 2020. ISBN 978-3-96147-344-1.

Band 353: Christof Küstner
Assistenzsystem zur Unterstützung der datengetriebenen Produktentwicklung
KTmfk, xii u. 219 Seiten, 63 Bilder, 14 Tab. 2020. ISBN 978-3-96147-348-9.

Band 354: Tobias Gläßel
Prozessketten zum Laserstrahlschweißen von flachleiterbasierten Formspulenwicklungen für automobile Traktionsantriebe
FAPS, xiv u. 206 Seiten, 89 Bilder, 11 Tab. 2020. ISBN 978-3-96147-356-4.

Band 355: Andreas Meinel
Experimentelle Untersuchung der Auswirkungen von Axialschwingungen auf Reibung und Verschleiß in Zylinderrol-lenlagern
KTmfk, xii u. 162 Seiten, 56 Bilder, 7 Tab. 2020. ISBN 978-3-96147-358-8.

Band 356: Hannah Riedle
Haptische, generische Modelle weicher anatomischer Strukturen für die chirurgische Simulation
FAPS, xxx u. 179 Seiten, 82 Bilder, 35 Tab. 2020. ISBN 978-3-96147-367-0.

Band 357: Maximilian Landgraf
Leistungselektronik für den Einsatz dielektrischer Elastomere in aktorischen, sensorischen und integrierten sensomotorischen Systemen
FAPS, xxiii u. 166 Seiten, 71 Bilder, 10 Tab. 2020. ISBN 978-3-96147-380-9.

Band 358: Alireza Esfandyari
Multi-Objective Process Optimization for Overpressure Reflow Soldering in Electronics Production
FAPS, xviii u. 175 Seiten, 57 Bilder, 23 Tab. 2020. ISBN 978-3-96147-382-3.

Band 359: Christian Sand
Prozessübergreifende Analyse komplexer Montageprozessketten mittels Data Mining
FAPS, XV u. 168 Seiten, 61 Bilder, 12 Tab. 2021. ISBN 978-3-96147-398-4.

Band 360: Ralf Merkl
Closed-Loop Control of a Storage-Supported Hybrid Compensation System for Improving the Power Quality in Medium Voltage Networks
FAPS, xxvii u. 200 Seiten, 102 Bilder, 2 Tab. 2021. ISBN 978-3-96147-402-8.

Band 361: Thomas Reitberger
Additive Fertigung polymerer optischer Wellenleiter im Aerosol-Jet-Verfahren
FAPS, xix u. 141 Seiten, 65 Bilder, 11 Tab. 2021. ISBN 978-3-96147-400-4.

Band 362: Marius Christian Fechter
Modellierung von Vorentwürfen in der virtuellen Realität mit natürlicher Fingerinteraktion
KTmfk, x u. 188 Seiten, 67 Bilder, 19 Tab. 2021. ISBN 978-3-96147-404-2.

Band 363: Franziska Neubauer
Oberflächenmodifizierung und Entwicklung einer Auswertemethodik zur Verschleißcharakterisierung im Presshärteprozess
LFT, ix u. 177 Seiten, 42 Bilder, 6 Tab. 2021. ISBN 978-3-96147-406-6.

Band 364: Eike Wolfram Schäffer
Web- und wissensbasierter Engineering-Konfigurator für roboterzentrierte Automatisierungslösungen
FAPS, xxiv u. 195 Seiten, 108 Bilder, 25 Tab. 2021. ISBN 978-3-96147-410-3.

Band 365: Daniel Gross
Untersuchungen zur kohlenstoffdioxidbasierten kryogenen Minimalmengenschmierung
REP, xii u. 184 Seiten, 56 Bilder, 18 Tab. 2021. ISBN 978-3-96147-412-7.

Band 366: Daniel Junker
Qualifizierung laser-additiv gefertigter Komponenten für den Einsatz im Werkzeugbau der Massivumformung
LFT, vii u. 142 Seiten, 62 Bilder, 5 Tab. 2021. ISBN 978-3-96147-416-5.

Band 367: Tallal Javied
Totally Integrated Ecology Management for Resource Efficient and Eco-Friendly Production
FAPS, xv u. 160 Seiten, 60 Bilder, 13 Tab. 2021. ISBN 978-3-96147-418-9.

Band 368: David Marco Hochrein
Wälzlager im Beschleunigungsfeld – Eine Analysestrategie zur Bestimmung des Reibungs-, Axialschub- und Temperaturverhaltens von Nadelkränzen –
KTmfk, xiii u. 279 Seiten, 108 Bilder, 39 Tab. 2021. ISBN 978-3-96147-420-2.

Band 369: Daniel Gräf
Funktionalisierung technischer Oberflächen mittels prozessüberwachter aerosolbasierter Drucktechnologie
FAPS, xxii u. 175 Seiten, 97 Bilder, 6 Tab. 2021. ISBN 978-3-96147-433-2.

Band 370: Andreas Gröschl
Hochfrequent fokusabstandsmodulierte Konfokalsensoren für die Nanokoordinatenmesstechnik
FMT, x u. 144 Seiten, 98 Bilder, 6 Tab. 2021. ISBN 978-3-96147-435-6.

Band 371: Johann Tüchsen
Konzeption, Entwicklung und Einführung des Assistenzsystems D-DAS für die Produktentwicklung elektrischer Motoren
KTmfk, xii u. 178 Seiten, 92 Bilder, 12 Tab. 2021. ISBN 978-3-96147-437-0.

Band 372: Max Marian
Numerische Auslegung von Oberflächenmikrotexturen für geschmierte tribologische Kontakte
KTmfk, xviii u. 276 Seiten, 85 Bilder, 45 Tab. 2021. ISBN 978-3-96147-439-4.

Band 373: Johannes Strauß
Die akustooptische Strahlformung in der Lasermaterialbearbeitung
LPT, xvi u. 113 Seiten, 48 Bilder. 2021. ISBN 978-3-96147-441-7.

Band 374: Martin Hohmann
Machine learning and hyper spectral imaging: Multi Spectral Endoscopy in the Gastro Intestinal Tract towards Hyper Spectral Endoscopy
LPT, x u. 137 Seiten, 62 Bilder, 29 Tab. 2021. ISBN 978-3-96147-445-5.

Band 375: Timo Kordaß
Lasergestütztes Verfahren zur selektiven Metallisierung von epoxidharzbasierten Duromeren zur Steigerung der Integrationsdichte für dreidimensionale mechatronische Package-Baugruppen
FAPS, xviii u. 198 Seiten, 92 Bilder, 24 Tab. 2021. ISBN 978-3-96147-443-1.

Band 376: Philipp Kestel
Assistenzsystem für den wissensbasierten Aufbau konstruktionsbegleitender Finite-Elemente-Analysen
KTmfk, xviii u. 209 Seiten, 57 Bilder, 17 Tab. 2021. ISBN 978-3-96147-457-8.

Band 377: Martin Lerchen
Messverfahren für die pulverbettbasierte additive Fertigung zur Sicherstellung der Konformität mit geometrischen Produktspezifikationen
FMT, x u. 150 Seiten, 60 Bilder, 9 Tab. 2021. ISBN 978-3- 96147-463-9.

Band 378: Michael Schneider
Inline-Prüfung der Permeabilität in weichmagnetischen Komponenten
FAPS, xxii u. 189 Seiten, 79 Bilder, 14 Tab. 2021. ISBN 978-3-96147-465-3.

Band 379: Tobias Sprügel
Sphärische Detektorflächen als Unterstützung der Produktentwicklung zur Datenanalyse im Rahmen des Digital Engineering
KTmfk, xiii u. 213 Seiten, 84 Bilder, 33 Tab. 2021. ISBN 978-3-96147-475-2.

Band 380: Tom Häfner
Multipulseffekte beim Mikro-Materialabtrag von Stahllegierungen mit Pikosekunden-Laserpulsen
LPT, xxviii u. 159 Seiten, 57 Bilder, 13 Tab. 2021. ISBN 978-3-96147-479-0.

Band 381: Björn Heling
Einsatz und Validierung virtueller Absicherungsmethoden für abweichungs-behaftete Mechanismen im Kontext des Robust Design
KTmfk, xi u. 169 Seiten, 63 Bilder, 27 Tab. 2021. ISBN 978-3-96147-487-5.

Band 382: Tobias Kolb
Laserstrahl-Schmelzen von Metallen mit einer Serienanlage – Prozesscharakterisierung und Erweiterung eines Überwachungssystems
LPT, xv u. 170 Seiten, 128 Bilder, 16 Tab. 2021. ISBN 978-3-96147-491-2.

Band 383: Mario Meinhardt
Widerstandselementschweißen mit gestauchten Hilfsfügeelementen - Umformtechnische Wirkzusammenhänge zur Beeinflussung der Verbindungsfestigkeit
LFT, xii u. 189 Seiten, 87 Bilder, 4 Tab. 2022. ISBN 978-3-96147-473-8.

Band 384: Felix Bauer
Ein Beitrag zur digitalen Auslegung von Fügeprozessen im Karosseriebau mit Fokus auf das Remote-Laserstrahlschweißen unter Einsatz flexibler Spanntechnik
LFT, xi u. 185 Seiten, 74 Bilder, 12 Tab. 2022. ISBN 978-3-96147-498-1.

Band 385: Jochen Zeitler
Konzeption eines rechnergestützten Konstruktionssystems für optomechatronische Baugruppen
FAPS, xix u. 172 Seiten, 88 Bilder, 11 Tab. 2022. ISBN 978-3-96147-499-8.

Band 386: Vincent Mann
Einfluss von Strahloszillation auf das Laserstrahlschweißen hochfester Stähle
LPT, xiii u. 172 Seiten, 103 Bilder, 18 Tab. 2022. ISBN 978-3-96147-503-2.

Band 387: Chen Chen
Skin-equivalent opto-/elastofluidic in-vitro microphysiological vascular models for translational studies of optical biopsies
LPT, xx u. 126 Seiten, 60 Bilder, 10 Tab. 2022. ISBN 978-3-96147-505-6.

Band 388: Stefan Stein
Laser drop on demand joining as bonding method for electronics assembly and packaging with high thermal requirements
LPT, x u. 112 Seiten, 54 Bilder, 10 Tab. 2022. ISBN 978-3-96147-507-0

Band 389: Nikolaus Urban
Untersuchung des Laserstrahlschmelzens von Neodym-Eisen-Bor zur additiven Herstellung von Permanentmagneten
FAPS, x u. 174 Seiten, 88 Bilder, 18 Tab. 2022. ISBN: 978-3-96147-501-8.

Band 390: Yiting Wu
Großflächige Topographiemessungen mit einem Weißlichtinterferenzmikroskop und einem metrologischen Rasterkraftmikroskop
FMT, xii u. 142 Seiten, 68 Bilder, 11 Tab. 2022. ISBN: 978-3-96147-513-1.

Band 391: Thomas Papke
Untersuchungen zur Umformbarkeit hybrider Bauteile aus Blechgrundkörper und additiv gefertigter Struktur
LFT, xii u. 194 Seiten, 71 Bilder, 16 Tab. 2022. ISBN 978-3-96147-515-5.

Band 392: Bastian Zimmermann
Einfluss des Vormaterials auf die mehrstufige Kaltumformung vom Draht
LFT, xi u. 182 Seiten, 36 Bilder, 6 Tab.
2022. ISBN 978-3-96147-519-3.

Band 393: Harald Völkl
Ein simulationsbasierter Ansatz zur Auslegung additiv gefertigter FLM-Faserverbundstrukturen
KTmfk, xx u. 204 Seiten, 95 Bilder, 22 Tab.
2022. ISBN 978-3-96147-523-0.

Band 394: Robert Schulte
Auslegung und Anwendung prozessangepasster Halbzeuge für Verfahren der Blechmassivumformung
LFT, x u. 163 Seiten, 93 Bilder, 5 Tab.
2022. ISBN 978-3-96147-525-4.

Band 395: Philipp Frey
Umformtechnische Strukturierung metallischer Einleger im Folgeverbund für mediendichte Kunststoff-Metall-Hybridbauteile
LFT, ix u. 180 Seiten, 83 Bilder, 7 Tab.
2022. ISBN 978-3-96147-534-6.

Band 396: Thomas Johann Luft
Komplexitätsmanagement in der Produktentwicklung - Holistische Modellierung, Analyse, Visualisierung und Bewertung komplexer Systeme
KTmfk, xiii u. 510 Seiten, 166 Bilder, 16 Tab. 2022 ISBN 978-3-96147-540-7.

Band 397: Li Wang
Evaluierung der Einsetzbarkeit des lasergestützten Verfahrens zur selektiven Metallisierung für die Verbesserung passiver Intermodulation in Hochfrequenzanwendungen
FAPS, xxii u.151 Seiten, 72 Bilder, 22 Tab.
2022. ISBN 978-3-96147-542-1.

Band 398: Sebastian Reitelshöfer
Der Aerosol-Jet-Druck Dielektrischer Elastomere als additives Fertigungsverfahren für elastische mechatronische Komponenten
FAPS, xxv u. 206 Seiten, 87 Bilder, 13 Tab.
2022. ISBN 978-3-96147-547-6.

Band 399: Alexander Meyer
Selektive Magnetmontage zur Verringerung des Rastmomentes permanenterregter Synchronmotoren
FAPS, xv u. 164 Seiten, 90 Bilder, 18 Tab.
2022. ISBN 978-3-96147-555-1.

Band 400: Rong Zhao
Design verschleißreduzierender amorpher Kohlenstoffschichtsysteme für trockene tribologische Gleitkontakte
KTmfk, x u. 148 Seiten, 69 Bilder, 14 Tab.
2022. ISBN 978-3-96147-557-5.

Abstract

The hydrogenated amorphous carbon coatings (a-C:H) have huge potential for tribological applications under lubricated as well as dry contact conditions. The a-C:H thin coatings are well known for their unique chemical structure, which is composed of diamond-like and graphite-like carbon bonds. Therefore, the coatings have high hardness with lubrication effect. The aim of this present work is to modify the design of a reference a-C:H coating system on tool steel, in order to increase the wear resistance under dry sliding conditions. The background for the present investigations is to realize a lubricant-free sheet metal forming process by tool-sided surface modification. The modified factors in regard to coating design were the adhesive layer, the coating thickness and deposition gas atmosphere. The main emphasis was on their influences on the tribological characteristics compared to the reference a-C:H coating system. The wear resistance of the modified coating systems was analyzed by a modified scratch tester in sliding contact with regard to the load force and number of cycles. After the tribological evaluations, the wear traces were studied using scanning electron microscope and the wear mechanisms of the coating systems were identified. Finally, the influences of all the above-mentioned factors on the wear resistance under lubricant-free conditions were identified, and a process window was derived from the results.